中国科协碳达峰碳中和系列丛书　　中国科学技术协会　丛书主编

全球气候治理
导论

解振华◎主编

李　政◎执行主编

中国科学技术出版社
·北　京·

图书在版编目（CIP）数据

全球气候治理导论 / 解振华主编；李政执行主编 .
-- 北京：中国科学技术出版社，2023.10
（中国科协碳达峰碳中和系列丛书）
ISBN 978-7-5236-0383-3

Ⅰ.①全… Ⅱ.①解… ②李… Ⅲ.①气候变化 – 治
理 – 国际合作 – 研究 Ⅳ.① P467

中国国家版本馆 CIP 数据核字（2023）第 230920 号

策　　划	刘兴平　秦德继
责任编辑	韩　颖
封面设计	北京潜龙
正文设计	中文天地
责任校对	焦　宁
责任印制	李晓霖

出　　版	中国科学技术出版社
发　　行	中国科学技术出版社有限公司发行部
地　　址	北京市海淀区中关村南大街 16 号
邮　　编	100081
发行电话	010-62173865
传　　真	010-62173081
网　　址	http://www.cspbooks.com.cn

开　　本	787mm×1092mm　1/16
字　　数	273 千字
印　　张	14.75
版　　次	2023 年 10 月第 1 版
印　　次	2023 年 10 月第 1 次印刷
印　　刷	北京顶佳世纪印刷有限公司
书　　号	ISBN 978-7-5236-0383-3 / P·228
定　　价	89.00 元

"中国科协碳达峰碳中和系列丛书"
编 委 会

《全球气候治理导论》
编 写 组

一、编辑委员会

主 任

解振华　　中国气候变化事务特使

成 员

何建坤　　清华大学气候变化与可持续发展研究院学术委员会主任、教授

刘燕华　　科学技术部原副部长

王　灿　　清华大学环境学院教授

王春峰　　国家林业和草原局国际合作交流中心常务副主任

王　毅　　中国科学院科技战略咨询研究院研究员

齐　晔　　清华大学公共管理学院教授

李　政　　清华大学气候变化与可持续发展研究院院长、教授

张海滨　　北京大学碳中和研究院副院长，北京大学国际关系学院副院长、教授

段茂盛　　清华大学能源环境经济研究所副所长、研究员

徐华清　　国家应对气候变化战略研究和国际合作中心主任、研究员

黄　晶　　中国 21 世纪议程管理中心主任、研究员

潘家华　　中国社会科学院学部委员、研究员

二、特邀审稿专家

何建坤　刘燕华　齐　晔　徐华清　潘家华

三、编写组名单

主　编

解振华　中国气候变化事务特使

执行主编

李　政　清华大学气候变化与可持续发展研究院院长、教授

执行副主编

董文娟　清华大学气候变化与可持续发展研究院
胡　彬　清华大学气候变化与可持续发展研究院
杨　秀　清华大学气候变化与可持续发展研究院

编写组成员（按姓氏笔画排序）

丁鸿达	于东晖	王　灿	王春峰	王海林	王彬彬	王　琛
王　斌	王　毅	刘伯翰	刘　硕	齐　晔	许玲懿	孙若水
杜尔顺	李玉娥	李东雅	李　政	李晓梅	李　湘	杨　秀
杨姗姗	何建坤	宋伟泽	宋　洋	张　芳	张　贤	张国斌
张海滨	金　振	周靖蕾	胡　彬	段茂盛	顾佰和	柴麒敏
徐华清	徐沁仪	翁玉艳	高　翔	陶玉洁	黄　晶	银　朔
梁媚聪	彭天铎	董文娟	蒋含颖	谢璨阳	解振华	解瑞丽
褚振华						

总　序

中国政府矢志不渝地坚持创新驱动、生态优先、绿色低碳的发展导向。2020年9月，习近平主席在第七十五届联合国大会上郑重宣布，中国"二氧化碳排放力争于2030年前达到峰值，努力争取2060年前实现碳中和"。2022年10月，党的二十大报告在全面建成社会主义现代化强国"两步走"目标中明确提出，到2035年，要广泛形成绿色生产生活方式，碳排放达峰后稳中有降，生态环境根本好转，美丽中国目标基本实现。这是中国高质量发展的内在要求，也是中国对国际社会的庄严承诺。

"双碳"战略是以习近平同志为核心的党中央统筹国内国际两个大局作出的重大决策，是我国加快发展方式绿色转型、促进人与自然和谐共生的需要，是破解资源环境约束、实现可持续发展的需要，是顺应技术进步趋势、推动经济结构转型升级的需要，也是主动担当大国责任、推动构建人类命运共同体的需要。"双碳"战略事关全局、内涵丰富，必将引发一场广泛而深刻的经济社会系统性变革。

2022年3月，国家发布《氢能产业发展中长期规划（2021—2035年）》，确立了氢能作为未来国家能源体系组成部分的战略定位，为氢能在交通、电力、工业、储能等领域的规模化综合应用明确了方向。氢能和电力在众多一次能源转化、传输与融合交互中的能源载体作用日益强化，以汽车、轨道交通为代表的交通领域正在加速电动化、智能化、低碳化融合发展的进程，石化、冶金、建筑、制冷等传统行业逐步加快绿色转型步伐，国际主要经济体更加重视减碳政策制定和碳汇市场培育。

为全面落实"双碳"战略的有关部署，充分发挥科协系统的人才、组织优势，助力相关学科建设和人才培养，服务经济社会高质量发展，中国科协组织相关全国学会，组建了由各行业、各领域院士专家参与的编委会，以及由相关领域一线科研教育专家和编辑出版工作者组成的编写团队，编撰"双碳"系列丛书。

丛书将服务于高等院校教师和相关领域科技工作者教育培训，并为"双碳"战略的政策制定、科技创新和产业发展提供参考。

"双碳"系列丛书内容涵盖了全球气候变化、能源、交通、钢铁与有色金属、石化与化工、建筑建材、碳汇与碳中和等多个科技领域和产业门类，对实现"双碳"目标的技术创新和产业应用进行了系统介绍，分析了各行业面临的重大任务和严峻挑战，设计了实现"双碳"目标的战略路径和技术路线，展望了关键技术的发展趋势和应用前景，并提出了相应政策建议。丛书充分展示了各领域关于"双碳"研究的最新成果和前沿进展，凝结了院士专家和广大科技工作者的智慧，具有较高的战略性、前瞻性、权威性、系统性、学术性和科普性。

2022 年 5 月，中国科协推出首批 3 本图书，得到社会广泛认可。本次又推出第二批共 13 本图书，分别邀请知名院士专家担任主编，由相关全国学会和单位牵头组织编写，系统总结了相关领域的创新、探索和实践，呼应了"双碳"战略要求。参与编写的各位院士专家以科学家一以贯之的严谨治学之风，深入研究落实"双碳"目标实现过程中面临的新形势与新挑战，客观分析不同技术观点与技术路线。在此，衷心感谢为图书组织编撰工作作出贡献的院士专家、科研人员和编辑工作者。

期待"双碳"系列丛书的编撰、发布和应用，能够助力"双碳"人才培养，引领广大科技工作者协力推动绿色低碳重大科技创新和推广应用，为实施人才强国战略、实现"双碳"目标、全面建设社会主义现代化国家作出贡献。

中国科协主席　万　钢

2023 年 5 月

目　录

第1章 总 论

参与引领全球气候治理 推动构建人类命运共同体

习近平主席在中共中央政治局第三十六次集体学习时提出要求：积极参与和引领全球气候治理，要秉持人类命运共同体理念，以更加积极姿态参与全球气候谈判议程和国际规则制定，推动构建公平合理、合作共赢的全球气候治理体系。党的十八大以来，在习近平经济思想、生态文明思想、外交思想指引下，我国参与和引领全球气候治理取得一系列积极成就。2022 年是联合国人类环境会议召开 50 周年，也是《联合国气候变化框架公约》（以下简称《公约》）达成 30 周年，回顾全球气候治理进程和我国在其中作出的贡献，有助于我们从历史中汲取智慧，继续保持积极应对气候变化、推动绿色低碳转型创新的战略定力，继续做全球生态文明建设的重要参与者、贡献者和引领者。

1.1 气候变化是科学事实，关乎全人类生存发展

习近平主席指出："人类进入工业文明时代以来，在创造巨大物质财富的同时，也加速了对自然资源的攫取，打破了地球生态系统平衡，人与自然深层次矛盾日益显现。近年来，气候变化、生物多样性丧失、荒漠化加剧、极端气候事件频发，给人类生存和发展带来严峻挑战……国际社会要以前所未有的雄心和行动，勇于担当，勠力同心，共同构建人与自然生命共同体。"

气候变化主要是指由于化石燃料燃烧和毁林、土地利用变化等人类活动排放二氧化碳等温室气体，导致全球变暖、加剧极端天气等气候异常情况。1988 年以来，联合国政府间气候变化专门委员会（Intergovernmental Panel on Climate Change，IPCC）就气候变化问题先后进行了六次科学评估，历次评估不断明确气

候变化正在发生、日益严峻紧迫、主要由人类活动引起、急需强化行动并加速转型等科学事实。

1.1.1 人类活动导致当前气候变化的科学性毋庸置疑

IPCC第一次评估报告指出，全球气候变化是由自然影响因素和人为影响因素共同作用形成的，但从1950年以来观测到的变化，人为因素极有可能是显著和主要的影响因素。人类使用化石燃料和土地利用变化，导致大气中温室气体浓度上升，增强了温室效应，使平均温度上升。第二次到第五次评估报告关于"人类活动是导致气候变化的主要原因"结论的可靠性日益增加，从"可能"到"极可能"。2021—2022年发布的第六次评估报告进一步指出：人类活动导致变暖毋庸置疑。人类活动产生的温室气体造成约1.5℃升温，气溶胶等其他人类活动造成0.4℃降温，太阳活动等自然强迫因素和自然系统内部变率对温度贡献近似为零。

1.1.2 气候变化已经从未来的挑战变为正在发生的危机

IPCC第六次评估报告指出：2011—2020年全球平均气温比工业化前水平升高1.09℃左右，过去50年平均气温为近2000年来最高。当前，二氧化碳排放浓度为过去200万年最高，海平面上升为过去3000年最快，北极海冰为过去1000年最小，冰川退缩为过去2000年最严重。如果不采取有力度的减排行动，全球温升将于2021—2040年超过1.5℃、2041—2060年超过2℃，提前约半个世纪突破了《巴黎协定》确定的低于2℃以内、争取1.5℃的温升限制目标，到21世纪末全球平均温升很有可能达到4℃甚至更高。同时，全球排放空间日益减少。1.5℃和2℃温升水平下剩余二氧化碳排放空间分别为4000亿—5000亿吨和11500亿—13500亿吨。当前全球年均二氧化碳排放450亿吨左右，按照这样的趋势，未来10—12年将耗尽1.5℃下的排放空间，未来25—30年将耗尽2℃下的排放空间。

1.1.3 气候变化严重威胁人类生存发展和子孙后代福祉

气候变化导致全球部分地区热浪、洪涝、干旱、飓风等极端天气事件频发，造成海平面上升、冰川融化、物种减少，给全球生态系统带来不可逆的损害，同时导致粮食减产、威胁基础设施建设与运行，可能带来系统性金融风险，对全球和地区经济造成重大打击。冻土层融化释放病毒导致疾病蔓延，可能引发公共卫生事件，水资源枯竭等问题还会加剧地区冲突。IPCC第六次评估报告指出：人为造成的气候变化正给自然界造成危险而广泛的损害，全球有33亿—36亿人生活在高脆弱环境中。我国是受气候变化影响较为严重的国家。中国气象局数据显示，1991—2020 年我国年均由气象灾害造成的直接经济损失达 2400 多亿元，死亡人数近 3000 人。如果温升达到 3℃、4℃，我国周边海平面可能上升 1 米，我国 40% 以上的人口和 50% 以上的 GDP 集中在沿海地区，将遭受严重的经济社会损失。

1.1.4 合作共赢推动绿色低碳转型创新是根本解决之道

IPCC 第六次评估报告显示：要实现 2℃和 1.5℃温控目标，都需要全球二氧化碳排放至少 2025 年前达峰。要实现 2℃温控目标，需要全球二氧化碳排放在 21 世纪 70 年代前期实现净零排放，到 2050 年，全球对煤炭、石油和天然气使用量须在 2019 年基础上分别下降 85%、30% 和 15%。要实现 1.5℃温控目标，需要 2030 年全球二氧化碳排放在 2019 年基础上减排 48%，21 世纪 50 年代前期实现净零排放，到 2050 年，全球对煤炭、石油和天然气使用量须在 2019 年基础上分别下降 95%、60% 和 45%。气候变化归根结底是由于人类粗放发展方式所导致的，是一个发展问题。应对气候变化，不能就气候谈气候，而是要在可持续发展大系统中统筹考虑经济、社会、环境、安全、能源、粮食、健康、科技和气候变化等方面问题，实现协同增效。要转变高污染、高耗能、高排放的传统发展方式，加速转型创新，建立绿色、低碳、循环的生产方式、生活方式和消费模式。正如 IPCC 第六次评估报告指出："在可持续发展、公平和消除贫困的背景下设计和实施的气候变化减缓行动，并植根于其所在社会的发展愿望，将更容易被接受、更持久和更有效。"

1.2 全球气候治理进程艰难曲折，巴黎协定来之不易

习近平主席指出：作为全球治理的一个重要领域，应对气候变化的全球努力是一面镜子，给我们思考和探索未来全球治理模式、推动建设人类命运共同体带来宝贵启示……对气候变化等全球性问题，如果抱着功利主义思维，希望多占点便宜、少承担点责任，最终将是损人不利己……应该摒弃"零和博弈"狭隘思维，推动各国尤其是发达国家多一点共享、多一点担当，实现互惠共赢。

在气候变化这样的全球性挑战面前，没有一个国家能够置身事外、独善其身，人与自然是一个生命共同体，人类是一个命运共同体，坚持多边主义、合作共赢是世界各国的唯一选择。各方不仅要对自己国家人民负责，也要站在全人类生存发展和子孙后代福祉的高度，同舟共济、各尽所能，携手采取行动，推动国际合作和全球治理，这是道义制高点。

20 世纪 80 年代末，国际社会开启了应对气候变化谈判，迄今已进行了 30 多年。根本任务是将全球公共利益与各国国家利益统合起来，建立和运行一个公平合理、合作共赢的国际制度，推动各方在可持续发展框架下携手应对这一全球性挑战。谈判主要呈现发达国家和发展中国家两大阵营对垒的格局，欧盟及其成员国、美国为首的伞形集团国家、由发展中国家组成的"77 国集团 + 中国"三足鼎立的态势。各方集中围绕"谁减排、减多少、怎么减"等核心问题展开博弈，实质上是关于发展权益和发展空间（硬实力）以及国际影响力和话语权（软实力）的斗争。但斗争之后还是要合作，因为零和意味着失败，共赢才是唯一出路。

30 多年的多边进程是一个不断谈判博弈、不断达成共识、持续取得积极进展的过程。

——1992 年联合国环境与发展大会达成了《公约》，于 1994 年 5 月 9 日生效。《公约》提出了全球应对气候变化的最终目标——"将大气中温室气体的浓度稳定在防止气候系统受到危险的人为干扰的水平上。这一水平应当在足以使生态系统能够自然地适应气候变化、确保粮食生产免受威胁并使经济发展能够可持续地进行的时间范围内实现"。确立了"共同但有区别的责任"、公平和各自能力原则，规定发达国家和发展中国家承担不同的责任和义务。《公约》从 1995 年起每年召开缔约方大会，各方通过磋商谈判达成了一系列安排来落实《公约》。

《公约》确立"共同但有区别的责任"原则，既基于科学，也基于历史责任。IPCC 指出，在全球气候变化人为影响因素中，向大气排放二氧化碳的长期累积是主要因素，但非二氧化碳温室气体的贡献也十分显著，控制全球温升目标与控制温室气体排放目标有关。发达国家在过去 200 多年的工业化过程中向大气中大量排放二氧化碳，在全球历史累计（1850—2011 年）排放的二氧化碳中占 70%—80%。正是由于历史上在大气中排放的温室气体不断累积、浓度不断增加，导致当前气候变化问题。发达国家对气候变化负有不可推卸的历史责任，并具有雄厚的经济基础和先进的科技力量，因此，应率先大幅度减排，为发展中国家腾出排放空间、创造发展机会，同时向发展中国家提供资金和技术支持，帮助其提高应对能力。发展中国家历史排放低，对当前气候变化不负有历史责任，目前仍处在工业化、城市化发展过程中，主要是生存和发展排放，应肩负起与自身国情、发展阶段和能力相符的责任，在可持续发展框架下、在资金和技术支持下采取积极行动。

——1997 年日本京都气候大会达成了《京都议定书》，于 2005 年 2 月 16 日生效。《京都议定书》是落实《公约》"共区"原则和发达国家率先减排要求的具体体现，要求发达国家承担"自上而下"的、具有法律约束力的量化减排指标，即发达国家作为一个整体于 2008—2012 年第一承诺期在 1990 年基础上至少减排 5%。《京都议定书》执行得并不理想。美国因国会没有批准而未加入，加拿大后来宣布退出，日本、澳大利亚、新西兰没有继续参加第二承诺期。

《公约》和《京都议定书》达成后，发展中国家随着经济持续发展，相应排放有所增加，世界经济和排放对比出现变化。谈判始终围绕一个关键问题展开：是坚持"共区"原则、体现发达国家和发展中国家的区分，还是淡化甚至取消"共区"、由各方共担减排和出资责任。谈判还涉及其他重要议题：一是全球长期应对气候变化目标；二是采取"自上而下"还是"自下而上"的减排模式以及提高减排力度；三是解决发展中国家关心的适应及损失和损害问题；四是落实发展中国家所需的资金、技术和能力建设支持；五是确保实施的透明度；六是具有法律约束力。

——2007 年印尼巴厘岛气候大会针对发达国家《京都议定书》第一承诺期即将到期的情况，启动了旨在加强《公约》和《京都议定书》实施的"巴厘路线图"双轨谈判进程：一方面，继续在《京都议定书》轨道下磋商确定发达国家 2013—2020 年第二承诺期相关安排；另一方面，在《公约》轨道下谈判长期愿景、减缓、适应、资金、技术、能力建设等合作安排。"巴厘路线图"决定在 2009 年缔约方大会达成有法律约束力的协议。

——2008 年波兰波兹南气候大会决定继续推进"巴厘路线图"谈判进程，争取于 2009 年如期达成协议，并决定在《京都议定书》下建立适应基金支持发展中国家适应行动。

——2009 年丹麦哥本哈根气候大会试图结束"巴厘路线图"进程，达成有法律约束力的协议，但由于各方对于坚持"双轨"（按照"巴厘路线图"为发达国家和发展中国家设立防火墙）还是推动"并轨"（形成统一的减排法律框架）分歧较大，加之主席国主办多边会议经验不足、急于求成，未完全遵循"公开透明、广泛参与、缔约方驱动、协商一致"的多边进程原则，准备空降案文，激化了各方矛盾，会议仅以"注意到"各国间达成了一个政治性的"哥本哈根协议"而告终。"哥本哈根协议"一是重申公平、"共同但有区别的责任"和各自能力原则，二是提出 21 世纪末将全球温升控制在 2℃以内的长期目标，三是规定发达国家承诺量化减排目标并接受"三可"（可测量、可报告、可核查）、发展中国家采取适当减缓行动并接受"国际磋商和分析"，四是发达国家到 2020 年每年要为发展中国家提供 1000 亿美元的资金以及技术支持。尽管哥本哈根会议被认为是失败的，但这次会议动员了 130 多个国家领导人参会，提升了国际社会对气候变化问题的关注度。哥本哈根大会前，中国、印度、巴西、南非在华举行部长级会议协调立场。大会期间，"基础四国"集体亮相发声，在谈判存在严重分歧的情况下，四国领导人与美国领导人举行磋商，形成"哥本哈根协议"的主要政治共识。在谈判最焦灼时刻，中方同意接受磋商和分析，借机要求发达国家明确承诺 1000 亿美元出资目标，为广大发展中国家争取实惠。哥本哈根大会后，"基础四国"形成磋商机制，四国坚持每季度轮流举行一次部长级会议，研判形势、协调策略，在谈判重要节点共同发声，力争于发展中国家更有利成果，作用日益突出。

——2010 年墨西哥坎昆气候大会按照哥本哈根大会确定的政治方向，形成了"坎昆协议"，重点成果是进一步细化了透明度所应遵循的原则和相关安排：对发达国家承诺进行"三可"和"国际评估和审评"，对发展中国家行动进行"国际磋商和分析"，磋商和分析要符合尊重国家主权、非侵入性、非惩罚性、促进性的原则。坎昆大会预备会以来，中美两国逐步形成了不针锋相对、不公开对抗、不相互指责、遇有分歧相互交底、尊重彼此核心关切、找到双方都能接受的解决方案、共同推动多边进程的谅解。

——2011 年南非德班气候大会决定启动"德班平台"新进程，授权于 2015 年达成一项《公约》下适用于所有缔约方的国际协议，对各方 2020 年后加强行动作出安排，协议包括减缓、适应、资金、技术、能力建设、透明度等要素。协议具有法律约束力，但具体法律文本形式待定。同时，大会决定继续推进"巴厘路线图"谈判，确保《京都议定书》第一承诺期和第二承诺期之间没有空档，决定建立绿色气候基金。"德班平台"的建立体现了国际社会在哥本哈根大会失败后继续推动达成协议的努力。中方在大会期间组织"基础四国"、美国、欧盟开展三方磋商，找到了解决方案：2020 年前落实"巴厘路线图"，2020 年后实施新协议。

——2012 年卡塔尔多哈气候大会达成了"多哈气候通关"一揽子成果：一是通过了关于《京都议定书》2013—2020 年第二承诺期的"多哈修正案"；二是结束"巴厘岛行动计划"谈判，基本确定了 2020 年前合作应对气候变化的一系列机制安排；三是进一步明确"德班平台"下协议谈判以《公约》原则为指导。2012 年以来，随着"德班平台"谈判的推进，以中国、印度为核心，由亚非拉近 30 个发展中国家组成了"立场相近发展中国家"。这些国家十分坚定地捍卫发达国家和发展中国家的区分，也在坚持原则性的基础上逐步展现建设性。多哈大会闭幕前，由于南北国家之间缺乏互信，都担心对方关注的成果通过、而自己关注的成果受阻，最后中方向《公约》秘书处执行秘书、大会主席建议将《公约》《京都议定书》和"德班平台"三方面成果挂钩，采取一揽子达成的方式，实现成果通关。

——2013 年波兰华沙气候大会首次提出了"国家自主贡献"（Nationally

Determined Contributions，NDC）^① 的概念，并邀请各方于 2015 年提交"国家自主贡献"，开始初步确立"自下而上"的行动模式。针对部分发展中国家提出的赔偿其气候变化相关损失和损害问题，大会决定建立华沙损失和损害机制，在适应框架下解决该问题。华沙大会期间，各方对于用"承诺"还是"行动"描述各方 2020 年后责任义务持不同看法，连续磋商 40 多个小时无果。大会最后时刻，中美沟通后决定用"贡献"这一中性表述，打破僵局，推动大会形成共识。在损失和损害问题上，中方为了发展中国家出面劝发达国家在此问题上展现建设性，推动取得突破。

——2014 年秘鲁利马气候大会达成了"利马气候行动号召"等成果，提出巴黎气候大会达成的协议要体现"共区"和各自能力原则，考虑不同国情，并形成了协议案文基本要素，为巴黎大会成功奠定了基础。2014 年以来，新协议谈判从讨论概念转入起草案文，各方在协定与《公约》关系、与时俱进体现"共区"原则、减排模式等问题上争论十分激烈。尽管各方从政治上支持如期达成协议，但按照多边进程原则进行决策，任何成果必须获得所有缔约方一致同意才能通过。190 多个缔约方各有各的利益和诉求，一开始都坚持打高案，不轻易妥协。这就需要大国协调，发挥引领作用。利马大会前，中美两国领导人首次发表气候变化联合声明，明确提出 2015 年协议要体现"共区"和各自能力原则，考虑不同国情，一起宣布中美各自 2020 年后行动目标并呼吁各方尽快提出各自目标，开启了各方"自下而上"自主决定贡献目标的模式。这是中美作为世界上最大的发展中国家和发达国家首次发表元首气候变化联合声明，挽救了陷入僵局的利马大会。在中美两国带动下，180 多个缔约方在巴黎大会前提交了国家自主贡献目标，占全球排放 90% 以上。时任联合国秘书长潘基文评价该声明为全球气候治理进程作出了"历史性"贡献。针对各方在各具体问题上立场分歧较大，中方还建议大会主席对协议案文先"做加法"，充分体现各方意见，形成各方都能接受的谈判基础，待明年再"做减法"，逐步精简案文，通过"先加后减"的方式，将复杂问题简单化，有助于各方聚同化异，确保如期达成协议。

——2015 年法国巴黎气候大会成功达成了《巴黎协定》系列成果，就 2020 年后强化气候行动与合作作出框架性安排，具有里程碑意义。其主要内容和特点如下。

一是具有最大包容性，达成了照顾各方核心关切的法律形式。采用"核心协定 + 缔约方大会决定"的方式，协定从原则上规定各方责任和义务，具有法律约束力，决定提出 4 月 22 日开放签署协定，邀请各方尽快批准协定，就落实协定涉

---

① 国家自主贡献起初的英文名称为 Intended Nationally Determined Contributions，简写为 INDC。《巴黎协定》正式将国家自主贡献命名为 Nationally Determined Contributions，简写为 NDC。

及的具体目标、机制程序及后续工作等作出安排，具有政治约束力。两者结合具有很大包容性，确保各方广泛参与。

二是坚持《公约》原则，体现了"共同但有区别的责任"。明确本协定在《公约》下达成，旨在加强《公约》及其目标的实施，协定的实施将体现公平、"共区"和各自能力原则，考虑不同国情。在减缓、适应、资金、技术、能力建设、透明度等各个方面，都采取体现发达国家和发展中国家区分的表述。比如，减缓："发达国家应当继续带头，努力实现全经济范围绝对减排目标""鼓励发展中国家逐渐转向全经济范围减排或限排目标"；资金："发达国家应继续履行《公约》下义务，为协助发展中国家提供资金""鼓励其他缔约方自愿提供支持"；透明度："建立一个强化的透明度框架""为依能力需要灵活性的发展中国家提供灵活性"。

三是坚持目标引领，彰显了全球绿色低碳发展的潮流。确立了将全球温升控制在2℃以内、争取实现1.5℃的全球温升控制幅度目标，提出实现低碳、气候韧性和可持续发展的共同愿景。还提出"全球排放尽早达峰""本世纪下半叶温室气体排放源和吸收汇相平衡"，即碳中和（净零排放）目标，明确发展中国家实现达峰及中和的时间晚于发达国家。

四是确立"自下而上"自主决定贡献模式，形成各方结合国情积极行动的局面。协定吸取了《京都议定书》的教训，不再"自上而下"强制减排，而是通过引入"国家自主贡献"，由各方"自下而上"结合国情自主决定减缓、适应、支持等方面的目标内容，自觉自愿做最大程度努力。

五是确保实施的可持续性，建立了持续提高力度和透明度的机制。协定建立了每五年一次的全球盘点机制，评估实现协定目标的集体进展情况，以鼓励促进各方不断提高力度。建立了强化的透明度框架，推动各方不断提高透明度。

六是建立行动与支持相匹配的机制，帮助发展中国家不断提高能力。协定明确《公约》下绿色气候基金等资金机构继续发挥作用，建立了新的技术框架和能力建设委员会，决定中还提出2020—2025年的整体资金规模不低于每年1000亿美元，以后在此基础上有所增加。

总体来看，《巴黎协定》体现了广泛参与、开放包容、同舟共济、各尽所能、公平合理、合作共赢的全球气候治理精神，其目标、框架、原则、规定及机制安排于发展中国家有利、于全球可持续发展有益，有助于推动各方实现经济社会发展和应对气候变化多赢。协定明确了全球向绿色低碳转型的大方向，与我国新发展理念一致。

巴黎大会前，中美元首第二次发表气候变化联合声明，为《巴黎协定》谈判涉及的所有关键难点问题找到了"着陆点"，包括锁定将全球温升控制在2℃以内的目标，明确新协议减缓、适应、资金、技术等各个要素都要以恰当方式体现"有区别"，建立强化的透明度体系并给予发展中国家实施的灵活性。随后，中法元首也发表了联合声明，在中美联合声明解决方案基础上，支持建立每五年开展一次全球盘点以促进各方持续提高力度的机制，重点解决了协定实施可持续的问题。潘基文秘书长评价中美、中法声明为巴黎大会成功作出了"基础性"的贡献。中方还与欧盟、印度、巴西领导人分别发表联合声明，推动"基础四国"发表联合声明。《巴黎协定》很多关键条款的表述，都能在中美、中法、中欧、"基础四国"等联合声明中找到相应源头。

巴黎大会期间，150多个国家的领导人出席开幕式做政治动员。习近平主席出席开幕式并发表主旨讲话，同美国、法国、俄罗斯、巴西等国领导人及联合国秘书长举行会谈，做主要领导人工作。习近平主席指示中国代表团要做两边持极端立场国家的工作，推动着陆点落在中美、中法元首联合声明。我代表团落实习近平主席指示，几乎每天都与联合国秘书长、《公约》秘书处执行秘书、大会主席会面，为他们出谋划策，并做主要国家和集团的工作，聚同化异。巴黎大会谈判处于僵局阶段，我们主动与美方商定，双方根据中美元首联合声明、参考中法元首联合声明，提出中美共同案文建议。双方工作团队通宵达旦起草磋商、形成共同案文并提交大会主席、法国外长法比尤斯，解决了协议谈判涉及的主要分歧。法比尤斯接受中美案文后，展现出了非常高的政治智慧和外交技巧，在尊重多边进程原则、鼓励各方充分表达意见基础上，用一个"华丽的转身"使中美案文为各方所接受。大会最后时刻，协议案文中"发达国家应当（should）承担绝对减排目标"被误写为"发达国家必须（shall）承担绝对减排目标"，意味着发达国家减排目标具有强制法律约束力，美国无法接受。《公约》秘书处公开承担编辑错误，对案文作出技术性修改。个别发展中国家不同意并相应提出其他条款修改意见，有重开谈判的危险。联合国秘书长潘基文、美国国务卿克里、大会主席法比尤斯、《公约》执行秘书菲格里斯一起请中方出面做个别国家工作，我们三次做沟通工作，最终使协定顺利通过。会后，奥巴马总统、奥朗德总统、潘基文秘书长打电话感谢习近平主席和中国代表团的重要贡献。

——2016年摩洛哥马拉喀什气候大会组织召开了协定首次缔约方会议，庆祝《巴黎协定》生效，明确于2018年年底前完成《巴黎协定》实施细则谈判。大会针对美国特朗普当选总统后可能出现的政策变化，发布了《马拉喀什气候行动与可持续发展高级别宣言》，强调多边进程和绿色低碳发展潮流大势不可逆转，表明各方落实《巴黎协定》的政治意愿。当年，中美两国元首第三次发表联合声明，共同宣布4月22日两国将参加联合国举办的气候峰会并签署《巴黎协定》，同时号召各方及时签署协定。在中美两国带动下，有 160 多个国家在大会期间共同签署协定。为确保协定尽快生效，同年在二十国集团杭州峰会开幕前，中美两国元首共同向联合国秘书长交存各自批准参加《巴黎协定》的法律文书，推动各方尽早批准协定，使《巴黎协定》很快满足了"55 个国家批准加入、超过 55%的全球排放量"的生效标准，在达成不到一年内即于 2016 年 11 月 4 日生效。马拉喀什大会期间，中美双方商议，考虑到特朗普当选上任后不会继续举办主要经济体能源与气候论坛（Major Economies Forum on Energy and Climate，MEF），中方有必要联合欧盟、加拿大发起新的机制，代替 MEF 机制发挥大国推动多边进程的作用。经过沟通，中国、欧盟、加拿大于 2017 年联合建立了主要国家气候行动部长级会议机制（Ministerial on Climate Action，MOCA），针对多边进程重点、热点、难点问题，从政治和政策层面寻求解决方案。该机制已持续 6 年，发挥了积极推动作用。

——2017 年由斐济担任主席国的波恩气候大会达成了"斐济实施动力"等成果，形成了《巴黎协定》实施细则的大纲和要素，并安排举办"塔拉诺阿促进性对话"，推动各方以讲故事方式分享最佳实践，鼓励提高力度。

——2018 年波兰卡托维兹气候大会克服了美国宣布退出的不利影响，重申"共区"原则，围绕自主贡献及减缓、适应、资金、技术、能力建设、透明度、全球盘点、遵约等条款如何实施达成了《巴黎协定》实施细则，使协定从一个框架性安排变成一系列可操作的规则。大会还决定继续就协定第六条下全球碳市场规则等未决问题展开谈判。大会期间，中方代表团保持与美国国务院气候变化谈判团队沟通，同时加强与欧盟、广大发展中国家的对话合作。在实施细则谈判陷入僵局的情况下，中美、中欧、"基础四国"就自主贡献、透明度等争议较大问题分别形成方案并提交大会主席。大会最后阶段，巴西与欧盟、加拿大就协定第六条碳市场问题存在巨大分歧。中方应秘书长、大会主席、《公约》执行秘书要求，多次出面分别做巴西及欧盟、加拿大对立双方工作，促使在第六条问题上存在尖锐分歧、情绪高度对立的各方能够坐在一起心平气和地商讨中方提出的解决方案，最终推动在最后一刻形成共识。

——2021 年英国格拉斯哥气候大会达成了"格拉斯哥气候协议"等成果，就坚持多边主义、加强《公约》和《巴黎协定》实施发出了一连串的积极政治信号，就全球碳市场等协定实施未决问题形成了一整套规则，就未来十年提高减缓、适应和支持等各方面力度作出了一揽子安排，就加速低碳转型创新国际合作提出了一系列倡议。2021 年 4 月，中美双方根据两国元首互动精神，在当时几乎各领域存在脱钩风险的情况下，打通气候变化对话渠道，在疫情最严重阶段邀请美方来上海开展磋商，发表了《中美应对气候危机联合声明》，实现了破冰之旅。中欧建立了领导人气候变化高层对话机制，发表了联合公报。中美、中欧共识为协定进入实施阶段各国行动涉及的能源转型、甲烷、毁林等问题提供了政治解决方案，推动多边进程克服新冠疫情等困难持续前行。大会期间，主席国试图强行闯关推动去煤化等主张，导致大会处于胶着状态。中美双方在会议结束前一天达成并发表了《中美关于在 21 世纪 20 年代强化气候行动的格拉斯哥联合宣言》，在宣言中提出逐步减少煤炭煤电的举措，并在大会最后一刻按中美共识举行中、美、欧、英、印磋商协调，将"淘汰"煤电改为"逐步减少"，实现了既体现行动决心和力度、又有可操作性、且更为尊重各方实际国情的成果。

——2022 年，埃及沙姆沙伊赫气候大会达成了"沙姆沙伊赫实施计划"等成果，发出了坚持多边主义、加速绿色低碳转型创新、确保行动不倒退的积极信号，就进一步落实《公约》和《巴黎协定》作出了系统清晰的规划，在发展中国家普遍关心的问题上取得了积极显著进展，为推动《公约》和《巴黎协定》全面有效实施注入了更多正能量，为 2023 年开展首次全球盘点、进一步强化气候行动与合作做好准备

1.3 我国领导人引领多边进程，作出历史性贡献

习近平主席指出：中国为达成应对气候变化《巴黎协定》作出重要贡献，也是落实《巴黎协定》的积极践行者。党的十九大报告提出，我国"引导应对气候变化国际合作，成为全球生态文明建设的重要参与者、贡献者、引领者"。习近平主席一系列重要决策、讲话，对多边进程各个阶段遇到的问题给出了指导，发挥了政治推动作用。

1.3.1 在关于应对气候变化问题的认识上明确方向

党的十八大以来，习近平主席多次指出，应对气候变化是我国可持续发展的内在需要，也是负责任大国应尽的国际义务。这不是别人要我们做，而是我们自己要做。习近平主席在多个重大外交场合提出并倡导构建人类命运共同体。这些思想统一了国内认识，使我国在多边进程中日益发挥主动引领作用，构建人类命运共同体。

2013 年华沙大会决定邀请各方 2015 年提交自主贡献，各方能否如期提出自主贡献，关乎协定谈判成败和 2020 年后全球可持续发展。2014 年，习近平主席主持中央政治局常委会，审定我国 2030 年左右达峰并争取尽早达峰等自主贡献目

标，通过目标导向，促进我国将气候变化挑战转化为绿色低碳转型机遇。我国在发展中国家中较早提出碳达峰等一系列贡献目标，既为发展中国家强化气候行动提供了借鉴，又给国际社会推动谈判取得成功带来了珍贵礼物。

1.3.2 在多边进程建章立制关键阶段为协定的达成、签署、生效凝聚推动力

随着《巴黎协定》达成期限临近，国际社会日益期待各国领导人发挥政治推动作用。2015年，习近平主席出席联合国发展峰会等一系列重大多边外交活动，对外宣布我国气候行动重要目标及建立200亿元人民币的中国气候变化南南合作基金等重大举措，号召各方支持2030年联合国可持续发展议程，携手推动达成《巴黎协定》。习近平主席出席巴黎大会开幕式并发表主旨讲话，这是我国国家元首第一次出席联合国气候变化大会。习近平主席指出：巴黎大会正是为了加强《公约》实施，达成一个全面、均衡、有力度、有约束力的气候变化协议，提出公平、合理、有效的全球应对气候变化解决方案，探索人类可持续发展路径和治理模式，提出了"实现《公约》目标、引领绿色发展，凝聚全球力量、鼓励广泛参与，加大投入、强化行动保障，照顾各国国情、体现务实有效"的气候治理中国方案，号召各方创造一个"各尽所能、合作共赢，奉行法治、公平正义，包容互鉴、共同发展"的未来。

2013—2016年，习近平主席多次与奥巴马总统举行会谈，从安纳伯格庄园会晤到瀛台夜话，中美两国元首形成了在气候变化领域开展对话合作的重要政治共识，发表了三个元首声明和一个合作文件。双方在战略和经济对话框架下建立了气候变化工作组，开展能效、智能电网、低碳城市等九大领域务实合作。正如中美声明和合作成果文件所述："中美气候变化方面的共同努力将成为两国合作伙伴关系的长久遗产。""中美两国的领导力已经激励全球采取行动构建绿色、低碳、气候适应型世界，并对达成历史性的《巴黎协定》作出了重要贡献。气候变化已经成为中美双边关系的一大支柱"。2015年，习近平主席与奥朗德总统发表中法元首气候变化联合声明。习近平主席亲自运筹参与大国气候外交，使我国为《巴黎协定》的达成、签署和生效作出突出贡献。

1.3.3 在美国"退群"导致多边进程遭遇挫折之际提振各方信心

2017年，习近平主席在参加达沃斯论坛和访问联合国日内瓦总部时指出："《巴黎协定》符合全球发展大方向，成果来之不易，应当共同坚守，不能轻言放弃。这是我们对子孙后代必须担负的责任。"《巴黎协定》的达成是全球气候治

理史上的里程碑，我们不能让这一成果付诸东流。各方要共同推动协定实施。中国将继续采取行动应对气候变化，百分之百承担自己的义务。"随后，习近平主席在多个外交场合持续发出坚持多边主义、支持全球应对气候变化、维护《巴黎协定》的积极信号。这给处于摇摆状态的国家吃了定心丸，使面临不确定性的多边进程稳住了阵脚。

2018 年，习近平主席在二十国集团领导人布宜诺斯艾利斯峰会上号召各方继续本着构建人类命运共同体的责任感，为多边进程排除美国退出干扰持续前行并达成《巴黎协定》实施细则注入了正能量。

1.3.4 在全球疫情蔓延、经济复苏、气候危机挑战下提出有力度的目标

2020 年，新冠疫情在全球蔓延，给各国经济社会发展带来严重冲击，各国都在思考如何统筹当前应对公共卫生危机、恢复经济社会发展以及长远实现气候行动目标、加速绿色低碳转型。《巴黎协定》已经进入实施阶段，各方自主贡献努力与实现全球温控目标之间仍存在较大差距，急需进一步提高力度。协定要求各方于 2020 年提交更新的、更有力度的自主贡献，并通报 21 世纪中叶低碳发展战略。此时缔约方大会因疫情而延期，各方能否按照协定要求及时更新自主贡献并提出长期战略，关乎协定 2020 年后全面、有效和持续实施。

2020 年 9 月，习近平主席在第七十五届联合国大会上宣布"中国二氧化碳排放力争于 2030 年前达到峰值，努力争取 2060 年前实现碳中和"。此后，习近平主席在多个重大国际场合反复重申并强调坚决落实。习近平主席对外宣示我国碳达峰碳中和目标，显示了我国应对气候变化的信心、决心和雄心，帮助全球绿色低碳转型明确了方向和路径，对于激励美国重回协定并推动各方进一步提高力度、更新目标发挥了重要作用。目前，已有 195 个缔约方提交了自主贡献；151 个国家制定了碳中和目标，占全球 92% 的 GDP、89% 的人口、88% 的排放。

2020 年 12 月，习近平主席在纪念《巴黎协定》达成五周年的联合国气候雄心峰会上宣布了落实国家自主贡献的新举措：到 2030 年，中国单位国内生产总值二氧化碳排放将比 2005 年下降 65% 以上（2015 年提交的目标是 60%—65%），非化石能源占一次能源消费比重将达到 25% 左右（2015 年提交的目标是 20% 左右），森林蓄积量将比 2005 年增加 60 亿立方米（2015 年提交的目标是 45 亿立方米），风电、太阳能发电总装机容量将达到 12 亿千瓦以上。

1.3.5 在国际社会重点关注问题上展现负责任大国担当

随着各方提交更新的自主贡献目标和 21 世纪中叶碳中和目标，国际社会更为关注各方如何在未来关键十年采取切实行动落实目标，对于我国实现碳达峰碳中和目标以及推动加速国内外能源转型的政策行动有很高期待。

2021 年 4 月，习近平主席在经济大国领导人气候峰会上进一步宣布：中国正在制定碳达峰行动计划。将严控煤电项目，"十四五"时期严控煤炭消费增长、"十五五"时期逐步减少。决定接受《〈关于消耗臭氧层物质的蒙特利尔议定书〉基加利修正案》（以下简称《基加利修正案》），加强非二氧化碳温室气体管控，启动全国碳市场上线交易。中方将采取绿色基建、绿色能源、绿色交通、绿色金融等一系列举措，持续造福参与共建"一带一路"的各国人民。2021 年 9 月，习近平主席在第七十六届联合国大会上宣布，中国将大力支持发展中国家能源绿色低碳发展，不再新建境外煤电项目。

2021 年 11 月，习近平主席在格拉斯哥大会世界领导人峰会上做书面致辞，提出了坚持多边共识、采取务实行动、加速低碳转型三点主张，并表示中国发布了《关于完整准确全面贯彻新发展理念做好碳达峰碳中和工作的意见》和《2030年前碳达峰行动方案》，还将陆续发布能源、工业、建筑、交通等重点领域和煤炭、电力、钢铁、水泥等重点行业的实施方案，出台科技、碳汇、财税、金融等保障措施，形成碳达峰碳中和"1+N"政策体系，明确时间表、路线图和施工图。积极回应了国际社会对中国落实碳达峰碳中和目标、推动能源低碳转型具体措施和路径的关注，充分展现了言必信、行必果的负责任大国形象。

1.4 保持战略定力，坚持绿色低碳转型创新

习近平主席指出：我国力争 2030 年前实现碳达峰，2060 年前实现碳中和，是党中央经过深思熟虑作出的重大战略决策，事关中华民族永续发展和构建人类命运共同体。实现碳达峰碳中和是我国向世界作出的庄严承诺，也是一场广泛而深刻的经济社会变革，绝不是轻轻松松就能实现的。实现这个目标，中国需要付出极其艰巨的努力……只要对全人类有益的事情，中国就应该义不容辞地做，并且做好……中国这么做，是在用实际行动践行多边主义，为保护我们的共同家园、实现人类可持续发展作出贡献。

过去十年来，中国坚持应对气候变化的战略定力，绿色低碳转型取得显著成效。2012—2021 年，以年均 3% 的能源消费增速支撑了平均 6.5% 的经济增长，单位 GDP 二氧化碳排放比 2012 年下降约 34.4%，单位 GDP 能耗比 2012 年下降

约 26.3%，累计节能约 14 亿吨标准煤，相当于少排放二氧化碳约 37 亿吨、二氧化硫约 2068 万吨、氮氧化物约 1690 万吨。煤炭消费比重从 2014 年的 65.8% 下降到 2021 年的 56%，年均下降 1.4 个百分点，是历史上下降最快的时期。截至 2021 年年底，非化石能源占比达 16.6%，新能源累计装机容量达到 11.2 亿千瓦，水电、风电、光伏发电累计装机容量均达到或超过 3 亿千瓦，均居世界第一。可再生能源装机占全球 1/3，全球 80% 以上的风电、光伏设备组件都来自中国。用于可再生能源的累计投资已达到 3800 亿美元，总量居全球第一。2021 年，全国森林覆盖率达到 24.02%，森林蓄积量达到 194.93 亿立方米，已成为全球森林资源增长最多的国家。截至 2022 年 6 月，新能源汽车保有量达到 1001 万辆，占全球一半以上。这些事实和数据表明，中国已走上一条符合国情的绿色低碳可持续发展之路，用实际行动和成效为发展中国家低碳转型提供了借鉴，为全球气候治理作出了贡献。

21 世纪第三个十年，全球气候治理进程从建章立制逐步转入行动实施的阶段，国际社会普遍认为这十年是实现《巴黎协定》目标、推进全球气候行动与合作的关键十年。主要国家提出了落实《巴黎协定》的一系列行动目标，全球绿色低碳转型创新已呈大势所趋。欧盟发布"绿色新政"并通过气候法案，承诺到 2030 年比 1990 年减排 55%，2050 年实现气候中和，计划投资上万亿欧元。德国提出 2030 年比 1990 年减排 65%、可再生能源电力占电力总消费 65%，2040 年减排 88%，2045 年实现气候中和。美国提出 2030 年比 2005 年减排 50%—52% 的新自主贡献目标（2015 年提出 2025 年比 2005 年减排 26%—28%），提出 2035 年实现电力系统零碳排放，2050 年实现交通部门零碳排放，承诺不晚于 2050 年实现温室气体净零排放，计划推动近万亿美元基础设施投资，大力创新清洁能源技术。英国脱欧后提出 2030 年比 1990 年减排 68%、停止售卖新的汽油和柴油汽车，2035 年减排 78%，2050 年实现温室气体净零排放。日本提出 2030 年比 2013 年减排 46%—50%、新建建筑零碳化，2035 年左右新乘用车 100% 电动化，2050 年实现温室气体净零排放。俄罗斯提出 2030 年比苏联 1990 年水平减排 70%，2060 年实现净零排放。韩国提出 2030 年比 2017 年减排 24.4%，2050 年前实现碳中和。印度提出 2030 年碳排放强度比 2005 年下降 33%—35%、可再生能源装机量达到 4.5 亿千瓦，2070 年实现碳中和。巴西提出 2030 年比 2005 年减排 43%，2060 年实现碳中和，后改为 2050 年实现净零排放。南非提出 2025 年前排放达峰，2050 年实现二氧化碳净零排放。沙特提出 2060 年实现碳中和。

尽管当前受到地缘冲突、经济复苏放缓、能源与粮食危机等因素影响，一些发达国家气候政策出现回摆，重启了煤电，增加了煤炭消费和碳排放，但这些国家的领导人、部长表示，这是应对能源短缺等眼前困难的权宜之计，此次能源危机使各国更加认识到可再生能源是摆脱化石能源依赖、促进低碳技术创新、实现能源独立的重要举措。

可以预见，《巴黎协定》确定的全球绿色低碳转型长期大趋势已经不可逆转。发达国家不会因为短期困难而改变长期转型创新的目标和方向，相信这些国家一旦挺过眼前的能源危机，将加速布局新能源产业和技术，以低碳为抓手重塑经济发展模式。未来应对气候变化和绿色低碳转型领域国际竞争会很激烈，合作前景也很广阔。

在一些发达国家气候政策回摆的情况下，中国坚持推进碳达峰碳中和，已建立"1+N"政策体系，这证明我们的气候政策稳健、务实、连续。碳达峰碳中和是党中央经过深思熟虑作出的重大战略决策，内促可持续发展、外树负责任形象。实现目标尽管面临诸多困难，但系统性转型创新将带来广阔的市场和投资、技术、产业机遇，促进经济、就业、能源、粮食、健康、生态环境等多领域协同发展。中国超额完成 2020 年前气候行动目标和较快改善生态环境质量的实践也证明了这一点。

回顾过去，在以习近平同志为核心的党中央坚强领导下，我国从全球应对气候变化舞台的边缘逐步走到中心，既维护了国家核心利益和发展权益、促进绿色低碳发展，又运筹了气候外交、妥善处理同各方关系，更树立了负责任大国形象、提升了国际话语权和影响力。展望未来，我们将继续贯彻落实习近平经济思想、生态文明思想和外交思想，统筹国内和国际两个大局，继续保持积极应对气候变化、推进绿色低碳转型创新的战略定力，百分之百如期实现碳达峰碳中和目标；同时在多边进程中坚持我国发展中国家地位，坚持"共区"原则，主动承担与国情、发展阶段和能力相符的国际义务，讲好应对气候变化的中国故事，加强与发达国家的对话合作，支持发展中国家的合理诉求，不断加大气候变化南南合作力度，与各方一道携手推进全球气候治理，构建人类命运共同体。

第2章　全球气候治理进程回顾

当前气候变化对人类社会的短期和长期影响正在加速凸显，国际社会围绕气候变化治理的博弈也日益增强，全球气候治理步入系统性转型时代。基于诺贝尔经济学奖得主埃莉诺·奥斯特罗姆提出的"治理"概念，本章从社会问题、制度安排以及运行机制三要素的演变对全球气候治理的进程进行了系统性的梳理和分析，并对全球气候治理的最新进展和趋势作出了研判。

2.1　全球气候治理的基本概念

2.1.1　治理的定义和由来

全球治理学者奥兰·杨提出，"治理"是一种注重引导集体行动朝向预期结果，同时远离那些应该避免的后果的社会功能。治理的概念在20世纪80年代末的国际关系研究中广泛流传[1]，之后随着全球化的快速发展，国际金融、跨境贸易以及气候变化等全球性议题和挑战不断出现，全球治理的概念逐渐盛行起来。1995年，联合国全球治理委员会发表了题为《天涯成比邻》的报告，其中全球治理被定义为"公共和私人部门里的个人和机构管理其共同事务的各种方法的总和"[2]，并描述和界定了全球治理的参与者、形式和目标等要素。

奥斯特罗姆提出"治理"是为了解决一定的社会问题所做的制度安排及相应的运行机制，因此治理的三个关键要素包含社会问题、制度安排以及运行机制[3]。社会问题是指社会认识到问题的存在，并逐步形成解决问题的共识。制度是权力、规则、原则和决策程序的集合，它们引发了社会实践，为实践的参与者分配角色，并指导着实践者彼此之间的互动；制度安排包含承诺、监测和奖惩三要素，通俗来说就是回答"要做什么""做没做到"以及"没做到怎么办"的问题。运行机制一般是指保证制度能执行的组织形式和执行主体。

基于奥斯特罗姆提出的治理三要素框架，本书将全球气候治理定义为为了解决全球应对气候变化问题所作的制度安排及相应的运行机制，因此全球气候治理的三个关键要素包含应对全球气候变化问题、制度安排以及运行机制。本章将系统分析和梳理全球气候治理的结构和演变过程，其具体的构成要素见图2.1。

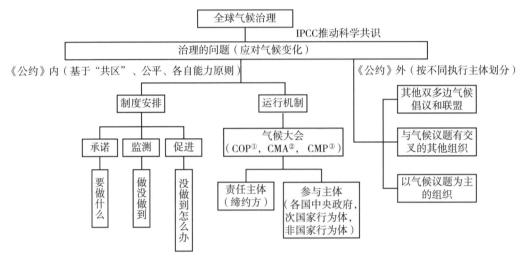

图 2.1 《巴黎协定》后全球气候治理构成要素

注：全球气候治理可以分为《公约》内和《公约》外治理，《公约》内是核心，《公约》外是补充。《公约》外气候治理的组织和联盟繁多，每个也都有其对应的制度安排和运行机制，无法在图里一一表述，因此对于《公约》外的全球气候治理构成要素是按照相应的执行主体来划分。

2.1.2 全球气候治理的定义和构成要素

2.1.2.1 全球气候治理解决的问题：应对全球气候变化

20世纪80年代，一些学者和科研机构发现人类活动产生的大规模温室气体排放会造成全球变暖，并进一步对复杂的全球气候系统产生干扰，气候变化由此作为一个全球环境问题进入国际社会视野。在此背景下，联合国着手促进应对气候变化的政治共识，决策者需要有关气候变化成因、其潜在环境和社会经济影响以及可能的应对措施等信息支持。根据1988年联合国通过的为当代和后代人类保护气候的决议，世界气象组织和联合国环境规划署联合建立了IPCC，旨在通过科学评估明确应对气候变化的科学共识。作为世界上最权威的气候变化领域科学评估组织，IPCC集中了气候变化各个领域的顶级专家，在1990年发布了第一次气

---

① 《公约》缔约方会议（Conference of the Parties，COP）。

② 作为《巴黎协定》缔约方会议的《公约》缔约方会议（Conference of the Parties serving as the meeting of the Parties to the Paris Agreement，CMA）。

③ 作为《京都议定书》缔约方会议的《公约》缔约方会议（Conference of the Parties serving as the meeting of the Parties to the Kyoto Protocol，CMP）。

候变化综合评估报告，报告指出"人类活动导致的温室气体排放显著增加了大气中温室气体的浓度，并将加剧温室效应，导致地表变暖"。联合国大会根据第一次评估报告的研究成果，决定着手开展气候变化框架公约谈判，成立了政府间谈判委员会。自此，应对气候变化正式成为全球气候治理的问题。

2.1.2.2 《公约》内全球气候治理的原则和制度安排

1992 年在巴西召开的联合国环境与发展大会上通过了《公约》。之后在《公约》的框架下，缔约方又先后签订了《京都议定书》和《巴黎协定》两个全球气候治理进程中具有里程碑意义的协定。《京都议定书》首次"自上而下"为发达国家规定了定量减排目标；《巴黎协定》则明确了温升控制的"硬指标"，涵盖的内容包括了减缓、适应、资金、技术、能力建设以及透明度等所有重要议题和实施细则，同时创立了顺应气候治理形势变化的以"国家自主贡献"为核心的"自下而上"减排新模式。《公约》与《京都议定书》和《巴黎协定》一起构成了全球气候治理的最主要框架，包括一系列的基本原则、制度安排和运行机制，是具有权威性、普遍性、全面性的应对气候变化国际合作的框架和法律基础。

奥斯特罗姆定义的全球治理框架下的制度三要素包括"承诺""监测"和"奖惩"。然而，在《公约》下的全球气候治理框架并没有惩罚机制，如果缔约方没有完成承诺，则《公约》与其他缔约方会尽力促进其在未来完成。因此，对于全球气候治理下的制度安排，"奖惩"机制被"促进"机制替代，通过"承诺""监测"和"促进"三要素来实现，分别解决"要做什么""做没做到"以及"没做到怎么办"的三个问题。第一，全球气候治理制度的"承诺"，主要包含减缓、适应和执行手段三方面的内容，在这之下又包含不同的议题和可操作的机制来推动这些承诺的实现。减缓承诺下包括森林、碳定价等子议题，适应承诺则包含损失损害、适应目标、农业、预警观测等子议题，执行手段承诺主要包含资金、技术和能力建设等子议题。第二，全球气候治理制度的"监测"，对应的是透明度和全球盘点议题，旨在通过各国自主通报信息与盘点进展的手段，对全球气候治理的整体行动进行监测和追踪。第三，全球气候治理制度的"促进"，对应的是履行和遵守议题，但由于气候条约属于国际软法[4]，虽然具有实际效力，但不具备事实上的法律约束力，因此通过促进的方式来协助相关缔约方完善和实现其气候目标。

2.1.2.3 《公约》内全球气候治理的运行机制

上述提到的《公约》内制度、议题和机制是由全球 190 多个国家通过 30 多年的联合国气候变化谈判达成的。《公约》缔约方大会（简称"联合国气候变化大会"）是《公约》内全球气候治理的主要运行机制，包括 COP、CMP 和 CMA，它们是推动全球气候治理发展最重要的平台。联合国气候变化大会还包括附属机构（附属科学技术咨询机构和附属履行机构）以及特设工作组的会议。《公约》秘书处为参与谈判的所有缔约方以及《公约》《京都议定书》和《巴黎协定》缔约方会议主席团提供支持，主席团是向大会主席提供建议的执行机构。

2.1.2.4 《公约》外的气候治理机制

尽管以《公约》为原则的联合国气候变化大会构成了全球气候治理核心的运行机制安排，但《公约》外更多元化的执行主体和机制安排也发挥着越来越重要的作用，按执行主体大致可以分成三类。一是以气候变化为主题的国际联盟和论坛，比如主要经济体能源与气候论坛、气候行动部长级会议以及七国集团气候俱乐部。二是涉及气候议题的其他专业性国际组织和多边论坛，包括两类：①联合国下的国际组织，如国际民航组织、国际海事组织、《联合国生物多样性公约》秘书处、联合国环境规划署、联合国粮食和农业组织、世界气象组织等；②其他政府间国际组织会议，包括二十国集团峰会、七国集团峰会、亚太经济合作峰会等。三是双多边的自愿合作气候倡议组织和联盟，涉及主体非常广泛，比如全球甲烷承诺、格拉斯哥净零金融联盟等。这些组织都有其自身的制度安排和运行机制，比如推动在已有国际框架下（二十国集团、《联合国生物多样性公约》）增设气候议题、建立多边气候俱乐部以及成立非政府组织气候联盟和城市联盟等[5]。《公约》外全球气候治理的运行机制对《公约》主渠道形成了重要补充，并在一定程度上成为打破《公约》主渠道下相关气候议题谈判僵局的重要推手。

2.2 全球气候治理的进程

2.2.1 对全球气候变化问题的认识

1979 年，美国国家科学院发布世界上最早的气候变化评估科学报告（*Charney Report*），报告指出了工业革命以来人类活动、大气中二氧化碳浓度以及温度升高三者的正向关系，并直接推动了 1979 年年底在瑞士召开的第一届世界气候大会。1988 年 IPCC 的成立标志着公共领域开始自觉讨论气候变化问题，气候变化问题也从纯科学问题逐步转变为广受关注的全球环境问题[6]。

但是各国处在不同的经济发展阶段，对于气候治理有着不尽相同的理解和立场，国家之间存在比较尖锐的矛盾和斗争，因此气候治理问题也是政治问题。为了协调和解决这些争端，推动形成政治共识，联合国和其他有关国际组织积极寻求解决办法，着手制定相关的国际公约和制度，并决定于 1992 年在巴西召开联合国环境与发展大会。大会上通过了一系列法律文件，提出了人类"可持续发展"

的新战略,《公约》在这次会议上有 154 个缔约方签署,同时明确了"共同但有区别的责任"理念。1994 年《公约》开始生效,目前已有 197 个缔约方[①],在全球气候治理机制中具有最高的普遍性。

IPCC 推动的科学进程从一开始就对以《公约》为代表的政治进程有着巨大的影响和推动作用。目前 IPCC 共发布了六次全球气候评估报告,伴随着每一次 IPCC 报告的发布,人类对气候变化的认知与全球气候治理进程都会更进一步。1990 年发布的 IPCC 第一次评估报告使各国在 1992 年通过谈判达成了《公约》,国际社会首次形成了应对气候变化的政治共识。《公约》也确立了应对气候变化的最终目标是将大气温室气体的浓度稳定在防止气候系统受到危险的人为干扰的水平上。

1995 年,IPCC 完成了第二次评估报告,主要针对《公约》第二条应对气候变化的最终目标提供科学依据。这次评估的很多结论成为 1997 年《京都议定书》的核心内容。《京都议定书》的目标则更进了一步,提出"将大气中的温室气体含量稳定在一个适当的水平,进而防止剧烈的气候改变对人类造成伤害",不仅提到人为活动对大气温室气体含量的影响要控制在一定水平,同时还要防止气候变化对人类社会造成伤害和影响。

IPCC 第三、四、五次评估不但进一步证实了人为温室气体排放很可能是导致全球平均温度升高的主要因素,而且对于《巴黎协定》的达成提供了重要的科学基础。《巴黎协定》首次明确了温控的"硬指标",即"把全球平均气温升幅控制在工业化前水平以上低于 2℃之内,并努力将气温升幅限制在工业化前水平以上 1.5℃之内"。2018 年,IPCC 还发布了《全球温升 1.5℃特别报告》,就全球 1.5℃温升有关事实、影响和减排路径等开展评估,旨在为各国政府提供 1.5℃温升有关影响、适应和减缓信息。

IPCC 第六次评估全面更新了对气候科学的认知。评估报告指出,最近 50 年的全球变暖正以过去 2000 年以来前所未有的速度发生,气候系统不稳定性加剧。报告还明确指出,人类活动毋庸置疑造成了自 1750 年左右以来大气中温室气体浓度的上升,以及观测到的大气、海洋和陆地的变暖。随着人类活动导致的全球变暖加剧,极端高温、洪水等极端天气和气候事件的频率和规模将会进一步增加[7]。

人类活动造成全球气候变化的因果关系不断被明确,IPCC 历次评估对归因的表述从"可能(66% 概率)""很可能(90% 概率)""极有可能(95% 概率)"上

---

① 包括联合国的全部 193 个成员国、2 个观察员国(巴勒斯坦和梵蒂冈)、欧盟以及纽埃和库克群岛。

升至"明确无疑",全球气候治理进程也在不断推进。当前,应对气候变化和实现碳中和已经是全球普遍共识,截至 2022 年 11 月,已有 139 个国家、241 个城市和 800 多个企业提出了碳中和或净零排放目标,覆盖全球 83% 的碳排放、91% 的 GDP 和 80% 的人口[8]。尽管 2022 年俄乌冲突导致的能源危机使各国更加重视能源安全,一些国家气候政策出现短期回摆和削弱,但这些外部因素造成的短期冲击并没有改变全球低碳转型的大势。

2.2.2 《公约》下全球气候治理制度的进程

《公约》确立了国际合作应对气候变化的基本原则,主要包括"公平""共同但有区别的责任""各自能力""考虑发展中国家特殊情况""预防""可持续发展"和"应对气候变化与国际经济体系协调"等原则[9]。其中"公平"原则、"共同但有区别的责任"和"各自能力"原则是核心,既体现了全球合作应对气候变化的重要性,同时又考虑了发达国家和发展中国家所处发展阶段、历史排放责任和受到气候变化影响的差异,使发展中国家有意愿参与全球气候治理。这些基本原则使《公约》的生效和实施具有政治可行性,也指导了全球气候治理制度安排和运行机制的建立与发展。对于全球气候治理制度安排的变迁,同样可以从承诺、监督和促进这三个要素的演变来进行分析和梳理。

2.2.2.1 承诺目标

承诺主要解决"要做什么"的问题。《公约》下的减缓目标是对全体缔约方总的减排要求,从单个缔约方来说还不能算是承诺。但随着《京都议定书》和《巴黎协定》的签订,减缓目标从定性目标发展为定量目标。行动领域也从最初的减缓发展至包含适应、资金、技术、能力建设等,行动模式基于最初的原则性规定发展出发达国家受约束的"自上而下"减排方式,再发展成为目前适用于所有缔约方的"自下而上"自主贡献模式。这些转变伴随着对全球气候变化科学认知的不断深入以及全球政治经济格局的演变。

《公约》对于减缓目标的设定只是原则上的,对于单个缔约方没有减排承诺的要求。在《公约》下,所有缔约方被分为附件一缔约方和非附件一缔约方。附件一缔约方主要包括发达国家(附件二缔约方)和苏联成员国及中东欧国家等经济转型国家,非附件一缔约方则是发展中国家。《公约》承认历史上和目前全球温室气体排放的最大部分源自发达国家,发展中国家的人均排放仍相对较低,因此未来在全球排放中所占的份额将增加;承认经济和社会发展以及消除贫困是发展中国家首要和压倒一切的优先事项,因此明确了发达国家应承担率先减排和向发展中国家提供资金技术支持的义务。附件一缔约方(发达国家和经济转型国家）应率先减排，附件二缔约方（发达国家）还应向发展中国家提供资金和技术，帮助发展中国家应对气候变化。

《京都议定书》首次以法规的形式"自上而下"地限制了附件一缔约方的温室气体排放，有具体的目标和时间表，并分别规定了减缓所覆盖温室气体和排放部门的范围以及减缓行动的力度。同时还建立了联合履约、排放贸易和清洁发展机制三个灵活机制，充分考虑到发挥市场的作用，旨在以更具成本效益的方式完成《京都议定书》对附件一缔约方温室气体减排承诺的要求。2012年12月8日《京都议定书〈多哈修正案〉》获得通过，对《京都议定书》第二承诺期（2013—2020年）作出安排，但是多个发达国家没有批准这一修正案。

《巴黎协定》下的承诺模式从《京都议定书》"自上而下"约束发达国家缔约方的排放量转变成所有缔约方"自下而上"作出国家自主贡献。共同但有区别的责任依旧是核心原则，但要求各缔约方自主作出行动贡献，这样能够尽可能动员更多国家在国内切实开展应对气候变化行动。此外，《巴黎协定》第二条首次将资金与减缓、适应并列为全球气候治理的行动目标，虽然发达国家仍应承担向发展中国家提供资金支持的义务，但第二条中的资金目标指向全球金融系统面向气候目标的转型，要求所有国家为应对气候变化行动提供资金。

2.2.2.2 监测机制

监测主要解决"做了什么"以及"够不够"的问题，对应信息通报、透明度和全球盘点等议题。《公约》在原则上对缔约方提出了各方通报履约信息的要求，并通过建立附属履行机构来组织对报告信息的审评。发达国家需要同时提供温室气体清单以及国家信息通报，而发展中国家只需提供后者，同时发达国家还须接受减排进展的审评。《京都议定书》只对发达国家有减排的强制要求，所以在监测、报告与核查（Measurement，Reporting and Verification，MRV）要求方面只对发达国家作出规定。在《公约》下就有类似MRV的概念，但作为谈判议题引起关注还是从2007年"巴厘行动计划"开始。2007年巴厘岛气候大会通过了"巴厘路线图"，终结了附件一国家（尤其是美国）与非附件一国家关于发展中国家承担减排义务有效性的争论，开启了"双轨"谈判的格局。一方面，《公约》附件一缔约方要继续履行《京都议定书》下的有约束力的减排义务，并承诺2012年后的大幅度量化减排指标；另一方面，附件一中非《京都议定书》缔约方（当时即指美国）则要在《公约》下承担"可测量、可报告和可核实的（三可）"减排承诺和行动。同时，发展中国家在得到技术、资金和能力建设的支持下，采取国家适当减缓行动（Nationally Appropriate Mitigation Actions，NAMAs），并且也需要满足"三可"要求，非附件一国家的减排义务开始增加。

随后,《公约》下对发达国家和发展中国家行动的监测要求进一步出现统一态势。2010 年坎昆气候大会决定在《公约》下,发达国家和发展中国家需要分别提交两年期报告和两年期更新报告,增强本国减缓承诺或行动的透明度,并分别接受"国际评估和审评"与"国际磋商和分析"。《巴黎协定》下对"监测"的实施则更进一步,分别建立了"关于行动和支持的强化透明度框架"以及全球盘点的制度安排。在强化透明度框架下,发达国家和发展中国家均要提交两年期透明度报告,且该报告均接受技术专家审评和关于进展情况的促进性多边审议。虽然强化透明度框架也为发展中国家提供了一定的灵活性,但是发达国家和发展中国家透明度的履约安排也在逐渐趋同。另外,强化透明度框架的建立也是要为全球盘点提供必要的信息参考。全球盘点目的是定期盘点《巴黎协定》下缔约方在实现长期目标方面的集体进展,并为缔约方提交下一次国际自主贡献提供参考,从而使《巴黎协定》建立的"自下而上"模式能够确保全球气候行动力度与长期温控目标相一致。

2.2.2.3 促进机制

在全球气候治理的进程中,促进机制也是随着对气候变化科学认识的不断深入以及国际形势的不断变化而逐步建立起来的。《公约》主要确立了全球气候治理的目标和所遵循的基本原则。《京都议定书》对发达国家缔约方的减排有强制约束,但还是属于软法,减排承诺的兑现仍然依赖于缔约方的自觉。美国尽管在1998 年签署议定书,但国内并未批准,之后退出了《京都议定书》。加拿大也在2011 年 12 月成为退出《京都议定书》的第二个国家。《巴黎协定》在制度里安排了促进机制,主要体现在遵约规则的设计,与监测机制下的透明度、全球盘点共同构成"贯续提高模式"来保障其实施力度。通过"自上而下"的透明度、盘点和遵约规则,全球各国能在同一平台上评估全球气候行动进展,相互促进提高行动力度。

2.2.3 《公约》下全球气候治理运行机制的进程

1995 年,《公约》第一次缔约方大会在德国柏林举行,随着后来《京都议定书》和《巴黎协定》的签订,《公约》缔约方大会从 2005 年起同时召开《京都议定书》的缔约方大会,以及从 2016 年起同时召开《巴黎协定》的缔约方大会。联合国气候变化大会也从开始小规模的工作会议演变成当前联合国主办的规模最大的年度论坛。参会的主体除了缔约方国家之外,次国家行为体和非国家行为体也可以作为观察员参加会议。同时,联合国及其专门机构和国际原子能机构,以及它们的会员国或观察员,均可作为观察员出席缔约方会议。此外,与会的世界各地各级政府、非政府组织、企业、学术机构等参与数量不断扩大，成为新的全球气候治理的重要力量。

2.2.4 《公约》外气候治理形式的变迁

以《公约》为基础的全球气候治理机制是各国应对气候变化的核心制度安排，但是《公约》外其他治理主体和渠道也在不断丰富和加强，尤其是在 2009 年哥本哈根会议以后，以国际民航组织和海事组织为代表的《公约》外机制纷纷推进各种减排倡议。另外，随着各国经济实力以及受气候影响程度的变化，各式各样的双边和多边气候治理安排等不断涌现，比如发达国家成立气候俱乐部、美国发起主要经济体能源和气候论坛等。此外，诸多国家、地区、机构、企业等自下而上地发起气候合作倡议，覆盖能源、工业、交通、城镇、森林与土地利用、海洋、水资源、气候适应、金融等多个行动领域，包括国际标准、融资机制、技术创新、公众参与、传播和教育等诸多类型的行动，助力各国面向碳中和的绿色低碳转型。这些联盟、组织和倡议的制度安排以及运行机制更加灵活，在实践上对《公约》进行有益的补充，但是也存在无序发展、有利益色彩以及被发达国家利用对发展中国家施压等问题[10]。下面介绍一些重要联盟、组织和倡议的发展历程。

2.2.4.1 国际航空和海运行业减排

国际民航组织一直关注并参与全球环境问题。1972 年，联合国人类环境大会第 A18–11 号决议确认了国际民航组织对于与飞机活动有关的不利环境影响的责任，以及要努力实现民航安全有序发展与人类环境质量之间的和谐共存。1997 年的《京都议定书》明确指出国际民航组织是负责减少或限制国际航空排放的最主要国际组织。2008 年欧盟委员会通过《欧盟航空碳排放交易指令》，将航空业纳入温室气体减排计划，该指令适用于所有进出欧盟机场的国际航班，但是遭到多国反对，被认为违反了国际法原则。

2016 年第 39 届国际民航组织大会正式通过"国际航空碳抵消和减排计划"（Carbon Offsetting and Reduction Scheme for International Aviation，CORSIA），旨在控制国际民航业 2020 年后的二氧化碳排放。CORSIA 的实施分为三个阶段：试行阶段（2021—2023 年）和第一阶段（2024—2026 年），各国可自愿参加；第二阶段（2027—2035 年），在国际航空活动中个体份额超过总活动的 0.5%，或者累计份额达到总活动 90% 的所有国家都将包括在 CORSIA 中。近年来，自愿参加 CORSIA 的国家数量不断上升，从 2021 的 88 个增加到 2023 年的 115 个。2022 年国际民航组织第 41 届大会达成决议，来自 193 个成员的代表在大会闭幕当天达成了关于到2050年实现净零碳排放的集体长期理想目标的历史性协议。

1973年国际海事组织在伦敦召开国际海洋污染会议，并通过《国际防止船舶造成污染公约》（Maritime Agreement Regarding Oil Pollution，MARPOL）。1997年《公约》第三次缔约方大会通过了《京都议定书》，其中第2.2条明确提出，将国际海运温室气体的减排授权给国际海事组织执行。自此，MARPOL将管理范围从海洋环境污染扩大至海洋大气污染领域。2011年，国际海事组织在海洋环境保护委员会第62届会议上通过了MARPOL附件六修正案，确定了"新船设计能效指数"和"船舶能效管理计划"两项船舶能效标准，均于2015年起施行。这是国际海事组织首次通过适用于所有国家船舶减排的强制性能效标准，也是历史上首次针对国际海运温室气体减排的法律文件。

2018年，国际海事组织通过了全球航运业首个温室气体减排战略，明确于2050年前至少减少50%的国际海运温室气体排放。2021年，国际航运公会和国际干散货船东协会首次联合提议制定全球碳排放征税计划，对参与全球贸易、总吨位超过5000吨的船舶排放二氧化碳收取费用。征收的资金将投入"国际海事组织气候基金"，用于在世界各地的港口部署基础设施，以供应氢气和氨气等清洁燃料。2022年国际海事组织海上环境保护委员会第79届会议召开，成立空气污染与能效工作组，旨在推动制定法规以实现海运业脱碳。

2.2.4.2 气候俱乐部

2011年，罗伯特·基欧汉和大卫·维克多提出将俱乐部作为一个制度类型引入气候治理研究[11]。2015年，诺贝尔经济学奖得主威廉·诺德豪斯提出建立以"国际目标碳价"为核心的气候俱乐部，该机制将所有气候谈判要素统一为国际目标碳价进行谈判，对非会员国出口商品征收统一碳关税。七国集团领导人2022年6月表示将在2022年年底前建立一个"气候俱乐部"，以便协调并加速各国应对气候变化的努力。2022年12月，七国集团发布"气候俱乐部"的目标及职权文件，计划建立以"国际目标碳价"为核心的气候同盟。另外，欧盟在"减碳55%"（Fit for 55）一揽子政策下力推碳边境调节机制，作为解决本土企业竞争力受损和碳泄漏问题的关键措施。2023年5月16日，碳边境调节机制法案文本正式刊登在欧盟公报上，这标志着碳边境调节机制已经成为欧盟的正式法律，将于2023年10月起试运行。

2.2.4.3 自愿气候倡议和联盟

近些年，越来越多的城市、企业和非政府组织等非国家行为体参与到全球气候治理中。2017年12月5日，首届北美气候峰会在芝加哥举办，超过50名全球世界领导人讨论"自下而上"的气候行动，并签署了针对气候变化的首个次国家行为体国际宪章《芝加哥气候宪章》。基于此，非国家行为体气候行动区域（Non-State Actor Zone for Climate Action，NAZCA）平台诞生，截至目前已经包括企业（13909 家）、投资者（1562 人）、民间组织（3451 个）、城市（11361 个）及地区（286 个）等参与方。

一些在全球影响较大的企业和机构逐渐从环境污染者转变为环境保护者，并凭借其强大的资本技术力量和商业关系，在全球气候治理中扮演着愈发重要的角色。例如，格拉斯哥净零金融联盟目前汇集了来自全球 50 多个国家金融行业的 550 多家成员，这些机构管理资产总规模超过 130 万亿美元。该联盟致力于推动全球在 2050 年前实现净零排放，其成员机构也承诺投资组合到 2050 年实现净零排放、到 2030 年排放量减半。气候行动网络由 130 多个国家的超过 1900 个民间社会组织构成，通过区域间的非政府社会网络推动集体可持续行动，以应对气候危机。在能源方面，全球风能协会和太阳能协会促进不同国家和地区之间的合作与交流，以帮助全球能源清洁转型。还有一些规模较大的国际非政府组织深度参与全球气候治理进程，如绿色和平、世界自然基金会以及乐施会等，呼吁和助力各国政府采取更具雄心的气候行动。

在地方政府层面，地方政府永续发展理事会（International Council for Local Environmental Initiatives，ICLEI）是由 200 个地方政府发起、2500 多个地方政府组成的全球网络，通过设立气候保护城市计划，在全球专家团队的支持下，推动全球可持续城市发展。同时，非政府组织与私营企业之间的合作也成为发展趋势之一。气候披露标准委员会（Climate Disclosure Standards Board，CDSB）是一个由商业、环境和社会非政府组织组成的国际联盟，致力于推进和调整全球主流企业报告模式，将气候变化信息融入评估报告，为更可持续的经济、社会和环境系统作出贡献。此外，高校也积极参与到推动全球气候治理的进程中来，由清华大学等 15 所世界顶尖高校组成的世界大学气候变化联盟致力于推动全球青年参与全球气候治理进程，为地球的零碳可持续未来贡献青年智慧。

2.3　全球气候治理的最新进展和趋势

当前全球政治格局仍持续恶化，全球气候治理赤字更加凸显。一方面，全球面临多重危机，俄乌冲突的爆发引发能源、粮食价格在全球多个国家大幅上涨，通货膨胀严重。加之新冠疫情的持续影响，全球主要经济体的复苏进程受阻。全球经济增速下行并步入中低速增长轨道，国际货币基金组织最新发布的《世界经济展望》报告预计 2023 年世界经济增速为 3%。在此背景下，全球气候治理在短期内趋向于关注能源安全，区域合作的意识形态色彩浓厚，国际气候合作面临很大挑战。另一方面，气候危机前所未有，2022年极端天气袭击了全球的大部分地区，气候脆弱国家在疫情后复苏以及俄乌冲突造成叠加冲击的艰难时刻，需要全球的紧密合作才能渡过难关。

气候变化对人类的短期和长期影响正在加速凸显，国际社会围绕气候治理的博弈也日益加剧。全球气候治理步入系统性转型时代，主要体现在以下几个方面。

第一，全球气候治理步入转型时代，气候议题主流化引发新一轮国际规则制定主导权之争。全球气候治理形势正在发生变化，大国博弈从多年来在《公约》主渠道下争夺碳排放空间和发展权，转向争夺在经济、金融、贸易、供应链、科技、司法、军队、生物多样性、航空海运、塑料污染等领域中的气候和碳相关规则制定主导权和话语权。在占据全球GDP超过80%的经济体宣布碳中和目标后，碳中和已经成为全球浪潮，全球层面零碳承诺的政治共识和系统转型大趋势已经非常清晰。主要经济体纷纷出台政策，培育低碳技术和产业优势，并依托国内气候治理，积极部署发展中国家能源转型的巨大市场，追求在国际贸易、对外投资、外交等多个领域的溢出效应。

第二，《公约》下多边气候治理主渠道进入低潮期，主渠道外各种双多边气候治理机制兴起，气候谈判的交流功能日益凸显。联合国主导下的多边气候治理主渠道多年来难以有效控制全球温室气体排放，其效力逐渐受到质疑。一些国家建议将"格拉斯哥气候协议"作为气候谈判的基石和起点，实际上抛弃了《公约》下的共同但有区别的责任原则。气候公约秘书处也已改名为 UN Climate Change，可能标志着该组织的定位从《公约》履约支持机构逐渐转向促进气候变化国际合作的专门机构。在多重危机叠加和气候资金差距扩大的情况下，气候议题前所未有地与发展中国家债务、粮食安全等议题交织在一起，并与全球重要治理机制二十国集团、七国集团、《联合国生物多样性公约》等前所未有地紧密关联、互相推动。

此外，各类主渠道外双边和多边合作机制与倡议层出不穷，退煤、甲烷、毁林、公正转型等关键议题受到多国关注。2022年沙姆沙伊赫气候大会 COP 27[①]期间发起多个倡议类行动，延续了近年来倡议数量连续增长的态势。影响力较大的包括适应领域的"增强基于自然的解决方案应对加速气候转型倡议"（由埃及等发起）、资金领域的"全球盾牌"（由欧盟发起）、市场机制领域的"非洲碳市场倡议"（由多个企业和国际组织发起）和"能源转型加速器"（由美国发起）

---

① 如无特别说明，本书中的"COP X"指《公约》第 X 届缔约方会议。例如，COP 27 指《公约》第二十七届缔约方会议。

等。一些倡议类活动已发展成熟并形成持续性影响力，并且有逐渐渗透进入主渠道多边进程的趋势。COP 26 期间由 45 个国家发起的"突破性议程"已发展成为《公约》外重要的清洁技术行动方案，并将在每年缔约方大会进行审查，对《公约》内行动形成补充。

第三，《公约》下全球气候治理的重点转向行动落实。从《公约》下的全球气候治理框架来看，由于《巴黎协定》实施细则的谈判已基本完成，接下来的重点将转向行动落实。全球盘点是《巴黎协定》下的核心机制之一，作为一个框架性议题，全球盘点要求缔约方每五年对全球减缓、适应、资金、技术、能力建设等议题行动进展进行全面盘点，盘点结果将为下一次国家自主贡献的更新、加强行动和支持以及加强气候行动国际合作提供参考信息。第一次全球盘点已在 2021 年启动，将在 2023 年 COP 28 结束。此外，全球零排放标准与审查趋严，气候变化信息披露和监督框架已经初步建立。随着多个监测平台的建立和卫星监测技术的完善，全球温室气体减排承诺与行动即将迎来"透明"时代。

2.4　本章小结

全球治理的三个关键要素包含拟解决的社会问题、制度安排以及运行机制。在全球气候治理下，IPCC 负责推动全球气候治理的科学进程，与《公约》推动的政治进程相互促进，形成各国对全球气候变化问题的共识。《公约》及《京都议定书》和《巴黎协定》三个气候变化政府间多边协议一起构成了全球气候治理的核心法律文件，其核心要素是有关全球气候治理的基本原则与规则。在这些基本原则和规则的框架下，全球气候治理包含一系列基于"承诺""监测"和"促进"三要素的制度安排。

全球气候治理的运行机制主要是联合国气候大会。1995 年，《公约》第一次缔约方大会在德国柏林举行，随着《京都议定书》和《巴黎协定》的签订，《公约》缔约方大会也先后成为《京都议定书》的缔约方大会和《巴黎协定》的缔约方大会。参会的主体除了缔约方，次国家行为体和非国家行为体也可以作为观察员参加会议。此外，《公约》外其他治理主体和渠道也在不断丰富和加强，对《公约》主渠道形成重要补充和推动。当前全球政治经济格局持续恶化，区域合作的意识形态色彩浓厚，国际气候合作面临很大挑战。全球大国围绕气候治理的博弈也将日益加剧，不同国家围绕不同议题进一步分化成多个小集团，加剧了全球气候治理的复杂性和合作难度。

参考文献

［1］Smouts M. The proper use of governance in international relations［J］. International Social Science Journal，2010，50（155）：81-89.

［2］Commission on Global Governance，Our global neighborhood［M］. Oxford：Oxford University Press，1995.

［3］Ostrom E. Governing the commons［M］. Cambridge：Cambridge University Press，1990.

［4］Snyder F. Soft law and Institutional practice in the European community［M］//Steve Martin. The construction of Europe：Essays in honor of Emile Noel. Amsterdam：Kluwer Academic Publishers，1994.

［5］张发林，杨佳伟. "统筹兼治或分而治之"——全球治理的体系分析框架［J］. 世界经济与政治，2021（3）：125-155.

［6］朱松丽，高翔. 从哥本哈根到巴黎：国际气候制度的变迁和发展［M］. 北京：清华大学出版社，2017.

［7］Intergovernmental Panel on Climate Change（IPCC）. Climate Change 2022：Impacts，Adaptation，and Vulnerability. Contribution of Working Group II to the Sixth Assessment Report of the Intergovernmental Panel on Climate Change［M］. Pörtner H，Roberts D，Tignor M，et al. Cambridge：Cambridge University Press，2022.

［8］Net Zero Tracker. Data Explorer［EB/OL］.（2022-11-20）［2023-01-12］. https://zerotracker. net/#companies-table.

［9］薄燕，高翔. 中国与全球气候治理机制的变迁［M］. 上海：上海人民出版社，2017.

［10］朱松丽. 从巴黎到卡托维兹：全球气候治理的统一和分裂［M］. 北京：清华大学出版社，2020.

［11］Keohane R O，Vitor D G. The regime complex for climate change［J］. Social Science Electronic Publishing，2011，9（1）：7-23.

第 3 章 气候谈判和国际合作的关键问题

本章首先介绍《公约》及《京都议定书》《巴黎协定》的谈判进程，详细介绍《巴黎协定》下各个议题下的制度安排和减缓、适应与执行手段的合作机制，为了解当今全球气候治理国际合作机制的演变提供必要背景知识。接下来讨论目前全球气候谈判和合作机制存在的若干问题及其原因，并针对这些问题提出相应建议。

3.1 联合国框架下的多边气候谈判与国际合作机制

1988 年，为了回应越来越多关于气候变化及其影响科学事实的质疑，联合国环境规划署和世界气象组织成立了 IPCC，并于 1990 年发布了第一份评估报告。该报告确定了气候变化的科学依据，于是各国呼吁建立一个气候变化框架条约，以应对这一全人类共同面对的威胁。1992 年 6 月，《公约》在巴西里约热内卢举行的联合国环境与发展大会上签署，从此联合国下的气候变化多边治理进程正式开始。三十年间，气候变化谈判格局几经演变，经历过 1997 年《京都议定书》"自上而下"模式的失效，也经历过"双轨并行"时期的艰难探索，最终形成了 2015年《巴黎协定》"自下而上"模式的新格局。

《巴黎协定》第二条明确提出了三项目标：①减缓目标，即把全球平均气温较工业化前水平升幅控制在 2℃ 之内，并努力将气温升幅限制在工业化前水平以上 1.5℃ 之内，同时认识到这将大大减少气候变化的风险和影响；②适应目标，即提高适应气候变化不利影响的能力，并以不威胁粮食生产的方式增强气候复原力和温室气体低排放发展；③执行手段目标，即让资金流动符合温室气体低排放和气候适应型发展的路径。

为了实现这三个目标，《巴黎协定》设置了若干行动领域（即议题）：减缓目标下包括森林和市场机制，适应目标下包括适应和损失损害，执行手段目标下包括资金、技术和能力建设。随着现实的不断变化，在《巴黎协定》之外也有新的执行领域不断涌现，例如减缓目标相关的能源和海洋，适应目标相关的损失损害、农业和早期预警观测系统，以及适应资金、基于自然的解决方案等交叉领域。每一个行动领域都有国家的自主行动和国家间合作的相关安排。除了这些行动领域的议题，《巴黎协定》的透明度、全球盘点和遵约构建了程序上的规则，保障协定能够完整有效得到实施。图 3.1 展示了《巴黎协定》建立的全球气候治理

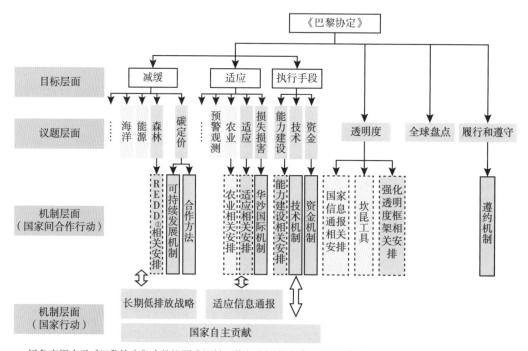

绿色底框表示《巴黎协定》内的议题或机制，黄色底框表示《巴黎协定》外、《公约》内议题或机制。实线方框表示《公约》内有官方名称的机制，虚线方框表示《公约》内无官方名称、但是有相关机构和规则的安排。

图 3.1 《巴黎协定》下的制度安排与合作机制

---

① 减少因毁林导致的温室气体排放（Reducing Emissions from Deforestation，RED）；减少因毁林和森林退化导致的温室气体排放（Reducing Emissions from Deforestation and Forest Degradation，REDD）；减少因毁林和森林退化而导致温室气体排放加上森林可持续管理及保护和加强森林碳储量（Reducing Emissions from Deforestation and Forest Degradation and additional forest-related activities that protect the climate, namely sustainable management of forests and the conservation and enhancement of forest carbon stocks. REDD+: Reducing emissions from deforestation and forest degradation; and the role of conservation, sustainable management of forests and enhancement of forest carbon stocks，REDD+）；减少因毁林和森林退化而导致温室气体排放加上森林可持续管理、保护和加强森林碳储量及执行和支持替代政策方法（Reducing emissions from deforestation and forest degradation; and the role of conservation, sustainable management of forests, enhancement of forest carbon stocks and non-carbon benefits of alternative policy approaches，REDD++）。

制度安排以及各议题和机制。在这一制度安排下,《巴黎协定》为 2020 年后的全球气候治理提供了全面的、各方都可接受的解决方案。

3.1.1 减缓领域的行动和合作机制

3.1.1.1 国家行动机制:国家自主贡献和长期温室气体低排放发展战略

国际条约目标的实现离不开各个国家自身的行动,因此国家行动机制的设计是国际条约能否成功达成目标的关键。《京都议定书》确立了"自上而下"的减排机制,该机制先规定一个未来排放总量上限,再把这些总量分配给各个发达国家。然而,发达国家在该机制下严重缺乏减排意愿,加拿大、日本、新西兰等国家相继退出第二承诺期的进程,使《京都议定书》的减排机制难以为继。2010 年的"坎昆协议"要求发达国家提交适合本国的减缓承诺,发展中国家自愿提交适合本国的减缓行动,开启了各国"自下而上"提出目标的尝试。《巴黎协定》发展了这一制度设计思想,确立了"自下而上"的 NDC 行动机制:各个国家提出自己的目标,再将各国目标经汇总得到全球的预期气候行动成果。国家自主贡献一方面把提出承诺的国家范围扩大到发展中国家和那些拒绝或退出《京都议定书》的发达国家,另一方面将承诺的范围从减缓扩大到适应、资金等其他行动领域,从而确保了最大的包容性和参与度。

《巴黎协定》要求缔约方编制、通报和保持连续的国家自主贡献,每五年更新一次。国家自主贡献的内容由各国自主决定,《巴黎协定》缔约方大会不会审查各国国家自主贡献的充分性,也不会审评各国国家自主贡献的实现水平,更不会对未兑现国家自主贡献的情况作出强制性惩罚。但是为了敦促各国采取国内措施实现自主目标,《巴黎协定》建立了一系列具有约束力的程序性义务,包括国家自主贡献更新、提交和审评双年期透明度报告等,并配套设立了促进行动的透明度、全球盘点、遵约等相应机制(见后文)。除了短期的国家自主贡献,《巴黎协定》也要求所有缔约方应努力制定和通报长期的温室气体低排放发展战略(Long-term Low-emission Development Strategy,LT-LEDS),从而为各国中长期的减排提供更具确定性的"锚点"。需要特别注意的是,国家自主贡献的内容不局限于减缓领域,也包括适应和执行手段领域,减缓是其中重要的一部分;而长期的温室气体低排放发展战略只涉及减缓领域。

截至 2023 年 11 月,《巴黎协定》194 个缔约方全部提交了国家自主贡献目标,68 个缔约方提交了长期的温室气体低排放发展战略,在国家自主贡献和长期的温室气体低排放发展战略中宣布了长期减缓战略与目标的缔约方温室气体排放量占全球温室气体排放量的 88%[1]。由此可见,"自下而上"的减排机制有效增强了政治互信,激发了各缔约方的减排积极性,进一步推动碳中和成为各国政治共识。

3.1.1.2 国家间合作机制

在减缓领域,《巴黎协定》下的国家间合作机制包括市场机制和森林相关安排。

（1）市场机制

市场机制的设计与实施有助于优化减排资源的配置,从而推动全球以最低的成本完成减排目标。碳市场的理论根源可以追溯到罗纳德·哈里·科斯提出的产权理论,即通过产权的确定使公共物品得到合理配置,避免负外部性导致的"公地悲剧"。依据减排量的基准线,可以将碳市场分为两类:基于排放配额的配额市场和基于减排信用的信用市场。《京都议定书》确立了三个灵活履约的市场机制:作为信用市场的清洁发展机制和联合履约机制,以及作为配额市场的排放交易机制。

《巴黎协定》第六条构建了其市场机制的制度安排,包括合作方法和可持续发展机制,前者是对《京都议定书》排放交易机制的延续和创新,后者是《京都议定书》下清洁发展机制和联合履约机制的延续。合作方法的目的是缔约方使用"国际转让的减缓成果"帮助其完成自身减排指标,它可以以多种形式开展,其中可能包括一个覆盖各国减排指标的排放交易机制。为了确保一个减排指标不能同时被转让国和使用国同时计算,合作方法需要严格遵守相应调整规则,即出售"国际转让的减缓成果"的缔约方需要在自身排放清单上加上相应的排放量,使用"国际转让的减缓成果"的缔约方则减去该部分减排量,从而确保全球整体排放的平衡。

可持续发展机制是一个覆盖全球的信用市场,该机制下的碳信用被称为"第六条第四款减排单位"(A6.4ERs)。缔约方可在东道国开展低成本的低碳项目,通过获得额外的 A6.4ER 以激励各方参与。A6.4ER 可以用来出售获得的经济收入,也可用作"国际转让的减缓成果"实现自身排放目标或其他国际减缓目的[①]。对于信用市场来说,减排项目的基线设定格外重要,基线设定得过于严格可能影响各方参与意愿,过于宽松则会削弱减排效果。目前可持续发展机制的基线设定有三种方法:基于平均水平、基于标杆水平和基于最佳技术水平。除此以外,可持续发展机制也会通过收益分成支持最易受气候变化影响的发展中国家的适应行动。

COP 26 通过了关于合作方法的指南与可持续发展机制的规则、模式和程序(RMPs)。2022 年,COP 27 进一步对合作方法指南和可持续发展机制 RMPs 所述规则进行阐释,并通过了监督机构议事规则和第六条技术专家评审指南,为第六

---

① A6.4ERs 具体包括两类,分别为减缓贡献 A6.4ERs(mitigation contribution A6.4ERs)和获得授权的 A6.4ERs(authorized A6.4ERs)。前者可以用于基于结果的气候融资、东道国国内温室气体定价机制等,用于东道国内的减排目标,而无须相应调整;后者则被东道国授权用于其他国家的国家自主贡献和其他国际减缓目的,需要相应调整。

条报告制定了报告模板等。这些指导文件共同搭建了《巴黎协定》下全球碳市场机制的管理模式、基础设施、实施规则、报告规则等内容。后续缔约方大会将为清洁发展机制项目过渡、将核证减排量用于首轮或首轮更新的国家自主贡献、如何对单年度和多年度国家自主贡献进行相应调整提供进一步指导。部分存在争议的问题也需进一步磋商，例如机制登记册、国际登记册和其他相关登记册之间的链接问题，第六条技术专家审评是否可以对缔约方批准项目和签发减排量进行实质性审查等。

（2）"减少毁林和森林退化造成的排放"相关安排

减缓机制还包括林业相关安排。森林是陆地生态系统主体，作为地球生物圈的重要组成部分，森林是陆地上最大的碳储库；而火灾、病虫害、林木死亡腐烂分解又会导致储存在森林中的碳重新释放到大气中，使森林成为碳源。《公约》原则上将"保护和增强温室气体库和汇"也作为重要的减缓方式，这奠定了后续所有谈判的基础。IPCC 将土地利用及其变化和林业（Land Use，Land–Use Change and Forestry，LULUCF）作为重要的减缓手段，包括林地、农地、草地、湿地、聚集地和其他土地利用及其变化，而森林是其中最受关注的减排领域。《京都议定书》将 LULUCF 方面的行动通过市场机制纳入国际气候治理，并且在《巴黎协定》的合作方法和可持续发展机制中也将继续开展。另一个与林业相关的减排手段是 REDD+，该安排为发展中国家保护森林、增加碳储量活动提供资金激励，其运作逻辑可以简单理解为"发展中国家保护森林、增加碳储量，发达国家为其支付费用"。REDD+ 议题的内涵是谈判中不断扩展的结果，经历了从 RED 到 REDD、REDD+和 REDD++ 的过程，也反映了发展中国家不同的利益诉求。其关系如图 3.2 所示。

由于存在大量森林碳相关的科学问题，如森林碳测量、非永久性问题、泄漏问题、饱和问题、二氧化碳施肥效应问题、氮沉降问题等，LULUCF 和 REDD+ 议题的谈判存在繁杂的技术性争议。《京都议定书》将森林碳纳入第 3.3、3.4、3.7、6、12 等条款下，使发达国家可通过开展造林和再造林、森林经营、减少毁林等

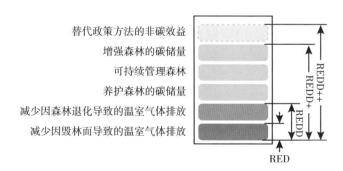

图 3.2　REDD+ 议题的内涵演变

活动导致的碳汇或碳源变化来实现减排承诺，实质是减轻其工业能源领域的减排压力。2001 年的"马拉喀什协议"为实施议定书提供了一揽子技术规则，也初步建立了森林碳相关的核算技术规则。之后，发展中国家尤其是雨林联盟国家推动在公约下建立 REDD+ 机制，并于 2013 年的华沙会议建立了"REDD+ 华沙框架"。该框架是一揽子实施细则，内容包括森林监测体系及测量、报告、核实指南、导致发展中国家毁林和森林退化驱动力、提交遵守保护生物多样性等保障措施总结信息的时间和频率、建立森林参考水平或森林参考排放水平的技术评估指南及资金支持。为了实施该框架，每个参与缔约方须在国内设立国家指定实体或联络点，负责与《公约》秘书处及各机构联络；对拟议森林参考排放水平和 / 或森林参考水平进行技术评估和报告，以此作为衡量国家减少毁林和森林退化等行动的基准；制定并遵守国家森林监测制度，从而确保人为源排放量和汇清除量、森林碳储存数据的透明、一致、完整和准确。《公约》内外的资金机制为 REDD+ 活动的实施提供资金支持，并鼓励各种来源的资金进入。

2015 年，林业相关行动也纳入了《巴黎协定》，其中 REDD+ 作为单独的一条（第五条第 2 款）被写入《巴黎协定》，确立了林业在应对气候变化中的地位与约束力。《巴黎协定》第五条的目的是通过"基于成果的支付"鼓励发展中国家保护和发展其森林，以发挥其在减缓全球气候变暖中的作用，同时也鼓励在实施 REDD+ 行动时注重生物多样性保护、提高当地适应能力等非碳效益，提高资金支持 REDD+ 行动的吸引力，同时与《联合国生物多样性公约》等其他治理平台形成协同。

3.1.2　适应领域的合作机制

3.1.2.1　国家行动机制：适应信息通报

由于适应议题内容复杂、指标建立尚未完成、科学研究尚不充足等原因，该领域下的国家行动机制并不如减缓领域下的完备。《巴黎协定》第七条第 10 款设立了适应信息通报的安排，在这一安排下，各缔约方"应当酌情定期提交和更新一项适应信息通报，其中可包括其优先事项、执行和支助需要、计划和行动"。同时，这一通报不对发展中国家缔约方造成额外负担、不进行缔约方之间的比较、无须接受审查。该通报可单独提交，也可纳入国家自主贡献、国家信息通报或者下文提到的国家适应计划中一起提交，因此具有较高的灵活性。

3.1.2.2　国家间合作机制

在适应领域，《巴黎协定》下的国家间合作机制包括适应相关安排和华沙国际机制。

（1）适应相关安排

目前《巴黎协定》下适应议题的执行由多个机构共同运行，且仍然处于完善的阶段。总体上，适应议题以适应委员会和最不发达国家专家组作为核心咨询机构，向外延伸出知识共享机制、规划行动机制、加强行动机制和适应评估机制，这四个机制分别对应了国内适应行动的四个阶段，从而形成国际机制和国内施行的配合。

知识共享机制的平台是内罗毕工作方案，其主要职能是提供关于影响和脆弱性、适应规划措施和行动两方面的知识。内罗毕工作方案是整个体系的知识平台，特别是帮助缔约方评估脆弱性及气候变化不利影响的可能损害，为缔约方设定更积极的适应国家自主贡献提供知识支撑。适应委员会为内罗毕工作方案开展工作提供建议，其成果反馈给适应委员会，帮助其获得完成职能所需要的知识。

规划行动机制由国家适应行动方案和国家适应计划两部分组成。在了解适应知识和国家情况后，适应委员会和最不发达国家专家组帮助发展中国家识别优先适应的领域，为国家制订具体的适应计划和行动方案提供支持。

加强行动机制是通过适应技术审查进程建立起来的，其目的是更好地完成协定的"增强 2020 年前适应行动"目标。适应技术审查进程具有四项职能：促进经验交流、促进适应合作、识别优先行动和识别强化机会。这些信息通过技术专家会议、技术报告和决策者报告的形式披露给缔约方，帮助其更高效地执行适应计划。目前适应技术审查进程的任务已完成。

适应评估机制属于全球适应目标下的内容。《巴黎协定》提出要建立全球适应目标，并将适应目标与温升挂钩，从而为适应行动的评估提供一个规范统一的框架。2021 年建立了"格拉斯哥—沙姆沙伊赫两年期工作计划"，以加强对全球适应目标的方法学、指标、数据、评估过程的理解，增进对适应进展的审评，促进建立稳健的且国别精确的适应行动监测和评价体系等。2022 年 COP 27 通过了全球适应目标框架的结构化方法，在整体谈判进程中迈出了重要一步。

（2）华沙国际机制

损失损害是从适应气候变化中独立出来的议题，目前在《公约》的"关于损失和损害问题华沙国际机制"（以下简称"华沙国际机制"）下实施。1991 年，小岛屿国家联盟提出设立一个保险机制用于解决和补偿小岛屿国家遭受的气候变化不利影响的提案，但最终并未被吸纳进《公约》中[2]。2007 年通过的"巴厘岛行动计划"首次出现损失损害的表述，就此将该议题纳入适应行动的任务。2010 年坎昆会议通过了"坎昆适应框架"，并在其中加入了关于风险管理、转移和分担等与损失损害相关的表述。2013 年华沙会议建立了华沙国际机制，损失损害议题有了独立的治理主体，其职能包括增进对风险管理办法的知识、加强各方对话、加强行动和支持三个方面。该机制包括两个机构：作为"政策端"的执行委员会和作为"行动端"的圣地亚哥网络。2015 年，损失损害作为《巴黎协定》第 8 条从适应议题中独立出来，正式成为与减缓和适应平级的独立执行领域。2022 年，在小岛屿国家和非洲国家的极力促成下，各国同意建立损失损害的供资安排，并在供资安排下设立一个损失损害基金，损失损害议题或许有望在未来建立独立的资金机制。

在行动上，华沙国际机制自 2014 年以来开展了一系列工作。2015—2016 年，华沙国际机制执行委员会履行了第一个两年期工作计划，确立了九个行动领域。2016 年，执行委员会在两年期工作计划的基础上，制定了"五年期滚动工作计划指示性框架"，并每年对其进行更新。目前，华沙国际机制执行委员会下设一个专家组和四个工作组，分别对应五个战略工作流程，其领域包括流离失所问题、缓发事件、非经济损失、风险管理、行动和支持。

损失损害治理涉及从事前预防到事后应对的全部过程和知识、协同、资金、法律等各个方面，因此《公约》内外的其他已有机制与华沙国际机制形成了重要的互补。其中，《公约》内的适应相关机制，包括内罗毕工作计划、国家适应计划和国家适应行动方案，通过促进提升韧性和复原力，帮助各国从源头尽量减少损失损害的发生。技术机制下的技术中心与网络为应对损失损害提供技术建议并促进支持。

3.1.3 执行手段领域的合作机制

在执行手段领域，《巴黎协定》下的国家间合作机制包括资金机制、技术机制和能力建设相关安排。

（1）资金机制

资金是气候谈判的核心议题之一，《公约》从以下几方面对气候资金问题作出基础性规定：一是出资义务，明确附件二所列发达国家需要履行出资义务；二是资金用途，资金应该用于发展中国家减缓、适应等应对气候变化的行动、开展技术转让活动以及协助发展中国家履行信息通报义务所需资金支持；三是资金管理，资金机制在缔约方会议的指导下行使职能，临时委托全球环境基金作为资金机制的运营实体；四是资金性质，通过《公约》提供的资金应是充足、可预测和可认定的；五是供资渠道，除了通过《公约》资金机制供资以外，还可通过双边、区域性和其他多边渠道供资；六是资金机制应优先考虑发展中国家，包括最不发达国家的需要。

基于这些共识，目前《公约》和《巴黎协定》下的气候资金治理机制主要分为以下三部分。

一是出资机制，包括《公约》资金机制经营实体和《公约》外渠道。经营实体是气候资金在《公约》框架下流动的渠道，资金的主要来源是发达国家缔约方。目前，《公约》经营实体包括全球环境基金（其下管理最不发达国家基金和气候变化特别基金）、适应基金和绿色气候基金。《公约》外渠道流动的公共资金包括政府提供的双边资金和通过多边渠道流动的资金。

二是资金信息通报机制，旨在通过各缔约方自下而上提供资金信息，评估资金流动情况。在"发达国家到 2020 年每年要为发展中国家提供 1000 亿美元的资金"目标提出之后，资金信息通报成为《公约》下核查发达国家资金承诺落实程度的关键行动，该行动依托"坎昆工具"中的透明度机制以及增加资金规模的战略和方针来开展。《巴黎协定》下的两年期透明度报告和第七条第 5 款的"两年期资金预报"成为 2020 年后资金信息通报机制的基础。资金进展也是全球盘点的一部分。

三是协调机制，由《公约》秘书处和资金问题常设委员会两个主要机构开展工作，它们根据缔约方大会对其授权，各自开展活动以促进资金机制的落实。《公约》秘书处通过组织高级别对话，促进各缔约方就气候资金展开讨论，以期调动更大规模的气候资金。资金问题常设委员会在缔约方授权下开展一系列协助工作，包括关于气候资金的技术性工作。

（2）技术机制

1995 年以来的《公约》缔约方大会就技术开发与转让议题均有决议形成。2001 年"马拉喀什协议"建立了"技术开发与转让框架"，并设立了技术转让专家小组，为开展技术开发和转让提供建议。2010 年"坎昆协议"建立了技术机制，包括技术执行委员会和气候技术中心与网络，由此谈判进入更深入的阶段。2015 年通过的《巴黎协定》建立了一个技术框架，该新框架包含五个重要的主题领域：创新、落实、扶持型环境和能力建设、合作和利害关系方参与、支持。同时，"坎昆协议"技术机制也服务于《巴黎协定》建立的技术框架。

技术机制也分为两部分："政策端"的技术执行委员会是政策制定机构，负责分析与综合、政策建议、便利和促进合作方面的职责，由 20 位通过缔约方大会确定的专家组成，采用协商一致的原则进行决策；"行动端"的气候技术中心与网络负责执行和实施机制具体行动，包括技术支持、知识共享、合作与网络三类职能，由咨询委员会、气候技术中心和若干气候技术网络组成。

（3）能力建设相关安排

能力建设是与资金和技术并列的、发展中国家十分关心的议题之一。具体而言，发展中国家开展应对气候变化行动面临五方面的核心需求：①确定、规划和实施减缓及适应行动；②技术开发、扩散和部署；③获得资金支持；④加强教育、培训和公众意识；⑤信息交流[3]。发达国家为发展中国家提供资金、技术和能力建设方面的支持，成为发展中国家采取行动的先决条件之一。

在《公约》相关决定中，能力建设包括三个层次的行动：个人、机构和系统层面。能力建设是应对气候变化进程中的伴生问题，它可能与减缓、适应、资金、技术、透明度等议题息息相关。若发展中国家的能力无法得到提升，它们就无法参与《公约》的谈判和履约，甚至难以采取有效行动应对气候变化。

在《公约》和《京都议定书》下，能力建设活动以 2001 年通过的两份能力建设框架为指导，参与方包括缔约方、资金支持方和《公约》下机构。《巴黎协定》下，能力建设机制的产出包括三个方面：一是建立了对能力建设框架的进展审评工作；二是授权全球环境基金建立透明度能力建设倡议，为发展中国家及时满足《巴黎协定》第十三条规定的强化透明度要求提供支持；三是决定建立巴黎能力建设委员会，目的是处理发展中国家缔约方在实施能力建设方面现有的和新出现的差距和需要，以及进一步加强能力建设工作，包括加强《公约》下能力建设活动的一致性和协调性。

3.1.4　透明度相关安排

透明度回答了各国分别"做了什么"的问题。《巴黎协定》第十三条建立了"关于行动和支持的强化透明度框架"。在此框架下，发达国家和发展中国家均要提交两年期透明度报告，且该报告均接受技术专家审评和关于进展情况的促进性多边审议，以确保缔约方提交的信息满足格式等要求。透明度框架内设置了灵活机制，为能力不足的发展中国家提供报告、审评、审议过程有限的灵活性，从而体现了"共同但有区别的责任"原则。在《巴黎协定》的强化透明度框架之外，《公约》下还通过国家信息通报和"坎昆工具"的相关安排开展透明度工作。

3.1.5　全球盘点相关安排

全球盘点回答了所有国家集体"做得够不够"的问题。《巴黎协定》第十四条建立了全球盘点的制度安排。全球盘点的目的是定期盘点《巴黎协定》的履约情况，以评估实现长期目标的集体进展，并为缔约方提交下一次国际自主贡献提供参考，从而使《巴黎协定》建立的"自下而上"模式能够确保全球气候行动力度与全球气候目标相一致。总体来看，全球盘点的本质是一个评估进展的机制，因此并不会为缔约方直接创造新的义务。在《巴黎协定》的全球盘点之外，《公约》下还通过周期性审评开展进展评估的工作。

虽然全球盘点在原则上不为缔约方创造新的义务，但是它一方面与减缓、适应、损失损害、资金、应对措施等议题有紧密的联系，其最终成果与上述议题的谈判磋商进展相互影响；另一方面使发达国家、最不发达国家、小岛屿国家等以IPCC 提供的科学依据为名，借助舆论营造全球紧急提高减排力度的氛围，或者可能导致全球盘点不顾公平和历史责任、提出全面大幅提高减排目标和开展国际行业减排行动等倾向性建议，从而在实质上削弱《巴黎协定》的"国家自主"特性。COP 27期间，美国、欧盟、小岛屿国家、最不发达国家、埃拉克集团（即拉美和加勒比独立联盟，AILAC）等将全球盘点与1.5℃温控目标直接挂钩，强调第一次全球盘点是对确保1.5℃目标可及有意义的唯一一次盘点；《公约》执行秘书斯蒂尔也多次呼吁要通过全球盘点"审视我们的目标是否足够""盯住2030年"；联合国秘书长古特雷斯评价COP 27未能体现"雄心"，全球需在"力度"上跨一大步。可以预见，2023年第一次全球盘点的最终结果很可能会以全球目标和行动力度不足、每个国家和行业部门仍有机会"大干快上"减排温室气体、面对气候危机不能再以排放"公平"而必须以全球减排"效率"为衡量各国目标的准绳作为主导思想，这样的结果将形成新的舆论压力，直接影响各国考虑更新并强化目标年为2030年的国家自主贡献，以及在2025年提交目标年为2035年的国家自主贡献，同时为发达国家主导制定国际性行业排放标准提供理论、法理和舆论依据。

专栏："全球盘点"怎么做？

全球盘点是《巴黎协定》第十四条建立的机制，旨在评估实现《巴黎协定》宗旨和长期目标的集体进展情况，是《巴黎协定》所建立的"贯续提高模式"的重要组成部分。《巴黎协定》要求全球盘点"以全面和促进性的方式开展"，不对单一国家进行评审，也不导致惩罚性的后果。

模式。全球盘点分为三个阶段，分别是：①信息收集和准备，为技术评估提供信息；②技术评估，侧重评估实现《巴黎协定》宗旨和长期目标的整体进展，识别强化行动和支持的机会；③对产出的审议，侧重讨论技术评估产出的含义，为后续各方以国家自主的方式提高行动和支持力度以及强化国际合作提供信息。

领域。《巴黎协定》要求全球盘点包括三个领域：减缓、适应、执行手段，而实施细则中还酌情包括应对措施的不利影响和损失损害两个领域。

信息投入内容。全球盘点的投入来源将集体审议以下方面的信息：①温室气体清单和减缓努力；②国家自主贡献的效果和进展；③适应信息；④执行手段和支持情况，包括资金流；⑤损失损害信息；⑥发展中国家面临的障碍和挑战；⑦国际合作；⑧国家自主贡献中的公平和公正因素。

信息投入来源。包括但不限于以下来源：①IPCC的报告；②《公约》附属机构报告；③缔约方履约报告；④《公约》和《巴黎协定》下组成机构和论坛的报告；⑤缔约方会议授权秘书处编写的报告；⑥联合国机构和其他国际组织的相关报告；⑦缔约方自愿提交的提案；⑧非政府组织等非缔约方利益相关方提交的材料；⑨《公约》观察员提交的材料等。其中，第⑤项所说的秘书处编写的报告包括关于温室气体清单、国家自主贡献效果和进展、适应信息以及执行手段和支持的综合报告。

产出。全球盘点最终产出的形式可以是缔约方大会决定，也可以是宣言，内容包括识别集体进展方面的机会和挑战、可能采取的措施和与国际合作相关的良好做法，同时总结主要的政治信息，包括加强行动和促进支持的建议[4]。产出将聚焦评估整体进展，不针对个别国家。

3.1.6 遵约机制

遵约回答了各国"做不到怎么办"的问题。各国在《巴黎协定》中承担两种类型的义务：第一种是程序性义务，例如提交国家自主贡献、提交两年期透明度报告、参与促进性多边审议等；第二种是实质性义务，主要是指该国是否完成了自己提出的国家自主贡献目标。由于各国提交的国家自主贡献不需要经过立法机关的审批，因此其中的目标不受《巴黎协定》的约束，实质性义务也就不具备法律约束力。《巴黎协定》不对各国完成国家自主贡献目标与否采取任何奖惩措施，各国对自身目标的履约仅仅受政治声誉和舆论的约束。

《京都议定书》设立了遵约委员会，从两个角度应对缔约方未能履约的情况：促进事务组为缔约方提供帮助，强制执行事务组对缔约方施加惩罚。《巴黎协定》的"软法"特性注定了它不具有强制性的惩罚机制，其第十五条设计的遵约机制只继承了促进事务组的促进职能，取消了强制执行事务组的惩罚职能。遵约机制用来促进缔约方履行提交并更新国家自主贡献、提交两年期透明度报告等文件、参与审评等，其工作方式仅仅是向缔约方提供执行《巴黎协定》的咨询和便利，不会对本国是否完成其国家自主贡献的实质性内容进行审议。如果一国未按时履行程序性义务，其最严重的后果是接受遵约委员会的审议，并在委员会的报告中被点名提及并发布事实性结论。

3.2 全球气候谈判面临的问题

3.2.1 需要增强切实行动，兑现已有承诺

中国气候变化事务特使解振华曾坦言，一些承诺仍然停留在口头，使得缔约方大会关注的谈判议题难以真正破冰。光喊口号不行，光定目标不行，必须有清晰的路径。

在减缓方面，格拉斯哥气候大会上，一些缔约方试图将气候目标升级，希

望将《巴黎协定》的共识修改为"确保 1.5℃的升温成为一个可及的目标"。然而，发达国家的履约记录使得这种目标只是好高骛远。多个发达国家提出的 2020 年前的减排目标并没有真正落实，即整体上要求在 1990 年的基础上把排放降低 25%—42% 的目标没有实现。在《京都议定书》时期，伞形集团的主要大国包括美国、加拿大、日本和澳大利亚都没能履行《京都议定书》第一承诺期的减排目标，前三个国家还退出了议定书的第二承诺期。在《巴黎协定》时期，伞形集团成员国大多以 2005 年为基准年，在此基础上承诺减少 26%—30% 不等的排放量，然而这些承诺所对应的减排力度与发达国家地位并不相称。如果发达国家没有进一步的行动，那更高的目标只会削弱其他国家对发达国家的政治信任。

在资金方面，《巴黎协定》下有明确的规定和要求，提出了发达国家要为发展中国家在 2020 年之前每年提供 1000 亿美元的资金支持。然而，行动进展并不理想，到 2022 年，1000 亿美元的资金仍未兑现，差距近 200 亿美元。除资金承诺外，发达国家给发展中国家提供技术支持的承诺也没有真正落实。全球在减缓与适应方面的行动迫切需要增强气候合作的政治互信，而发达国家履行提供相关支持的承诺是关键。除此以外，技术合作也主要以经验交流、信息对接的形式开展，缺少技术转让和扩散的真正落实。

在减缓适应平衡方面，《公约》主渠道下的气候谈判长期以来重减缓而轻适应。从资金问题来看，《公约》和《巴黎协定》都强调资金应在减缓和适应活动之间保持平衡，众多最不发达国家和小岛屿国家的适应需求也远超减缓需求。《巴黎协定》明确提出减缓和适应同等重要，然而资金在减缓和适应之间分配不平衡的问题长期存在。根据气候政策倡议组织的评估，当前全球超过 90% 的气候资金流向了减缓活动，与适应相关的资金占比不到 10%，且目前几乎所有的适应资金都来自公共资金。《公约》框架下的适应行动越来越趋向于知识分享、经验交流的软性工作，缺乏增强适应行动的实际机制。

3.2.2　面临"共同但有区别的责任"原则不断被削弱的风险

近年来，气候治理的国际制度安排逐渐呈现重"共同"而轻"区别"的特点，逐渐从"只有发达国家强制减排"过渡到"所有国家自愿减排"、从"只有发达国家出资"过渡到"鼓励发展中国家参与出资"、从"严格区分透明度履约要求"过渡到"共同强化透明度履约义务"。全球气候治理在制度设计上更侧重考虑需共同执行、可共同接受的机制，在"有区别的责任"问题上，逐渐通过各自行动、自主决定的方式而不是通过有区别的制度安排的方式予以体现。考虑各国国情、历史责任的不同以及发展水平和阶段的不同，各国在实施应对行动的责任是应该有区别的。

3.2.3　国际气候合作机制进展缓慢

目前的合作机制存在功能较弱、进展缓慢、重评估轻行动的特点。一方面，气候变化问题的特殊性和复杂性以及合作机制不具有强制力的特点对国际合作存在制约；另一方面，南北国家的分歧成为构建国际气候合作机制的瓶颈，复杂的国际形势也使国际气候合作机制进展缓慢。

在技术机制方面，尽管技术合作具有相当的重要性，但现有的技术合作机制却存在重协调和知识分享、轻实质行动和具体实施（知识产权壁垒、转移过时技术）的缺点。资金机制与技术机制的联系一直是技术机制谈判中最为关键的议题，但由于发达国家和发展中国家分歧严重，目前谈判在技术机制与资金机制的联系议题上进展甚微。技术转让活动的成本如何得到有效支持，仍是目前技术机制没有解决的问题。

在市场机制方面，相关合作依旧进展缓慢。在《巴黎协定》市场机制生效六年后才通过指南、规则、模式和程序，目前市场机制方面也还留存一些问题待解决，例如多年期排放轨迹、多轨迹和预算的设定、排放避免是否可作为"国际转让的减缓成果"参与交易、可持续发展机制项目基线方法学等，这一系列问题延缓了全球通过全球市场机制开展减排合作的时间。

3.2.4　受地缘政治影响，全球气候治理短期内面临较大挫折

近年来，单边主义和保护主义盛行、欧盟整体性受到挑战、新冠疫情在全球跌宕反复、俄乌冲突外溢效应不断凸显、美国霸权对国际格局造成冲击等因素，使气候治理在短期内面临较大挫折。

欧盟能源危机伴随经济增长衰退等问题，对环境议题造成了负面冲击，政治议程中的环境规制和气候政策优先级被迫降低。俄乌冲突及其地缘政治影响也可能迫使各国延缓《巴黎协定》自主贡献行动，使得全球在气候治理领域的合作意愿与行动能力大打折扣。能源危机暴露出欧洲对化石燃料进口的高度依赖，反过来也证明了全球能源低碳转型的紧迫性。特朗普政府时期美国宣布退出《巴黎协定》，极大挫伤了全球应对气候变化的信心；拜登执政以来重返《巴黎协定》，通过国内外一系列行动急于争夺全球气候治理领导权，但却在低碳技术合作、国际气候融资上行动迟缓甚至施加障碍。美国在气候议题上反复无常的态度、高度不稳定的国内气候政策，对于切实推动全球气候治理而言无疑造成了不小的阻力。

3.3　本章小结

　　《公约》及《京都议定书》《巴黎协定》是目前全球气候治理的主平台。《公约》内存在减缓、适应与损失损害、执行手段领域的多个合作机制，其中《巴黎协定》下的"国家自主贡献"兼顾了包容性和力度，成为最重要的减排机制。在这一机制下，碳中和成为各国政治共识。然而，《公约》内合作机制需要加强切实行动、兑现已有承诺，面临"共区原则"被削弱和功能性薄弱的问题，地缘政治风险凸显，全球气候治理依旧面临巨大挑战。对此，我国应坚持《公约》作为气候治理主渠道，反对空谈口号，聚焦务实行动；同时加速国内绿色低碳转型，更好履行我国在《公约》内的义务，从而积极参与并引领全球气候治理。

参考文献

［1］Climate Watch. Climate Watch Net-Zero Tracker［EB/OL］.［2022-11-10］. https://www.climatewatchdata.org/net-zero-tracker.

［2］United Nations Framework Convention on Climate Change（UNFCCC）. Decision 1/CP.16：The Cancun Agreements：Outcome of the work of the Ad Hoc Working Group on Long-term Cooperative Action under the Convention［R］. Bonn：UNFCCC，2011.

［3］United Nations Framework Convention on Climate Change（UNFCCC）. Building capacity in the UNFCCC process［EB/OL］.［2022-11-10］. https://unfccc.int/topics/capacity-building/the-big-picture/capacity-in-the-unfccc-process.

［4］Ruo-Shui Sun，Gao Xiang，Deng Liang-Chun，et al. Is the Paris rulebook sufficient for effective implementation of Paris Agreement?［J］. Advances in Climate Change Research，2022，13（4）：600-611.

第4章 全球减缓气候变化进展

减缓是全球应对气候变化和国际气候谈判的重中之重。实现《巴黎协定》下的温升控制目标对于排放路径、资金和技术均有着隐含要求,需要在全球层面上采取迅速、有效和公平的减缓行动,加速国际资金和技术支持与合作。多年来减缓领域谈判主要围绕建立全球减缓目标、减排模式和合作形式、创建合作实施机制展开,近年来减缓议题下的子议题呈现出不断增加的趋势。全球层面上,尽管关于实现碳中和的政治共识和转型趋势已经非常清晰,但现有的减排承诺和政策措施距离将全球温升幅度控制在低于2℃的目标仍有较大差距。实现碳中和要求经济社会系统与技术体系发生变革,其中能源系统和城市的转型最为关键且技术已相对成熟,近年来全球清洁能源经济与低碳城市转型已经加速。

4.1 减缓气候变化:科学认知

IPCC 的第六次评估报告表明,人类活动导致的温室气体排放是当前全球变暖的主要原因。近期的气候变化范围广、速度快且不断加剧,数千年未见,2011—2020 年全球地表温度比 1850—1900 年高出 1.1℃[1]。对全球变暖起到显著贡献的温室气体既包括二氧化碳,也包括甲烷(CH_4)、氧化亚氮(N_2O)、含氟气体[包括氢氟碳化物(HFCs)、全氟碳化物(PFCs)、六氟化硫(SF_6)、三氟化氮(NF_3)等]等非二氧化碳温室气体。虽然这些气体排放量相较于二氧化碳的排放量要小得多,但具有更强的温室效应。2019 年全球温室气体总排放量约为590 亿吨二氧化碳当量,其中二氧化碳占比约为 75%;非二氧化碳温室气体占比约为 25%,其中甲烷占比约为 18%、氧化亚氮占比约为 4%、含氟气体占比约为2% 且是过去十年中相对增长最快的温室气体[2]。因此,无论是 IPCC 开展全球气候变化影响评估,还是《公约》下要求缔约方提交的国家温室气体清单报告,均要求综合考虑二氧化碳和非二氧化碳温室气体排放对气候变化的影响。

尽管全球温室气体排放仍在上升，但是其增速已经显著放缓，2010—2019年温室气体排放年均增速为1.3%，低于2000—2009年年均2.1%的水平。从排放源构成来看，2019年全球约78%的人为温室气体排放来自能源、工业、运输和建筑部门，22%来自农业、林业和其他土地利用（Agriculture，Forestry and Other Land Use，AFOLU）部门[1]。化石能源燃烧一直是全球二氧化碳排放的最重要来源，这也是全球气候治理中不断有煤炭退出、化石能源退出、能源公正转型等倡议涌现的根源。

处于不同发展阶段的区域和国家对全球温室气体的排放贡献一直存在很大差异。历史上对气候变化贡献最小的脆弱群体正受到不成比例的影响，以非洲为例，该区域目前的排放量仅占全球二氧化碳排放量的7%，但是所遭受的气候变化影响却比世界上大多数地区都更为严重。此外，温室气体排放与一国所处的发展阶段也紧密相关，部分发达国家已经实现了经济增长和碳排放的脱钩，甚至成功地探索出了经济增长和温室气体减排的双赢路径。全球约24个国家在过去的十多年里已经出现了温室气体排放稳定下降的趋势；2010—2015年有43个国家实现了基于消费侧的二氧化碳排放与经济增长的绝对脱钩[2]。

减缓是指通过人为干预减少温室气体排放或增加温室气体吸收的措施或行动，减少温室气体排放是减缓的主要途径。达成《巴黎协定》下的减缓目标对于排放路径有着直接要求，要实现到21世纪末将温升控制在2℃或1.5℃以内的目标，全球温室气体排放需要最迟在2025年之前达到峰值，并且分别在21世纪50年代早期和70年代早期实现二氧化碳净零排放。两种情景下都需要实现非二氧化碳气体的深度减排，例如2030年全球甲烷需要在2019年水平基础上分别减排34%和24%。由于技术和成本等限制因素，到2050年两种情景下的非二氧化碳温室气体的减排幅度基本相当，即甲烷要减排45%、氧化亚氮要减排20%、含氟气体减排85%[1]。

要实现《巴黎协定》的温升控制目标，需要在全球层面上采取迅速、有效和公平的减缓行动，在全经济部门实现温室气体的深度减排，包括能源、AFOLU、工业、建筑和交通部门等。例如能源部门需要进行快速的清洁低碳转型，这将涉及大幅减少化石燃料的使用、推动广泛的电气化、提高能源效率以及能源系统集成等措施。近年来新能源发电成本大幅降低，低碳能源的经济竞争力不断增强。此外，不同部门的减排存在一定的协同效益和不同优先级，需要综合统筹。从目前的研究来看，由于技术特性和成熟度不同，一些部门将比其他部门更早脱碳。

（1）电力部门将通过发展清洁电力率先脱碳，然后通过电气化帮助终端部门脱碳

主要的技术途径包括加速清洁能源（可再生能源和核能）的大规模应用，提高电力系统灵活性和稳定性，降低电力系统成本和提高系统效率。此外，还包括减少化石能源发电，在中远期对化石能源发电设施加装碳捕集、利用和封存设施。从技术成熟度看，可再生能源技术大规模应用已经接近成熟，难点在于保持电力系统灵活性和稳定性的系统解决方案，以及发展与新型电力系统适配的体制机制与商业模式。

（2）陆路交通（公路和铁路）部门将最先通过电气化实现脱碳

主要的措施包括交通工具电气化和燃料替代，并提升公共交通网络效率和加强配套基础设施建设。目前电动汽车已经实现商业化发展，氢燃料卡车也处于早期商业化应用阶段，未来需要建设更多的低碳交通基础设施（如充电设施、加氢站等）。从技术来看，诸多低碳交通技术已经接近成熟。

（3）建筑部门可以通过绿色建筑技术、能效提升和电气化实现部分脱碳，目前的脱碳难点在于寒冷地区冬季采暖的替代方案

主要的脱碳措施包括：①绿色建筑技术，如通过建筑外墙改造，提升建筑的隔热能力和密封性；②提高终端电力使用效率，如照明、制冷、电器和电子产品的能效提升；③建筑空间采暖、热水和烹饪的电气化。目前供热技术和方案仍有待攻克，尽管热泵、氢能供暖等建筑脱碳技术已经存在，但成本较高，并且需要对建筑物进行改造，因而暂时难以大规模推广。

（4）工业部门的减排措施需要考虑整个产业链和价值链

近期可通过增加使用工业热泵、电锅炉或电磁加热工艺推进部分低温流程的电气化，中远期则需要更多的技术、工艺变革和创新来实现工业深度减排，包括钢铁、石化化工和水泥部门的高温流程相关排放与过程排放。此外，需要改善资源和能源效率，如建立资源循环利用系统、余热利用系统等。总体来看，尽管工业部门脱碳已经存在多种技术方案，但由于技术成熟度不足、成本较高，还未实现大规模应用。

（5）农业、航空和海运属于难减排部门

航空和海运业脱碳已经有一些技术选项，但可行性尚未得到证实。此外，农业和航空业减排很大程度上将依赖于消费行为的改变，如对农产品和航空出行需求的变化。

（6）城市为制定和采取系统性的减排方案提供了重要机会，并带来诸多效益

城市消耗了全球2/3以上的能源，排放了全球70%以上的二氧化碳，贡献了

全球近 80% 的 GDP，这些因素都使城市脱碳成为全球优先领域。城市是建筑、交通、废弃物管理、工业过程和产品使用、资源循环利用、土地利用等部门减排的重要阵地，此外还可以通过基础设施和城市形态的系统转型来提高资源效率、减轻气候变化的影响。城市居民通过改变消费行为模式也可以显著减少排放，如减少食物浪费、绿色出行等。

此外，实施大规模减缓行动依赖于技术支撑和资金投入，所以实现《巴黎协定》下的减缓目标对于技术以及资金也有隐含要求。在全球层面上，加速国际资金和技术合作是实现公正转型的关键因素。当前发展中国家面临巨大的资金和技术缺口，导致在气候领域行动严重不足。研究表明，到 2030 年发展中国家的气候投资水平至少要提高到现在的 4—8 倍，然而落实《公约》和《巴黎协定》下发达国家对发展中国家提供技术开发和转让、资金支持和能力建设的义务还存在着巨大的挑战。

4.2 《公约》下减缓气候变化的主要历程和发展趋势

4.2.1 减缓目标及全球合作机制的演变

全球气候治理是一个综合性的问题。尽管国际谈判总是强调要平衡减缓、适应、执行手段承诺、透明度等各个要素，但减缓一直是国际气候谈判的重中之重。减缓问题涉及各国的切身利益，发达国家在累计排放方面负有历史责任，对发展中国家而言，减缓更是关系到生存和发展空间的重大问题。因此，多年来减缓谈判主要围绕确定减排目标、明确减排范围和合作形式、创建合作实施机制展开。

1992 年的《公约》中提出了包括减缓和适应在内的原则性的应对气候变化目标，但未能明确具体的温室气体排放控制目标和量化的减排任务。其第二条中提出"将大气中温室气体的浓度稳定在防止气候系统受到危险的人为干扰的水平上。这一水平应当在足以使生态系统能够自然地适应气候变化、确保粮食生产免受威胁并使经济发展能够可持续地进行的时间范围内实现"。《公约》对缔约方的减缓责任作出了原则性规定，提出所有缔约方都应该制定、执行、公布和经常地更新国家减缓措施，并且要求发达国家带头减缓气候变化；发展中国家在考虑经济和社会发展、消除贫困及发达国家有关资金和技术转让的前提下履行减缓义务。此外，《公约》中还引入了一个"自愿目标"，即规定附件一发达国家缔约方到 2000 年的温室气体排放量应当恢复到 1990 年水平。

1997 年的《京都议定书》为发达国家缔约方规定了具有约束力的减排目标和时间表，并明确了需要减排的温室气体种类，而对发展中国家没有规定量化的减排目标。它要求附件一国家在第一承诺期（2008—2012 年）在 1990 年排放量基础上至少减排 5%。然而《京都议定书》第一承诺期的执行情况并不理想。尽管美国没有批准《京都议定书》，其余的 38 个国家实际合计减排量达到了 16%，远远超过设置的减排目标，但这可能主要不是来源于减排努力。因为自苏联解体以来，大多数苏联国家的经济都出现了大幅下滑，其温室气体排放下降幅度普遍达到了 30%—50%。此外，2008 年前后的全球经济危机也明显抑制了排放[3]。在此期间，新兴经济体的温室气体排放总量和占比均显著增长，这与其他原因一起共同导致了《京都议定书》第二承诺期的难产。

在此情况下，2007 年开启了"巴厘行动计划"的谈判，该阶段气候谈判一方面回归到《公约》下，就发达国家和发展中国家如何合作减缓气候变化进行谈判；另一方面在《京都议定书》下就 2012 年后的第二承诺期减排开展谈判，形成了"双轨制"谈判模式。2010 年的坎昆会议确立了"把全球平均气温升幅控制在工业化前水平以上低于 2℃ 之内"的减缓目标，开启了发达国家和发展中国家共同"自下而上"作出合作行动的新规则，并提出了发达国家对发展中国家的资金支持目标。此后，附件一发达国家缔约方提交了 2020 年全经济范围量化减排目标承诺；另外有 48 个非附件一发展中国家缔约方提交了 2020 年国家适当减缓行动承诺。尽管这一规则仍区分了发达国家的全经济范围量化减排目标及其行动，以及发展中国家适当减缓行动的不同性质，但是减缓目标的提出已经趋同为"自下而上"自主提出的模式[4]。

2015 年的《巴黎协定》第二条进一步明确了全球减缓目标，"把全球平均气温升幅控制在工业化前水平以上低于 2℃之内，并努力将气温升幅限制在工业化前水平以上 1.5℃之内，同时认识到这将大大减少气候变化的风险和影响"。《巴黎协定》进一步确认了所有缔约方"自下而上"提出 NDC 的合作模式，同时建立全球盘点和循环审评机制，以识别各国自主贡献在全球层面与实现 2℃ /1.5℃温控目标之间的差距。此外，还进一步确认了发达国家要努力实现全经济范围的绝对减排目标，发展中国家也应逐渐转向全经济范围减排或限排目标。除了 NDC 之外，《巴黎协定》也要求各国努力拟定长期温室气体低排放发展战略，提出远期减排目标和措施。之后，全球气候谈判进入了讨论《巴黎协定》实施细则的时期，2018 年初步通过实施细则，至 2021 年基本完成了实施细则的谈判。全球正式步入落实《巴黎协定》的时代。

4.2.2　减缓议题下涵盖的内容和子议题

在气候谈判减缓议题下，子议题主要包括森林、减缓成果国际转让的市场机制（详见本书第 3 章）以及落实机制 NDC。然而，近年来在发达国家、气候脆弱国家和小岛屿国家的推动下，不断强调 1.5℃目标及相应提高减排雄心和行动。同时，各种《公约》框架外的多边倡议兴起，减缓议题下的子议题呈现出不断增加的趋势。

4.2.2.1　森林和来自农业、林业和其他土地利用部门碳源 / 汇

在《公约》谈判之前，国际社会就认识到森林和应对气候变化的关系，充分认可森林对减缓气候变化的作用。因森林碳源与碳汇变化受自然和人为因素影响，如何将森林有关活动及碳源和碳汇变化情况纳入《公约》，如何定义森林相关活动，如何区分人为和非人为因素导致的森林碳源和碳汇变化，如何以完整、准确、可比、透明和一致的方式报告和监测森林碳源 / 汇变化，采取何种计算评估方法，各缔约方如何利用森林碳实现其承诺减排任务等历来存在争议。尽管如此，过去 30 多年气候公约谈判进程中，森林碳汇作为土地利用议题中的主要问题得到了持续讨论，虽然讨论的过程相当复杂且备受争议，一度还成为各方博弈和达成相关协议的关键，但国际社会最终仍然就森林碳及相关问题达成了诸多共识，促进了《公约》及其《京都议定书》与《巴黎协定》的谈判。

在 1991—1994 年的《公约》文本谈判及生效阶段，各方曾考虑将森林作为增汇减排特别措施，建立碳汇增长目标和时间表，包括设立全球森林增长量化目标，但未达成一致。森林碳最终被纳入《公约》第 4.1 和 4.2 等条款中，主要内容包括各缔约方应采取措施增加森林碳汇、减少森林碳排放，在国家温室气体清单中用缔约方同意的方法定期编制、报告和更新包括森林碳排放或吸收情况等。《公约》中森林碳相关条款为后续谈判提供了依据。

1997 年通过的《京都议定书》将森林碳纳入第 3.3、3.4、3.7 和 6、12 等条款下，使《京都议定书》下承诺减排的附件一国家开展造林和再造林、森林经营和发生的毁林等活动导致的碳汇或碳源变化，实现《京都议定书》第一承诺期减排承诺挂钩。发达国家希望多用森林碳汇并借助排放交易、联合履约、清洁发展机制三种灵活机制，多抵销其工业、能源活动碳排放，降低其实现减排承诺的成本。此外，各方就如何报告和核算森林碳相关土地利用活动产生的碳汇或碳源变化，在"土地利用及其变化和林业"议题下进行了规则谈判。在经历了 2000 年荷兰海牙气候会议失败后，各方在 2001 年摩洛哥马拉喀什气候会议上就 LULUCF 规则主要内容达成一致，并纳入了"马拉喀什协议"，为实施《京都议定书》提供了一揽子技术规则。

在《京都议定书》第二承诺期谈判之初，发达国家以第一承诺期 LULUCF 规则存在很多不足为由，提出就修改第一承诺期 LULUCF 规则进行谈判，否则将不

同意《京都议定书》第二承诺期谈判，实质是通过修改规则使得他们能用更多的碳汇抵消工业、能源排放。虽然发展中国家对此予以反对，但为维护《京都议定书》，最终同意就修改 LULUCF 规则进行谈判，并在 2011 年南非德班气候大会上就 LULUCF 规则修改达成一致，为 2012 年卡塔尔多哈就《京都议定书》第二承诺期谈判达成一致铺平了道路。在同时进行的《公约》谈判中，应巴布亚新几内亚和哥斯达黎加提议，各方同意就减少发展中国家毁林排放激励机制进行谈判，旨在为发展中国家减少毁林排放提供资金和技术支持。该议题涉及的范围也随着谈判进程不断扩大，即由最初的 RED 逐步扩大到 REDD+，其阶段性谈判成果于 2010 年纳入了"坎昆协议"。此后，各方继续就实施 REDD+ 的技术规则进行系列谈判，于 2013 年在华沙气候大会上达成了一揽子共识。

2013 年以来的森林碳相关谈判重点在是否以及如何将森林碳及相关增汇或减排行动纳入《巴黎协定》。各方沿用了《公约》第四条，并经过多轮磋商最终赞同将森林碳及相关增汇或减排行动纳入《巴黎协定》，在《巴黎协定》谈判过程中，发达国家一度主张应将 LULUCF 和 REDD+ 合并，统一森林碳相关核算规则，遭到发展中国家反对。经过反复磋商，最终形成了目前《巴黎协定》第五条的两个条款，即各方应采取行动保护和增加森林等生态系统碳库和碳汇，同时继续实施 REDD+ 行动，并为 REDD+ 行动提供基于实施成果的支持或其他替代的支持方式，重视 REDD+ 行动带来的其他效益。2016 年 11 月《巴黎协定》生效后，各方就《巴黎协定》实施规则展开谈判，森林碳相关规则虽然也是其中的组成部分，但各方未就具体规则进行实质性谈判，现行《巴黎协定》中森林碳相关技术规则主要沿用了《京都议定书》第二承诺期修订的 LULUCF 技术规则和 REDD+ 行动技术规则。

COP 27 期间，全球盘点议题下将"土地和其他系统转型"作为专家圆桌讨论问题，大家认识到以森林为主的陆地生态系统碳汇在实现《巴黎协定》长期温度目标中发挥着至关重要的作用，既要避免现有碳库储存的碳转化为排放源，也要保护和加强现有碳汇功能。尽管大多数缔约方已将若干 AFOLU 的减缓措施纳入其国家自主贡献和长期战略，但迄今为止，这些领域的进展仍然不平衡，并存在一些障碍和挑战。专家圆桌讨论就目前如何在不同地区有效推广 AFOLU 部门以及废弃物管理领域的减缓气候变化良好做法，如何克服 AFOLU 和废弃物领域的一些关键挑战、障碍或提高减排雄心，包括改进 AFOLU 源/汇估算和报告，并有效地兼顾风险和协同效应（粮食和水安全、原住民权利、生物多样性保护等协同性）等方面，开展了深入讨论和交流。此外，专家们还重点讨论了包括森林在内的植被恢复、可持续经营以及与 REDD+ 相关市场机制等内容。最后，COP 27 一号决定写入了相关共识，强调基于自然的解决方案和基于生态系统的方法，包括保护和恢复森林对减少排放、增加碳汇和保护生物多样性至关重要，在适应和减缓气候变化中发挥着至关重要的作用。

4.2.2.2　减排承诺模式：国家自主贡献

2013 年的华沙气候变化大会上首次提出了 NDC 这种"自下而上"的国家自主承诺减排机制。之后的《巴黎协定》规定各缔约方都必须设定 NDC 方案，每五年更新一次，希望通过不断增加减缓和适应行动力度来提升雄心。温室气体减排承诺是 NDC 文件的核心内容，然而各国在《巴黎协定》下首次提交的 NDC 文件在形式上五花八门，对其核算和系统评估造成了极大的挑战。具体来看，各国的减排承诺形式包括了相对于基年的绝对量减排目标、相对于基准情景的绝对量减排目标、强度减排目标和排放峰值年目标。从范围来看，有覆盖全经济范围的，也有只覆盖部分行业的，有气候目标也有非气候目标，大部分发展中国家的减缓目标中没有明确的总量和预算含义[3]。同时，一些发展中国家提出的 NDC 是建立在附加条件上的，比如他国的资金或技术援助。这些不一致和不确定性不但会导致对各国实际努力的估计偏差，更会导致对全球未来政策评估的不确定性。

因此，NDC 成为减缓议题下重要的子议题，其相关讨论内容包括减排目标性质、范围、信息要求和核算方法等。《巴黎协定》实施细则谈判逐渐确定了缔约方提交未来 NDC 时需要明确的信息内容和核算规则，初步确定了登记簿的模式和程序。对于发展中国家关注的 NDC 范围问题，决定申明以减缓为中心的信息和核算规则，同时不排斥在 NDC 中纳入其他内容。对于 NDC 的时间框架，格拉斯哥 COP 26 决定鼓励缔约方采用十年的共同时间框架，即 2025 年通报到 2035 年的 NDC，2030 年通报到 2040 年的 NDC，以此类推每五年通报一次覆盖未来十年的 NDC。

4.2.2.3　1.5℃目标、2050 年净零排放和提高减排力度

1992 年的《公约》未能提出具体的温升控制目标数值。随着科学研究的进一步发展，欧盟率先提出把全球温升控制在工业化前水平基础上不超过 2℃作为全球应对气候变化的目标，2009 年的哥本哈根气候大会就 2℃温升控制目标达成共识。之后，欧盟、小岛屿国家联盟及最不发达国家集团又提出把全球温升控制在工业化前水平基础上不超 1.5℃作为全球应对气候变化的目标。他们指出，对于贫穷和受气候变化影响最深的国家，1.5℃目标甚至 1℃才是安全阈值。在他们的呼吁和努力下，1.5℃目标进入了政治讨论议程并最终写入《巴黎协定》。

2018 年 IPCC 发布了《1.5℃特别报告》，强调在 1.5℃目标下，气候风险和损失都比 2℃要小得多，进一步警告气候临界点的迫近；并指出 1.5℃目标情景下

对应着激进的减排路径，全球需要在 21 世纪 50 年代早期实现碳中和，其投资需求也约为 2℃情景的 3 倍。这一报告在同年的卡托维兹气候大会上成为焦点，围绕在大会决议中如何描述对该报告和成果的态度，各方观点强烈对立。一些化石能源生产国（俄罗斯、美国、沙特、科威特等国）表示需要淡化支持该报告结论的措辞，而对减排有强烈诉求的缔约方（如小岛屿国家和最不发达国家）以及欧盟则对报告表示欢迎。最后，在大会决定中使用了"认可 IPCC 科学工作的意义""感谢科学家贡献""欢迎及时发布"等词汇，避开了对报告成果的讨论。

之后 1.5℃目标并未就此淡出视野，相关讨论反而进一步加强。2019 年 9 月的联合国气候峰会上，联合国秘书长古特雷斯敦促各国向"2050 年净零排放"目标迈进。智利总统倡议建立"雄心联盟"，敦促各国以 2050 年净零排放和 1.5℃为目标，提高 NDC 力度。随着全球气候极端事件更加频发，呼吁"保持 1.5℃目标可及"成为许多国家的核心关切，并且产生了敦促全球尤其是二十国集团国家提高减排雄心和加强行动的呼吁，随后出现了一波各国纷纷宣示净零排放或碳中和目标年份的浪潮。

对 1.5℃目标的强化也反映在之后的气候谈判进程中，部分缔约方一再强调把温升控制在 2℃以下是不够的，1.5℃目标才是更加重要和关键的首要目标，强调现阶段减排行动力度不够，减排决心不够急迫，危机感不足，各国短期雄心与长期目标不匹配。"格拉斯哥气候协议"再次强调 1.5℃目标造成的气候变化损害远低于 2℃温升目标；为实现 1.5℃目标，各国在 2021—2030 年的十年间需要加速行动。之后的 COP 27 上，1.5℃目标的磋商也一直是谈判焦点，内容包括如何紧急提升 2030 年前的减缓力度和支持力度。在最终的决定中，减缓部分的文本与 2021 年的 COP 26 基本一致，并进一步提出要实现 1.5℃目标，与 2019 年相比，2030 年全部温室气体需减排 43%，并提及要关注实施减排措施的负面影响。

4.2.2.4　能源转型、农业和非二氧化碳温室气体减排

能源系统清洁转型是实现碳中和的重要途径，气候谈判语境下，其内涵逐渐从削减、淘汰化石能源扩展至公正转型。2017 年的 COP 23 上，关于削减和淘汰煤炭的争论成为焦点。英国和加拿大发起了"助力淘汰煤炭联盟"，得到了 25 个国家的响应。欧洲气候基金和彭博慈善基金会共同举办了"巴黎之后超越煤炭"的高级别边会，共同探讨美国和欧洲煤电尽早退出的必要性和挑战。之后全球关于淘汰煤炭和煤电的各种倡议层出不穷，煤炭大国也持续受到"煤炭退出"的舆论和谈判压力。

在削减和淘汰化石能源的相关议题上，讨论长期集中在煤炭和煤电，而关于油气的讨论一开始就遭到了油气出口国（如石油输出国组织成员国）的强烈反

对。在 COP 27 上，对于"削减煤电"的共识是否应延伸至"削减所有化石燃料"讨论中，包括印度和欧盟在内的很多缔约方要求将削减范围扩大至所有化石燃料，但最终遭到了中东国家和俄罗斯的反对，相关共识没能拓展。

在煤炭大国波兰举行的 COP 24 上，正义和权益成为能源转型的新框架。国际层面上，公正转型涉及国家、区域、行业、社区层面的公平性问题，日益受到各国关注。在《公约》主渠道外，美、欧、德、法、英在 COP 26 上发起了"能源公正转型伙伴关系"倡议，挑选重要的地缘政治伙伴，通过该倡议开展以新能源产业和相关基础设施建设为主的投资活动。COP 26 的一号决定号召缔约方向低排放能源系统转型，扩大清洁发电技术和能效技术的应用，包括减少未加装减排措施的煤电机组、退出低效化石能源补贴、支持贫穷和脆弱人群公正转型。COP 27 正式启动了建立一个实现《巴黎协定》目标路径的公正转型工作方案的进程，并决定从 COP 28 开始每年举行一次公正转型问题高级别部长级圆桌会议。

另外一个新兴的议题是粮食和农业。粮食系统温室气体排放量占全球的 21%—37%[2]，只有农业和粮食系统全面转型，才能解决当前的农业发展模式对生物多样性和生态系统健康造成的严重破坏。在 COP 23 上，大会决定将农业纳入《公约》附属科学技术咨询机构和附属执行机构的议程，旨在推进农业减缓和适应行动，协同解决日益严重的粮食安全问题。在 COP 26 上，美国和阿联酋发起了"气候农业创新使命"倡议，宣布投入 80 亿美元研究气候适应型农业，约有 275 个政府、企业、学术机构等组织参与。在 COP 27 上，粮食和农业问题受到了前所未有的重视，大会的系列主题日中设立了"气候适应与农业日"，这开创了缔约方大会设立聚焦粮食系统和农业的主题日先例。在大会决定中，确定启动为期四年的"沙姆沙伊赫农业和粮食安全气候行动联合工作行动计划"。

此外，非二氧化碳温室气体减排尤其是甲烷开始受到重视。美国和欧盟在 COP 26 上发起了"全球甲烷承诺"，提出全球 2030 年相比于 2020 年甲烷减排 30% 的目标，目前成员已达到 150 个国家；COP 27 上又进一步提出将甲烷减排领域从以能源为主扩展到废弃物和农业。COP 27 上，甲烷减排和监测也成为场外活动的焦点。美国、加拿大、尼日利亚、欧盟都颁布了针对能源行业甲烷排放的新规定，以加大甲烷减排力度。此外，联合国环境规划署甲烷警报和响应系统、国际甲烷排放平台宣布成立，这两个平台都将使用卫星数据对全球甲烷排放进行监测。在 COP 26 和 COP 27 的一号决定中都写入了"邀请各缔约方考虑在 2030 年前采取更多措施减少非二氧化碳温室气体，包括甲烷"的文字。

4.3 全球减缓气候变化行动进展

4.3.1 全球减缓行动进展

到目前为止,《巴黎协定》下 195 个缔约方提交了到 2030 年的 NDC。2021 年 COP 26 召开之前,有 152 个缔约方通报了新的或更新的 NDC。2022 年 COP 27 之前,有 29 个缔约方提交了更新的 NDC,包括英国、澳大利亚、印度、印度尼西亚、巴西等主要国家,但大多只是政策措施的改善;而且相当数量的发展中国家的 NDC 中包含有条件的减排承诺,声称只有在获得更多资金和其他支持的情况下才能实施减排行动。此外,2018 年以来,不断有国家宣布长期的碳中和目标。截至 2023 年 11 月底,全球已有 151 个国家、157 个地区、261 个城市以及 1017 家企业提出了碳中和目标,覆盖了全球 88% 的排放、92% 的 GDP(以购买力平价计)以及 89% 的人口[5]。

联合国环境规划署对 2020—2022 年提交的共 166 份自主减排贡献进行了评估①,结果表明,现有的减排承诺和措施距离将全球变暖控制在远低于 2℃(力争 1.5℃)的目标还很遥远。现有的自主贡献减排目标只能实现 2030 年全球温室气体减排 5%—10%,相应地,2℃目标情景需减排 30%,1.5℃目标情景需减排 45%。按照现有的 NDC 中到 2030 年的减排力度,21 世纪末温升相比工业化前仍将达到 2.4℃—2.6℃。如果叠加各国提出的净零排放目标且保证 2030 年减排目标和排放路径的一致性,21 世纪末有望将温升控制在 1.8℃。然而,基于各国当前排放水平、近期 NDC 目标和长期净零排放目标之间的差异,这一情景的可信度是非常低的。最后,按照各国当前的政策措施力度推算,21 世纪末的温升将达到 2.8℃[6]。

从当前提出碳中和目标的国家来看,尽管已经有多个国家承诺碳中和,但只有 66 个国家在其政策或法律中设定了目标年份。德国等 13 个国家和地区已就碳中和目标完成立法,爱尔兰等 3 个国家和地区正处于立法进程中。欧洲仍然走在全球净零排放之路的前列,如芬兰计划到 2035 年实现碳中和,于 2019 年颁布了"中期气候变化政策计划"以及"国家气候和能源战略";冰岛和奥地利承诺 2040 年实现碳中和;德国和瑞典承诺 2045 年实现碳中和,都先于 1.5℃情景下要求全球实现净零排放的年份(2050 年)。大多数作出碳中和承诺的国家都将 2050 年设定为目标年,中国、沙特阿拉伯、斯里兰卡、乌克兰、尼日利亚、巴西、巴林和

---

① 联合国环境规划署所评估的 NDC 提交时间范围是 2020 年 1 月 1 日至 2022 年 9 月 23 日,共 166 个国家,覆盖了全球 91% 的温室气体排放。

俄罗斯的碳中和目标年是 2060 年；印度提出 2070 年实现碳中和。在 COP 26 上，不丹和苏里南发起了"负碳俱乐部"，目前贝宁、加蓬、几内亚比绍、圭亚那、柬埔寨、利比里亚和马达加斯加也都加入了该倡议，这一群体都是经济相对不发达的小国，温室气体排放量小，并且有较高的森林覆盖率。

4.3.2　全球层面非二氧化碳温室气体减排进展

在推动全球非二氧化碳温室气体减排方面，2016 年在卢旺达基加利通过的《基加利修正案》将 18 种氢氟碳化物列入受控物质清单，旨在未来几十年内协同应对臭氧层损耗和气候变化。《基加利修正案》为发展中国家和发达国家分别制定了氢氟碳化物削减的详细时间表，美国和欧盟等工业化国家与地区需要在 2036 年之前将氢氟碳化物的生产和消费量减少到基线水平的 15% 左右；中国等大部分发展中国家则需要在 2045 年之前将相关生产和消费减少到基线水平的 20%。在半导体行业，世界半导体理事会设立了自愿减排目标，即到 2020 年将包括氢氟碳化物、全氟碳化物、六氟化硫和三氟化氮在内的温室气体排放量在 2010 年基础上减少 30%。

在全球甲烷管控方面，2012 年联合国环境规划署联合 6 个国家发起了重点针对甲烷等短寿命气候污染物的"气候与清洁空气联盟"，近年来又通过发布"全球甲烷评估报告"、启动"国际甲烷排放观测组织"等行动不断敦促全球尤其是主要排放国家加快甲烷排放管控。美欧等发达国家和地区在推动全球甲烷排放管控方面也在不断找寻机会，早在 2004 年左右，美国环保署发起了基于自愿、无约束力的国际合作框架的甲烷减排倡议——"全球甲烷倡议"，推动项目级甲烷减排，我国是成员国之一。2021 年，美欧又联合发起了旨在面向全球甲烷减排的"全球甲烷承诺"，我国没有加入该倡议。在 N_2O 管控方面，IPCC 第六次评估报告认为，目前大部分 N_2O 排放都没有受到监管，全球 N_2O 排放量一直在增加。虽然欧盟在其碳市场机制下涵盖了己二酸和硝酸工厂的 N_2O 排放管控，但考虑到中国、美国、新加坡、埃及和俄罗斯等国产生了全球 86% 的工业 N_2O 排放，因此评估报告认为该气体未来具备较大的减排潜力。

《巴黎协定》背景下提出非二氧化碳温室气体具体减排目标的缔约方较少。表 4.1 梳理了主要发达国家在其更新 NDC 文件中的目标，发达国家基本以全经济领域温室气体排放为目标范围，即将非二氧化碳温室气体与二氧化碳一起纳入目标范围，但是针对具体每种气体的减排目标则大部分都未明确。只有日本在提出到 2030 年温室气体排放量比 2013 年降低 46% 的总体目标外，进一步明确了到 2030 年包括甲烷在内的各类非二氧化碳温室气体的排放绝对量以及相对下降幅度目标。

表 4.1　主要发达国家的 NDC 更新文件中温室气体排放控制目标

国家 / 地区	目标
美国	到 2030 年，全经济范围内温室气体较 2005 年减少 50%—52%
欧盟	到 2030 年，温室气体排放量比 1990 年降低 55%
加拿大	到 2030 年，全经济范围内温室气体排放量在 2005 年基础上下降 40%—45%，到 2050 年实现净零排放
英国	到 2030 年，全经济范围内温室气体排放比 1990 年下降至少 68%
澳大利亚	到 2030 年，温室气体排放比 2005 年降低 43%，到 2050 年实现净零排放
日本	到 2030 年，温室气体排放量比 2013 年降低 46%，到 2050 年实现净零排放 甲烷：2030 年排放 0.267 亿吨二氧化碳当量（更新 NDC 目标中以绝对量为目标，相当于比 2013 年排放量下降 11%） 氧化亚氮：2030 年排放 0.178 亿吨二氧化碳当量（更新 NDC 目标中以绝对量为目标，相当于比 2013 年排放量下降 16.8%） 含氟气体：2030 年排放 0.218 亿吨二氧化碳当量（更新 NDC 目标中以绝对量为目标，相当于比 2013 年排放量下降 44.2%）

4.3.3　能源系统和城市率先转型

实现碳中和要求整个社会的技术系统发生巨变，其中能源系统和城市领域最为关键，其技术选择也已经相对成熟。近年来，全球加快了清洁能源转型的速度。根据彭博新能源财经的统计，2022 年全球能源转型投资总额为 1.1 万亿美元，首次达到万亿美元规模并与化石燃料投资规模相当[1]，其增幅（31%）甚至超过了化石能源投资（24%）。在细分领域上，可再生能源投资规模达到 4950 亿美元（增长 17%）；而电气化交通增长了 54%，投资总额达到 4660 亿美元。在能源转型投资之外，当年清洁能源制造投资增长至 790 亿美元，另外有 2740 亿美元投入电网领域。在国别上，中国已经连续十多年领跑可再生能源投资，2022 年占全球能源转型投资的近一半。然而，要步入净零排放轨道，全球在 2023—2030 年所需能源转型投资规模将达到当前水平的 3 倍以上[7]。

过去十年间可再生能源发电成本迅速下降，清洁能源经济已见雏形。2021 年和 2022 年光伏发电的安装规模与国际能源署到 2050 年实现净零排放情景中要求的速度完全一致。能源环境智库 Ember 发布的《全球电力评论》报告指出，2022 年全球范围内清洁发电（可再生能源和核电）合计已达全球总发电量的 39%，其中风力、光伏发电占比达到 12% 的新纪录，满足了 80% 的全球新增电力需求。

---

① 这一数字包括对项目的投资，如可再生能源、储能、电动车和热泵、氢能、核能、循环经济和生物塑料、碳捕集与封存，以及终端用户购买低碳能源技术，如小型太阳能、热泵和零排放汽车。

与此同时，全球几乎一半的风力和光伏发电增长量来自中国，2015—2022年风能和光伏发电量占我国总发电量的比例从3.9%增加到14%。

全球电动汽车的销量出现了爆发式增长，2022年已占到全球汽车市场的近15%，而两年前这一数据还不到5%。全球电动汽车销量2022年达到了1000万辆，保有量已达到2700万辆左右。此外，零排放货车和卡车的销量也出现了显著增长。国际能源署在2021年曾指出，由于电动汽车保有量的增长和燃油经济性的改善，全球对汽油的需求已经见顶。其最新分析表明，这些趋势使全球对所有道路运输燃料（汽油、柴油和其他燃料的总和）的需求将在2025年达到峰值[8]。中国是电动汽车、货车和卡车市场的领头羊，全球销量占比超过60%。2022年全球排名前15位的电动汽车制造商中，中国有6家企业上榜。此外，清洁能源技术的快速发展也使建筑、重工业等难减排行业的低碳转型速度加快。

在城市绿色转型领域，各国都有着丰富的实践和经验。全球化的城市和大都市已经成为碳中和进程下的领导者，不断创新和引领绿色发展理念和实践，提供了多样化的碳中和路径。例如，东京作为日本主要的工业城市，提出到2030年减少一半的温室气体排放，将通过资源可持续利用、建筑节能、发展可再生能源基础设施建设和生物多样性修复等措施实现脱碳和能源安全。哥本哈根提出2025年实现碳中和目标，重点关注能源消费、能源生产、绿色出行和市政管理四大领域，以实现气候目标。在全球和区域层面上，至2022年9月，全球已经有1136个城市参加了联合国的"奔向零碳"（Race to Zero）倡议，宣布了碳中和目标。欧盟委员会设立专门项目推动城市力争于2030年前实现气候中和，伦敦、斯德哥尔摩、慕尼黑等城市在欧盟多层次气候治理体系中提出了比国家政府和欧盟更加雄心勃勃的气候目标。"美国承诺"倡议（America's Pledge）致力于推动美国各州、城市、企业等共同落实《巴黎协定》。此外，受到全球环境基金的支持，C40城市气候领导联盟、地方政府永续发展理事会等共同参与的"城市转型"项目正在支持亚洲、非洲和拉丁美洲等区域的城市可持续发展[9]。

需要指出的是，尽管全球范围内清洁能源转型已经加速，但依然存在显著的南北差距，而且近年来由于各种危机的叠加，南北鸿沟存在扩大的趋势。例如，过去一年里全球可再生能源装机增量中，中国、欧盟和美国可再生能源新增装机量占新增总量的2/3，其他国家装机合计仅占比1/3。国际能源署发布的《2022年世界能源投资》报告显示，除中国之外的发展中国家拥有全球2/3的人口，但其清洁能源投资只占全球的1/5，这些国家的清洁能源投资仍停留在2015年《巴黎协定》签署时的水平。发达国家和发展中国家的发展失衡对全球应对气候变化和实现可持续发展目标也构成了巨大的挑战。

4.4　本章小结

减缓是全球应对气候变化的重点领域。实现《巴黎协定》下的温升控制目标对于排放路径有着直接要求，需要在全球层面上采取迅速、有效和公平的减缓行动，在全经济部门实施温室气体的深度减排。此外，达成《巴黎协定》下的减缓目标对于技术需求以及资金需求也有隐含要求，实施大规模减缓行动依赖于资金的投入和技术的支撑。在全球层面上，加速国际资金和技术合作是实现温室气体减排和公正转型的关键因素。

减缓一直是国际气候谈判的重中之重。多年来减缓谈判主要围绕建立减排目标、明确减排范围和合作形式以及创建合作实施机制展开。在减缓议题下，议题主要包括森林碳汇、减缓成果国际转让的市场机制以及减排落实机制国家自主贡献。近年来，一方面在发达国家、脆弱国家和小岛屿国家的推动下，1.5℃目标及相应的提高减排雄心和行动被不断强化；另一方面各种《公约》框架外多边和双边倡议兴起，减缓下的子议题呈现出不断增加的趋势。

全球层面上，尽管关于实现碳中和的政治共识和转型趋势已经非常清晰，但现有的减排承诺和政策措施离将全球变暖控制在远低于 2℃乃至 1.5℃的目标仍有很大差距。实现碳中和要求整个社会经济技术系统发生巨变，其中能源系统和城市领域的技术选择已经相对成熟，清洁能源经济已见雏形，全球转向低碳和可持续发展路径已成不可逆转的趋势，加速国际资金和技术合作、弥合南北发展鸿沟将是实现气候变化减缓和公正转型的关键因素。

参考文献

［1］Intergovernmental Panel on Climate Change（IPCC）. Summary for Policymakers［R］//Core Writing Team，H. Lee and J. Romero. Climate Change 2023：Synthesis Report. A Report of the Intergovernmental Panel on Climate Change. Contribution of Working Groups Ⅰ，Ⅱ and Ⅲ to the Sixth Assessment Report of the Intergovernmental Panel on Climate ChangeGeneva：IPCC，2023.

［2］Intergovernmental Panel on Climate Change（IPCC）. Climate Change 2022：Mitigation of Climate Change. Contribution of Working Group Ⅲ to the Sixth Assessment Report of the Intergovernmental Panel on Climate Change［M］. Cambridge：Cambridge University Press，2022.

［3］Schiermeier Q.Chiermeier. Hot air［J］. Nature，2012（491）：656-658.

［4］朱松丽. 从巴黎到卡托维兹：全球气候治理的统一和分裂［M］.北京：清华大学出版社，

2020.

［5］Net Zero Tracker. Data Explorer ［EB/OL］. https://zerotracker.net/#companies-table.

［6］United Nations Environment Programme（UNEP），UNEP Copenhagen Climate Centre. Emissions Gap Report 2021 ［R］. Nairobi：UNEP，2021.

［7］Bloomberg Finance L. P., BloombergNEF. Energy transition investment trends 2023 ［R］. Bloomberg，2023.

［8］International Energy Agency（IEA）2023. Global EV Outlook 2023 ［R］. Paris：IEA，2023.

［9］汪万发，张彦著. 碳中和趋势下城市参与全球气候治理探析［J］. 全球能源互联网，2022，5（1）：97-104.

第 5 章　全球适应气候变化

适应气候变化是全球气候治理的重要内容。《公约》及其《巴黎协定》下各国就适应开展了近 30 年的谈判和实践。本章总结了当前适应的主要内涵及前沿科学问题，回顾了适应从无到有的发展阶段及主要特征，分析了《公约》下的适应谈判和相应机制安排发展历程，归纳了推进全球适应气候变化行动面临的关键挑战。结合我国当前需求，提出增强国内适应能力应考虑的重要内容和潜在路径，为我国积极参与全球适应规则制定、增强综合适应能力提供技术参考。

5.1　适应气候变化的科学认知及全球谈判进程

5.1.1　适应气候变化的内涵与科学认知

根据 IPCC 第六次评估报告，由于工业化时期以来人类活动导致的大规模温室气体排放，大气、海洋和陆地持续变暖，包括大气圈、海洋、冰冻圈和生物圈在内的气候系统圈层状态发生显著改变。人类活动导致的气候变化已经影响了全球各地的天气和气候极端事件，观测到的热浪、强降水、干旱和热带气旋等极端事件发生的频率和强度进一步增加。而过去和未来温室气体排放导致的气候变化在数百年到数千年的尺度上是不可逆转的，特别是海洋、冰盖和海平面的变化[1]。

持续的气候变化将对自然生态系统（及其生物多样性）和人类系统造成负面影响。对于自然生态系统，陆地、淡水和海洋生态系统因气候变化受到明显且不可逆转的破坏，生态系统结构与功能、恢复力与自然适应能力以及物候现象发生了显著变化；对于人类系统，气候变化导致的极端事件威胁了粮食和水安全，影响了人类健康和城市基础设施，并且对农业、林业、渔业、能源和旅游业等易受气候影响的部门造成了显著的经济损失。据 IPCC 第六次评估报告估计，有 33 亿—36 亿人生活在极易受气候变化影响的环境中，发展中国家尤其容易受到严重气候灾害的影响[2]。

针对当前或未来的气候风险，适应气候变化受到广泛关注，其含义是指采取合理调整措施以减少气候变化对自然和人类系统的不利影响。气候风险被科学界定义为气候危害、暴露度和脆弱性三者叠加与互动的结果。适应过程是通过采取适应措施，减少自然和人类系统对气候危害的暴露度和脆弱性。适应通常也与气候恢复力的概念相结合，恢复力是指自然和人类系统在气候风险下保持原有结构、关键功能以及转型能力的特性。

不同的自然和人类系统中都存在适应的需求和行动选项。IPCC 第六次评估报告识别了四大领域内可行性较高的适应措施：①陆地和海洋生态系统的适应，包括海岸带保护与恢复、可持续生态渔业、森林保护与管理、水资源管理、农业土壤和水资源集约化利用等；②城市、乡村与基础设施的适应，包括绿色基础设施规划与建设、城市土地与水资源高效管理、沿海基础设施加固、社会安全网建设等；③能源系统的适应，包括用水效率提升、电力系统安全性与可靠性提升、分布式电力系统建设、需求侧管理等；④交叉领域的适应，包括人群健康与公共卫生系统改善、气候移民安置、气候灾害管理、早期预警系统、气候风险分担机制等。这些适应措施大多与其他的联合国可持续发展目标存在协同效益[2]。

根据以往经验总结，科学界描绘了适应气候变化的核心步骤，其关键要素和迭代过程如下：第一步，评估影响、脆弱性、风险和恢复力。基于系统观测和现有最佳科学认知，定期评估气候变化对自然系统和人类系统的影响和未来变化趋势，并对这些系统适应气候变化影响的能力进行评估。第二步，编制适应规划。根据第一步得到的评估结果，确定潜在的、可行的适应措施，并评估这些措施的效益（如成本效益分析），以确定措施的优先顺序。适应规划应力求避免重复，防止适应不良现象产生，并促进可持续发展。第三步，实施适应措施。通过各种手段，包括项目、方案、政策或战略，在地方、国家和区域等各个层面实施适应措施。尽量将适应规划纳入各级、各部门的预算、政策和可持续发展计划。第四步，监测实施阶段取得的进展，评估适应规划的有效性。在适应过程中进行持续的监测和评估，以明确适应成效、发现适应问题与漏洞，及时对方案和行动进行调整和优化。这有助于确保适应气候变化的努力取得成功，并将规划和实施过程中获取的知识和信息反馈到适应过程中，以提升未来适应努力的有效性。在整个过程中，利益相关者的持续参与和沟通以及资金、技术和能力建设支持，对每一步的成功至关重要。

目前，全球层面的适应行动取得了一些成效。众多地区和部门都提出了适应气候变化规划和实施方案，至少 170 个国家和许多城市将适应纳入其气候政策和规划过程[3]，气候服务等支持性工具被广泛使用，在不同地区和部门也已开展了适应的试点项目和本地试验。这些适应行动在减少了气候脆弱性的同时，产生了提高农业生产率、促进科技创新、改善人群健康和福祉、增强粮食系统安全、保护生物多样性等多重效益。

尽管适应在全球层面取得了一定进展，但是仍在多个方面存在局限性。第一，目前的大部分适应行动是分散的、小规模的和边际的努力，且主要针对特定部门与当前的气候变化影响，在各个区域分布不均。适应行动的这一特点进一步导致在国家、区域和全球层面难以获得具有整体性评估意义的量化信息和数据。第二，适应行动面临刚性限制和柔性限制，一些自然生态系统（如部分温水层珊瑚礁、海岸带湿地、热带雨林、极地和山地）的适应措施已达到或接近刚性限制，不再具备额外措施应对日渐加剧的气候风险；一些人类系统的适应措施虽然具备可行性，但因资金、制度和政策的约束也已接近柔性限制。第三，由于对适应措施实施方式及后续影响的综合考虑较少，适应效果较弱的问题日益突出，例如，采取硬性工程措施防范自然灾害等做法没有考虑生态系统的自适应恢复能力，压缩了生态系统自然退化和物种更替的空间。这些适应实践的局限性最终将导致暴露度、脆弱性和气候风险的锁定效应。

5.1.2 《公约》下适应谈判和机制发展历程

适应是《公约》下的重点谈判议题，也是发展中国家特别是最不发达国家的核心关切。为了帮助社会各界理解适应气候变化的基本概念、认识关键步骤、提高各界应对当前和未来气候变化影响的能力，《公约》除了为各国提供参与和提高其适应雄心的政治空间外，还为采取适应行动的国家建立了指导和支持机构，以撬动众多利益攸关方参与到加强能力和提供资金技术支持的行动中。在近三十年适应谈判进程中，依据不同阶段各方对适应的认知，《公约》逐步设立了多项机制和配套机构，满足缔约方不同时期的需求，大致可分为以下五个阶段。

阶段一（1994—2000 年），气候风险和脆弱性评估受到关注。1994 年《公约》生效时，主要重点领域是减缓，适应气候变化并未获得足够的重视。尽管如此，各国开始根据全球模型进行影响评估，构建了一系列气候变化长期情景，初步确定了气候变化的关键影响，并报告了其脆弱性和适应评估的结果。模型评估方法还考虑到自然环境和社会经济环境的变化，预测未来影响。《公约》进程通过国家信息通报机制，促进各方收集和分享基于观测、研究和建模的气候数据和信息，通过与 IPCC 等国际机构和网络的密切合作，协助各国进行气候变化影响分析与风险评估。

阶段二（2001—2005 年），开始建立和启动适应机构，支持适应规划编制和试点项目。从 2000 年前后开始，《公约》附属科学技术咨询机构和附属执行机构联合举办了一系列研讨会，识别了适应关键领域和优先事项。2001 年 IPCC 第三次评估报告发表后，缔约方会议开始重视适应规划和措施，明确授权及支持各国适应机构的建立和扩展，并认识到许多发展中国家特别是最不发达国家已经高度受到当前气候变化影响。因此缔约方会议开始制定和实施国家适应行动方案机制，同时成立最不发达国家专家组和最不发达国家基金，为最不发达国家的国家适应行动方案的编制和实施提供专项资金和技术支持。此外，各国强调应为适应行动试点或示范项目提供资金，以推动适应规划落地，其中关键领域包括水资源管理、农业、基础设施发展、脆弱生态系统和沿海区域综合管理等。为了筹集资金支持适应行动和试点，《公约》于 2001 年设立了气候变化特别基金和适应基金。

阶段三（2006—2014 年），通过建立伙伴关系促进知识和经验分享。随着适应规划和行动的增加，涉及的机构与组织规模逐步扩大，需要与广泛的利益相关方分享知识、经验教训和良好做法。2005 年启动了关于气候变化影响、脆弱性和适应的内罗毕工作方案。该方案是通过与研究机构、大学、国际组织等伙伴和专家的合作，广泛识别适应优良做法、区域适应战略发展以及适应需求，并推进产生知识产品，提高适应气候变化的动力。2005—2007 年召开的多次专题研讨会强调了获取适应资金方面存在的问题，并指出现有适应资金规模与促进发展中国家适应行动所需资金之间的差距。2010 年《公约》进程下通过了"坎昆适应框架"，目的是加强适应行动，以寻求将适应纳入相关的社会、经济、环境政策和行动的有效途径。同年还设立了适应委员会、华沙损失损害国际机制、国家适应计划等机制，为推进适应行动、更新适应需求、促进经验分享提供丰富的知识产品。

阶段四（2015—2020 年），《巴黎协定》下关注全球适应总体进展，建立报告机制和损失损害技术支持机制。2015 年通过的《巴黎协定》，强调了适应在应对气候变化威胁的全球努力中的重要性。协定第七条第 1 款阐明了全球适应目标努力方向为"增强适应能力、提高气候恢复力，并减少对气候变化的脆弱性，以促进可持续发展，确保在将全球平均气温控制在 2℃以下、并努力将其控制在 1.5℃以下的温度目标方面采取充分的适应对策"。这意味着在可持续发展框架中融入了全球适应雄心，并尝试考虑减缓对于降低适应额外努力的可行性。此外，《巴黎协定》还启动了一项新的、专门以适应为核心内容的报告机制，称为适应信息通报，基于自愿原则，各国可选取与适应有关的优先事项、国家适应政策、法律法规、适应行动实施进展、资金技术等支持需求以及未来计划和行动等内容进行报告，并考虑从《公约》下的国家适应计划、国家自主贡献或国家信息通报选取适应信息通报的报告框架、报告渠道和报告周期。同时，《巴黎协定》第十三条建立的强化透明度框架也包含了适应信息，供缔约方自愿每两年提交透明度报告，促进信息透明和政治互信。此外，《巴黎协定》还单独规定了损失损害相关要求，2019 年，为了增强对各国应对损失损害的技术支持，成立了圣地亚哥网络机制，收集各国主要技术需求，为筹备相关项目提供技术参考。

阶段五（2021 年及以后），科学评估全球适应进展、探索落实《巴黎协定》适应要求的有效路径。由于《巴黎协定》缔约方大会的议程始终缺少适应，发展中国家对此表示强烈不满，认为这是对《巴黎协定》第七条适应条款的严重忽视。2021 年的 COP 26 建立了为期两年的"格拉斯哥 – 沙姆沙伊赫全球适应目标工作计划"，旨在有效落实《巴黎协定》第七条全球适应目标的相关内容。在此工作计划下，2022 年的 COP 27 又建立了"全球适应目标框架"，提出了适应的关键过程、关键主题、交叉事项等核心要素，并邀请 IPCC 考虑更新 1994 年发布的关于气候变化影响分析的技术指南，为评估全球适应进展提供可靠的方法学和指标。同年，还成立了损失和损害资金机制。

5.2 适应气候变化行动面临的挑战

5.2.1 发达国家与发展中国家适应差距明显

发展中国家处于适应服务于生存需求的阶段，而发达国家处于适应服务于协同增长的阶段。通过主要发达国家和发展中国家的适应进展分析可以发现，发展中国家受到的气候变化不利影响对国民生产和生存有着重大影响，如农牧业、水资源、卫生等，这体现了适应气候变化是发展中国家优先事项的根本原因。发达国家在工业革命时期经济飞速发展，目前已经脱离了气候变化不利影响威胁生存的阶段，主要适应目标是探索高质量环境保护和未来经济新增长等多方面协同的发展模式。因此，发达国家和发展中国家对适应的根本需求存在本质差别。

发展中国家和发达国家在探索适应领域前沿科学认知、掌握实践经验、提高适应行动有效性方面均存在较大差距。与发展中国家相比，发达国家在适应领域的研究和实践投入较高，由此形成了相对完善的适应理论体系，在全球适应领域的优先事项、重点领域、实施手段等关键问题上常提出具有创新性的理论框架和概念方法，在顶层设计上占有优势话语权。在国内发展方面，发达国家设置多种项目，大力开展适应相关科学和技术研究，在农业、水资源、基础设施建设等方面开展专项适应项目，搜集大量一手数据和资料。在此基础上，发达国家能够提出许多创新性适应概念和方法论，如转型适应、宏观经济适应、气候恢复力、基于自然的解决方案等，通过控制基本核心要素，引导全球研究成果和应用朝向符合自身利益的适应合作领域发展。

相较之下，一方面，发展中国家缺少稳定资金来源，无法有效组织多领域、跨部门的系统性科研和示范项目，只能依靠发达国家占主导优势的国际机构的研究结论寻求自身发展道路，难以提出契合自身发展权益的方法和概念，更难以引导形成全球层面"适应优先"的基本诉求。另一方面，发展中国家几乎没有服务于本国的适应进展评估指标，也难以部署系统全面的监测网络，并且缺少足够的时空数据和预测模型等工具。这阻碍了其跟踪国内政策进展和评估风险管理资金使用效果，限制了其适应能力水平的提高。

在地方或行业层面，发达国家和发展中国家在适应机制和机构建设上分化明显，造成适应行动实施效果差距较大。为了提高国家层面适应措施的效果，发达国家更重视地方层面适应机制和机构建设，并以此为抓手切实跟踪适应进展、发现差距、引导和撬动国内政府及私营机构投资，其重点领域包括地方气象数据监测、灾害预报、风险预警等基础设施和应急系统的信息化建设、决策预案制定等。而发展中国家普遍经济基础薄弱，在急需政府公共资金投入的适应初期难以提供稳定资金支持，仅能依靠国际合作项目开展少量、分散式的适应规划和示范活动，而这些项目往往是根据投资方需求设立的，难以形成规模化经营模式并且有效服务于国家适应计划和战略在地方或行业层面的实施。因此，发展中国家仍缺乏能力加强地方或行业层面的适应行动效果，难以获得实质收益与经验，这导致发展中国家与发达国家在适应领域行动有效性方面的差距不断加大。

5.2.2 适应行动支持缺口不断扩大

虽然全球适应努力不断加强，但适应资金缺口仍在扩大，主要原因是气候变化影响的深度和广度加剧。发展中国家面临适应成本倍增、技术缺口扩大和经济社会可持续发展负担加重等多重挑战并存的困境。据联合国环境规划署 2021 年发布的适应差距分析结果显示，目前发展中国家的年度适应成本已达到约 700 亿美元，预计 2030 年将达到 1400 亿—3000 亿美元，2050 年达到 2800 亿—5000 亿美元。[4] 因此，额外的适应资金对于加强适应规划、切实开展适应行动、减少气候变化导致的社会经济损失等至关重要，特别是发展中国家急需更大力度的投入和支持。然而，面对日益严峻的气候风险，用于减缓的资源投入始终超过适应，而切实增强全球适应能力的诉求常被弱化和孤立。尽管发展中国家强烈要求适应和减缓资金应各占 50%，但《巴黎协定》后，全球适应行动资金和技术支持不足的问题并没有得到重视和解决，如 2016—2020 年全球环境基金和 2014—2020 年气候技术中心和网络机制下仅 23%—26%[5] 的资金被用于支持适应行动。资金支持力度不足使得适应措施的实施、效果监测与评估等相关的实践和研究进展缓慢，降低了地区或行业识别适应方案有效性、分析适应目标实现程度及未来差距的准确性。

从全球气候治理形势看，表面上发达国家支持"适应与减缓并重"，但实际上发达国家以"适应是各国自己的事项，不应占据全球行动中心"为理由，推行零散化经验交流和知识分享等软性机制和工作安排，限制适应谈判落实到具体行动和资金支持，维护全球行动以减缓为中心的势头[4, 5]。此外，发达国家在适应承诺和履约方面出现倒退。2021 年 COP 26 决定中，发达国家承诺对发展中国家适应资金支持量翻倍；但 2022 年 COP 27 谈判期间，其反对制定兑现承诺的路线图，反对讨论资金规模、实施步骤及具体时间安排等重要内容。

5.2.3 适应进展监测与评估面临挑战

适应领域的核心科学问题之一是在不同温升情景和不同程度气候风险下，在不同自然或社会系统中，如何采取有效的监测和衡量方法以评估不同适应措施所产生的效果，并且制定可实现的适应目标和计划。然而全球适应进展监测和评估面临巨大技术挑战，科学研究投入薄弱。以往知识体系仅关注个别区域、国家或个别领域的小规模适应行动，鲜少从全球尺度分析适应目标、行动、差距和需求等核心内容，致使全球适应概念、方法等信息长期处于零散化和破碎化的状态，难以支持全球适应目标和行动进展评估，严重削弱了全球各界对适应问题的关注、研究和投入。这对于全球适应行动，特别是发展中国家开展适应行动具有极大的制约作用。

对于这个问题，学界提出需要在全球、国家、区域层面上，针对不同行业或系统适应措施取得的进展及效果，构建综合评估指标和方法，以增强全球适应进展及需求评估结果的可靠性[6]。2022—2023 年，在《巴黎协定》框架内全球适应目标工作方案授权下，已经开展了两次专题研讨会[7]，同时 IPCC 等国际权威科学机构也指出了加强研究的必要性和迫切性，希望为探明全球适应行动进展、识别适应障碍和需求以及制定行动方案提供可靠的研究基础和技术支撑。截至2022 年 6 月，已有 21 个缔约方向《公约》秘书处提交了关于全球适应目标工作计划内容与实施方案的提案[8]。各方阐述了对全球适应目标工作计划框架、重点工作内容和潜在实施路径等方面的意见和建议。最近，各方还呼吁通过国际合作等方式加强全球早期预警系统建设，为全球适应进展工具的开发与应用提供新动力，以更好地对气候变化影响、脆弱性和风险进行分析并且支撑决策。

总体来看，适应领域当前面临的技术挑战包括三大类，即缺少全球尺度具有整体性的适应相关概念、难以形成具有一定量化功能的适应进展分析方法学和指标体系，以及缺少有效汇总和分享适应进展的报告机制。首先，在概念体系方面，如何制定具有整体性、透明性和包容性的全球适应目标定义是提高共识、指导获取有关信息的重要基础。目前，科学界尚无对全球适应目标概念的总体认识，各方认知具有较大偏差。其次，可用于分析全球适应目标进展的方法和工具非常有限，已有工具难以在全球层面整合不同国家和区域在不同适应领域的行动进展。目前，全球仅不到 25% 的工具能够支持国家层面适应需求分析，其中多数工具来源于北美洲，亚洲地区适用的分析方法仅占 14%；从涉及领域来看，以农业和粮食安全、水资源管理、海岸带保护、生态系统与生物多样性以及基础设施建设为主，如图 5.1 所示；从应用场景来看，70% 的工具和分析方法用于气候变化影响、脆弱性或风险分析，而措施效果分析方法占比不足 20%，难以支持适应政策制定和实施[9]。最后，全球适应进展需要自下而上的报告流程支持同类信息和数据汇总，但由于各国适应能力差别较大，各自形成的报告结构和质量千差万别，难以在全球层面整合信息。因此，各方强烈呼吁加强关于全球适应目标概念、进展分析方法和指标体系以及报告模式通用性方面的建设。

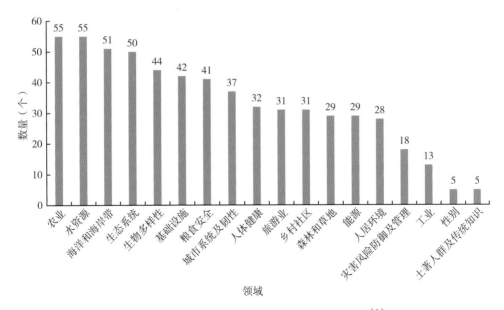

图 5.1　全球适应需求分析工具的应用领域分析[9]

5.2.4 《公约》下缺乏实际的适应行动机制

《公约》框架下的适应行动越来越趋向于知识分享、经验交流的软性工作，缺少增强适应行动的实际机制。虽然建立了若干论坛、委员会和机构，促进提供资金和技术支持以加强技术和体制能力，但由于适应领域研究投入、资金量分配比例明显低于减缓，整体技术和机构能力偏弱，在帮助发展中国家应对愈加复杂的气候危机、寻求适合的可持续发展路径方面收效甚微。零散化成为《公约》下适应机制面临的最为艰巨的挑战，越来越多的缔约方和相关机构意识到定量和定性的监测与评价机制对于制定有效的适应目标、跟踪适应进展、提出适应需求、规划适应资源具有重要指导作用。2022 年 COP 27 通过的全球适应目标框架需要更深入地讨论弥补技术缺口的有效途径。

5.3 结论与启示

面对日益加剧的气候风险，适应是减少气候变化负面影响的关键领域。目前，全球的适应行动取得了一些成效，但是仍存在适应行动碎片化、适应刚性和柔性限制等局限性。本章回顾了《公约》框架下近三十年的适应谈判历程，伴随着议题重要性的提升，适应机制和相关机构"从 0 到 1"建立起来；《巴黎协定》建立了适应信息通报机制，各方开始关注全球适应领域总体进展的评估和目标以及落实适应行动的有效路径。然而，全球适应行动面临着发达国家和发展中国家适应差距明显、适应行动支持缺口不断扩大、适应进展监测与评估面临挑战、适应在《公约》下缺乏实际行动机制等一系列挑战。

我国积极参与全球适应谈判，且国内适应行动顶层部署已初见成效，在适应关键领域已有大量相关基础数据。但面对日益复杂的气候变化趋势和谈判形势，缺少跨部门、跨领域的国家适应信息数据专门管理和适应进展跟踪，难以形成长期稳定的适应行动支持机制以支撑政府决策，这也会影响我国参与全球适应谈判的话语权。从全球适应总体进展来看，适应问题复杂、技术难度高，发展中国家面临的挑战更加艰巨。我国作为最大发展中国家面临多重挑战和机遇，为应对不断变化的全球气候治理形势，建议从以下几个方面加强适应行动。

第一，加强适应谈判能力建设。《公约》及其《巴黎协定》的谈判机制愈加复杂，对各国谈判的技术挑战日渐增加，特别是全球适应目标问题的提出，加速了全球由分散型适应措施到集成型适应措施、由简单增量适应效果到综合各领域的系统性适应效果的转变。技术挑战难度日益增加，这需要更加丰富的国家适应实践支撑谈判中技术解决方案的制定和落实。目前，我国在适应领域参加的国际机构主要包括《公约》适应委员会、全球适应委员会等，在适应方面正在逐步形成稳定谈判队伍。但由于适应谈判复杂程度日趋加深，我国在谈判规则设计、机制与机构建立、路径规划与探索等方面的经验不足和基础薄弱的短板日益凸显。面对复杂的谈判形势，建议设立专项资金支持，稳定提升我国适应领域谈判的综合能力和机构服务水平。

第二，细化我国适应行动方案。对比国际，我国适应气候变化研究起步晚，但在国家和行业等不同层面已经积极开展了多项工作，不断深化适应行动。建议未来以《国家适应气候变化战略2035》为蓝图，在行业和地方层面落实国家适应战略和规划。一是有效增强我国气候变化监测预警和风险管理能力，完善气候变化观测网络，强化监测预测预警，加强影响和风险评估，强化综合防灾减灾。二是提升自然生态系统适应气候变化能力，加强水资源、陆地生态系统、海洋与海岸带的适应措施。三是强化经济社会系统适应气候变化能力，在农业与粮食安全、健康与公共卫生、基础设施与重大工程、城市与人居环境、敏感二三产业等领域防范气候风险，增强气候恢复力。四是构建适应气候变化区域格局，构建适应气候变化的国土空间，强化区域适应气候变化行动，提升区域适应气候变化能力。

第三，强化我国适应行动监测与评估。目前如何构建适用于多种复杂气候风险及适应措施的评估方法，已成为准确掌握适应进展的热点与难点问题。我国在适应关键领域已有大量相关基础数据，但现有适应相关信息破碎化程度高，缺少跨部门、跨领域的专门管理机构和适应进展跟踪，也缺乏基础数据和信息的综合分析方法与指标。建议结合适应概念和发展需要开展专项研究，在国家层面构建关键领域适应进展与成效监测、评估方法和指标体系。同时，依据《国家适应气候变化战略2035》相关要求，针对农业与粮食安全、水资源管理、海洋与海岸带保护、基础设施建设等关键领域，基于统计年鉴、地方目标和行动方案、行业统计分析数据和公报、已发表的科研论文与成果、国家信息通报、国际机构信息源等具有权威性和可公开获取的数据和信息源资料分析，聚焦经济社会及气候环境指标体系下基线和适应行动进展，以多方参与的方式，组织利益相关方审查监测和评估的进展，不断完善指标体系的含义和内容，逐步提升数据的可持续性、透明性和有效性，从而构建适应领域进展监测与评估指标框架，为政策制定提供技术参考和科学依据。

第四，建立适应数据与信息汇总报送机制。目前，国际社会普遍要求增强适应信息报告的透明性和可持续性，但我国尚缺少统一的适应信息报告规范，难以在国家层面统筹信息、汇总分析成果，难以清晰展示我国适应行动进展和未来需求，可能影响我国寻求潜在合作机遇。建议基于《国家适应气候变化战略2035》

和行业发展规划，结合《公约》适应信息通报、国际标准化组织方法学框架以及欧盟和美国等地区和国家的经验，完善国家适应气候变化信息报告编制，重点展示国情、行业动态、适应定量定性分析结果以及良好做法和经验，同时报告可公开的信息来源和案例，提升我国适应信息透明度和有效性。

参考文献

［1］Intergovernmental Panel on Climate Change（IPCC）. Climate Change 2021：The Physical Science Basis. Contribution of Working Group I to the Sixth Assessment Report of the Intergovernmental Panel on Climate Change［M］. Cambridge：Cambridge University Press，2021.

［2］Intergovernmental Panel on Climate Change（IPCC）. Climate Change 2022：Impacts，Adaptation，and Vulnerability. Contribution of Working Group II to the Sixth Assessment Report of the Intergovernmental Panel on Climate Change［M］. Cambridge：Cambridge University Press，2022.

［3］United Nations Framework Convention on Climate Change（UNFCCC）. Methodologies for assessing adaptation needs in the context of national adaptation planning and implementation［R/OL］.（2021-03-20）［2021-12-11］. https://www4.unfccc.int/sites/NWPStaging/Pages/SearchAsses.aspx.

［4］United Nations Environment Programme（UNEP）. Adaptation gap report 2020［R］. Nairobi：UNEP，2021.

［5］刘硕，李玉娥，王斌，等. COP 27 全球适应目标谈判面临的挑战及中国应对策略［J］. 气候变化研究进展，2023，19（3）：389-399.

［6］Cuevas S. C. The interconnected nature of the challenges in mainstreaming climate change adaptation：evidence from local land use planning［J］. Climatic Change，2016（136）：661-676.

［7］United Nations Framework Convention on Climate Change（UNFCCC）. UNFCCC，decision 7/CMA.3：Glasgow - Sharm el-Sheikh work programme on the global goal on adaptation［R/OL］.（2021-11-15）［2023-01-11］. https://unfccc.int/sites/default/files/resource/CMA2021_10_Add3_E.pdf.

［8］United Nations Framework Convention on Climate Change（UNFCCC）. Glasgow - Sharm el-Sheikh work programme on the global goal on adaptation referred to in decision 7/CMA.3.［R/OL］.（2022-06-05）［2023-02-17］. https://unfccc.int/documents/624422［R/OL］.

［9］United Nations Framework Convention on Climate Change（UNFCCC）. Methodologies for assessing adaptation needs［R/OL］.（2021-09-20）［2021-12-20］. https://unfccc.int/documents/268701.

第6章 全球气候治理中的资金问题

资金是全球气候治理的关键支柱，也是《公约》和《巴黎协定》缔约方会议的核心谈判议题之一。面对每年数万亿美元的气候资金缺口，各方不断在《公约》主渠道内和主渠道外推动资金相关议题取得进展。本章综述了全球气候资金规模、需求和缺口，回顾了《公约》主渠道内气候资金谈判历程，重点介绍了COP 27的气候资金谈判成果，并介绍了气候资金治理的挑战和正在讨论中的机制改革进展，最后针对正在发生的变革提出了政策建议。

6.1 背景

IPCC发布的第六次评估报告第三工作组报告指出，为实现《巴黎协定》的1.5℃和2℃温升目标，全球应分别在21世纪50年代初和70年代实现二氧化碳净零排放，并且深度减排非二氧化碳温室气体[1]。然而2021年全球二氧化碳、甲烷和氧化亚氮浓度再创历史新高，2011—2020年全球地表温度已经比1850—1900年高出1.1℃。气候变化进而导致一系列广泛影响，极端气候灾害愈发频繁，其中发展中国家尤其是小岛屿国家和最不发达国家等脆弱国家首当其冲。

资金是支持减缓、适应、处理损失和损害以及公正转型的关键支柱。面向碳中和的减缓行动需要大规模部署零碳能源技术和低排放基础设施，并且保护与恢复自然资本和生物多样性；适应行动需要通过综合措施增强城市、关键基础设施、农业和粮食系统、自然生态系统等领域应对气候变化不利影响的能力；处理损失和损害需要提供及时和充足的支持，安置受灾群体并开展灾后重建工作；实现公正转型要求在转型进程中保护贫穷人口、化石能源行业劳动力等易受影响的群体，不让任何人掉队，帮助发展中国家协同实现发展和气候目标。这些与《公约》和《巴黎协定》目标相符的行动都需要大量资金支持。

6.2 全球气候资金规模、需求与缺口

近年来全球气候资金规模总体呈上升趋势，2020 年的气候资金大约为 6130
亿—7400 亿美元（见表 6.1）。总体而言，全球气候资金呈现公共资金和私营部门
资金平衡、以债务融资为主、重视减缓投资、地区分布极不均衡等特点。以气候
政策倡议组织（CPI）评估的 2019—2020 年平均气候资金规模（6050 亿美元）为
例，在来源上，公共资金占比为 51.3%，私营部门资金占比为 48.7%，公私资金占
比大致相当；在融资工具上，62.5% 的资金通过债务工具提供（如资产负债表债务
融资和项目债务融资），股权融资占比 31.7%，赠款仅占 4.6%，其中考虑资金的优
惠性，仅有 13.9% 的资金属于优惠资金（如赠款和低于市场利率的债务）；在流向
领域上，92.5% 的气候资金用于减缓相关活动，仅有 7.5% 的资金专门支持适应活
动；在地区分布上，43.3% 的资金流向东亚和太平洋地区，32.5% 的资金流向西欧、
美国和加拿大等发达地区，而世界其他地区仅获得了 24.2% 的气候资金。

表 6.1　2013—2020 年全球气候资金规模（亿美元）

数据来源	2013 年	2014 年	2015 年	2016 年	2017 年	2018 年	2019 年	2020 年
UNFCCC SCF（高值）	7060	5900	6790	6520	7170	6520	7210	7400
CPI（低值）	3520	3950	4710	4490	5870	5120	5960	6130

数据来源：UNFCCC SCF[2-4] 和 CPI[5]。

注：高值和低值差异在于是否包含了国际能源署测算的能源效率投资数据；数据根据通货膨胀率调整至
2015 年美元；由于数据统计口径、定义和方法学的差异，全球气候资金规模的汇总评估结果信度较低。

然而减缓与适应资金缺口巨大。IPCC 评估结果显示，为实现《巴黎协定》的
2℃ /1.5℃目标，2030 年前全球减缓投资需增长至当前水平的 3—6 倍，达到年均
2.3 万亿—4.5 万亿美元，相当于全球 GDP 的 3%—6%[1]。相比于减缓领域，适
应领域资金需求评估结果的不确定性更大。联合国环境规划署的评估结果显示，
到 2030 年适应成本可能上升至 1400 亿—3000 亿美元 / 年，到 2050 年进一步上
升至 2800 亿—5000 亿美元 / 年。综合 CPI 的适应资金规模和联合国环境规划署
的适应成本评估数据，到 2030 年适应资金需增长至当前水平的 3—7 倍，到 2050
年需增长至当前水平的 6—11 倍[5, 6]。尽管不同机构的资金需求测算结果存在差
异，但结论都指向了发展中国家应对气候变化的巨大资金缺口[7]。

实现《公约》和《巴黎协定》目标，还意味着全球能源、交通、供水和水处
理、通信等关键基础设施的低排放转型。当前低排放和具有气候韧性的基础设施

投资也面临较大缺口。考虑到发达国家基础设施的翻新、发展中国家人口快速增长和城市化的需求，到 2030 年全球基础设施投资规模将继续增长。全球经济和气候委员会的报告指出，满足 2℃温控目标情景下，2015—2030 年共需要 93 万亿美元的低排放基础设施投资，其中 70% 用于城市地区。这相当于到 2030 年全球年均基础设施投资规模需要从 2014 年的 3.4 万亿美元增加到 5.8 万亿美元，其中发展中国家的基础设施投资需求占总体需求的 2/3，发达国家占 1/3[8]。经济合作与发展组织的测算结果更高，在 2℃温控目标情景下，2015—2030 年全球基础设施投资需求高达 103.7 万亿美元，相当于每年 6.5 万亿美元，其中能源和交通基础设施的投资需求占比接近 80%[9]。

气候融资的差距不仅体现在气候资金不足上，还体现在气候融资的反面——化石燃料的过度投资上。化石燃料投资锁定的大量温室气体排放和在未来趋严的气候政策下产生的大量搁浅资产将使全球面向碳中和的转型更加困难。根据国际能源署对全球能源投资的分析，2021 年全球未加装碳捕集、利用和封存设施的化石能源供应投资规模接近 9000 亿美元，与当前全球的气候资金规模相当，且远高于国际能源署给出的 2050 年净零排放情景下的化石燃料年均投资需求[10]。

6.3　全球气候治理中的资金谈判

6.3.1　气候资金谈判历史

资金是《公约》和《巴黎协定》的核心谈判议题之一。根据《公约》确定的"共同但有区别的责任"原则，发达国家负有为发展中国家应对气候变化提供新的、额外的资金支持的义务。《公约》第十一条要求建立一个资金机制，负责为应对气候变化的行动和项目供资。以 2009 年和 2015 年为两个关键时间节点，资金议题谈判大致可分为三个阶段。

在 2009 年之前，缔约方会议围绕着《公约》资金机制的落实展开谈判，实质性成果主要是指定和建立了数个多边基金作为发达国家出资支持发展中国家气候行动的渠道。起初指定了全球环境基金为《公约》资金机制的实体，它同时也服务于多个国际环境公约的资金机制。截至目前，全球环境基金已为 130 多个国家近 1000 个减缓气候变化项目提供了资金支持，累计产生的温室气体减排量达到 84 亿吨二氧化碳当量。2001 年 COP 7 决定建立适应基金、气候变化特别基金和最不发达国家基金三个新的经营实体。这些基金接收发达国家缔约方和其他来源的注资，主要为发展中国家减缓和适应气候变化的项目提供融资。

2009—2015 年，《公约》下资金治理机制不断完善。在 2009 年的 COP 15 上，发达国家首次提出两个对发展中国家的资金调动集体目标，即 2010—2012 年调动 300 亿美元 "快速启动资金" 和 2020 年前每年调动 1000 亿美元气候资金，后者逐渐成为气候资金谈判焦点，并且促进了 "长期气候资金" 这一专门议题的出现。在这一议题下，各方展开激烈谈判，主要争议点包括发达国家 1000 亿美元目标达成的时间、资金用途、融资工具、融资获取挑战和政策框架等问题。在其他进展方面，首先是建立了新的多边气候基金——绿色气候基金作为对发展中国家提供气候融资的新渠道。相比于提供环境项目融资的全球环境基金，绿色气候基金聚焦气候项目的融资，旨在专门支持《公约》和《巴黎协定》的实施，特别是帮助《巴黎协定》缔约方落实其国家自主贡献，其用于减缓和适应项目的资金各占 50%。目前，绿色气候基金已经批准了 100 亿美元资金用于支持在 127 个发展中国家开展的 190 个适应和减缓项目。在最近一次的增资中，绿色气候基金获得了来自 32 个国家共计 98.66 亿美元的资金承诺。此外，《公约》下出现了资金议题的协调机构——资金常设委员会。资金的信息通报机制也初步建立，发达国家和发展中国家应各自在两年期报告和两年期更新报告中分别通报提供资金和获得资金的信息。

2015 年《巴黎协定》达成后，气候资金谈判进入深水区，新目标、新议题、新机制不断出现。COP 21 决定发达国家的 1000 亿美元承诺延续至 2025 年，并将提出一个 2025 年后以 1000 亿美元为下限的、新的集体量化资金目标（New Collective Quantified Goal，NCQG）。NCQG 谈判于 2022 年正式启动，并将在 2024 年确立这一新目标。适应资金备受各方重视，为此 2021 年 COP 26 敦促发达国家到 2025 年为发展中国家提供的适应资金应相比于 2019 年水平翻一倍。资金信息通报机制在《巴黎协定》中正式确立，缔约方须根据第九条和第十三条的要求进行信息通报。此外，各方开始对《巴黎协定》第二条第 1 款（c）项提出的 "使资金流动符合温室气体低排放和气候适应型发展的路径" 目标展开非正式讨论，这一目标实质上要求全球金融系统在《巴黎协定》长期减缓和适应目标下进行转型，大大超出了《公约》下气候资金的涵义（发达国家为发展中国家提供气候资金援助）。

6.3.2　COP 27 气候资金谈判进展

2022 年 COP 27 在多重叠加的全球危机中召开。一方面，新冠疫情仍未消散，2 月又爆发了俄乌冲突，继而引发了能源、粮食、经济安全等多重危机。发达国家实施货币紧缩政策，以应对居高不下的通货膨胀，资金短缺；许多发展中国家面临严峻的债务危机，非洲国家面临高碳化石能源投资锁定的风险。全球层面需要找到解决短期能源危机的方法。另一方面，全球气候变化影响范围加大，极端气候灾害更加频繁、强度加剧。例如，2022 年夏季巴基斯坦遭遇毁灭性洪灾，致千人丧生，这被广泛解读为《公约》主渠道下减缓和适应机制的失败，对于加强损失和损害机制的呼声进一步增强。COP 27 在这样的背景下召开，全球各国对大会的期待远超应对气候变化本身，资金问题再次成为发展中国家的核心关切，而会前被寄予众望的"损失和损害资金机制"更被认为是重建信任的基石。

在 2021 年 COP 26 之前，发展中国家提出了大量的关于适应资金与损失和损害资金支持的诉求，不同集团在《公约》主渠道下提交了提案。然而 COP 26 在适应与损失和损害资金问题上并没有取得实质性进展。大会只建立了为期两年的"格拉斯哥对话"机制，以讨论损失和损害资金的安排，并且敦促发达国家提供的适应资金翻倍。在发展中国家对气候变化资金需求规模不断扩大和更为急迫的背景下，大会对于新的形势关注力度不够，未能针对发展中国家的需求提出和讨论更为全面的解决方案。对此，发展中国家普遍表示了对于气候资金谈判结果的失望和不满。

因此，损失和损害出资安排成为 COP 27 上发展中国家的优先事项之一。众多发展中国家齐心协力，首次将这一议题纳入正式议程，并最终推动缔约方会议同意建立新的资金安排，通过提供和调动新的和额外的资金，以协助发展中国家尤其是特别脆弱的国家处理损失和损害问题。大会还决定专门设立一个应对损失和损害的基金，并设立一个过渡委员会使包括该基金在内的资金安排得以投入运行。大会还邀请国际金融机构在世界银行和国际货币基金组织 2023 年的春季会议上，考虑是否有可能为损失和损害资金作出贡献。虽然各方同意设立损失和损害基金已是极大的突破，然而 COP 27 并没有就损失和损害基金投入运作的时间、资金来源、资金流动渠道等关键要素作出决定，损失和损害基金在内的相关安排前景尚不明确。

COP 27 虽然未能使发达国家向发展中国家提供新的气候适应和减缓资金，但在其他气候资金议题上取得了不同进展。总体来看，长期气候资金和 1000 亿美元这一"老大难"议题已很难取得实质性进步，各方的关注点反而逐渐聚焦于《巴黎协定》下的新议题，包括 2025 年后 NCQG、适应资金、第二条第 1 款（c）项及其与第九条关系等议题，COP 27 资金议题的谈判进展如表 6.2 所示。关于 2025 年后新的集体量化资金目标，2022 年各方的讨论要点主要包括 NCQG 的定量、定性、范围、获取、来源等特征以及相关透明度安排。但大会并未达成实质性进展，只明确了 2022—2024 年 12 次技术专家会谈的讨论步骤和时间节点，再次确认最早至 2024 年的 COP 29 才会达成协议。关于适应资金，各方要求资金常设委员会准备一份关于发达国家 2025 年提供的适应资金相比于 2019 年翻倍的报告，供《巴黎协定》第五次缔约方会议审议。关于第二条第 1 款（c）项目标，各方并未将其纳入正式议程，但大会最后决定发起"沙姆沙伊赫对话"，为有关第二条第 1 款（c）项及其与第九条关系的讨论提供平台。

COP 27 的另一个亮点是首次对全球金融系统改革达成一系列共识，推动了全球金融系统转型的对话和讨论，并通过多个条款反映在大会 1 号决定中，而这一问题与第二条第 1 款（c）项资金流动目标紧密相关。大会决定指出，调动每年数万亿美元的资金支持气候行动，需要全球金融系统结构和流程的改革，并纳入政府、央行、商业银行、机构投资者和其他金融主体。大会特别关注多边开发银行和国际金融机构的角色，呼吁多边开发银行和国际金融机构的股东采取措施促进机构改革，扩大气候资金规模，简化气候融资途径，从各个来源调动气候资金，以各类业务模式、渠道和工具（特别是赠款、担保等非债务融资工具）进行融资，妥善处理发展中国家的债务负担。

表 6.2　COP 27 气候资金议题谈判进展

议题	谈判进展
一、长期气候资金	
重要共识	（1）敦促发达国家尽快落实 2020 年提供 1000 亿美元资金的目标并将这一目标的落实延续至 2025 年 （2）强调了公共资金、基于赠款的资源、适应资金在实现 1000 亿美元目标过程中的重要作用 （3）强调需要继续改善发展中国家获得气候资金的途径，加强扶持环境和政策框架
实质性产出	要求资金常设委员会编写关于 1000 亿美元进展的双年期报告
二、新的集体量化资金目标（NCQG）	
重要共识	（1）NCQG 需贡献于加速实现《巴黎协定》第二条目标；NCQG 特设工作方案的工作力度需大幅加强；NCQG 的进一步工作需吸取 1000 亿美元目标的经验教训 （2）各方对 NCQG 目标的定量、定性、范围、获取特征和资金来源以及相关透明度安排取得一定共识
实质性产出	（1）要求 NCQG 特设工作方案联合主席发布 2023 年工作安排，包括技术专家对话的主题 （2）继续召开技术专家对话和高级别部长级对话，继续邀请不同利益相关方（特别是私营部门）为技术专家对话提交意见
三、损失和损害供资安排	
重要共识	需要提供新的、额外的、可预测和充足的资金协助发展中国家尤其是特别脆弱的国家处理损失和损害问题
实质性产出	（1）决定建立新的资金安排，以协助发展中国家尤其是特别脆弱的国家处理损失和损害问题，这些新的安排补充并包括《公约》及《巴黎协定》框架内和框架外的来源、基金、进程和倡议 （2）决定在上述资金安排背景下，设立一个应对损失与损害的基金，其职责包括重点处理损失与损害问题 （3）决定设立一个关于损失与损害问题的过渡委员会，就如何运行新的资金安排和基金提出建议，供 COP 28 和《巴黎协定》第五次缔约方会议审议和通过

续表

议题	谈判进展
四、全球金融系统改革	
重要共识	（1）调动每年数万亿美元的资金支持气候行动，需要金融系统结构和流程的改革，并纳入政府、央行、商业银行、机构投资者和其他金融主体 （2）呼吁多边开发银行和国际金融机构的股东采取措施促进机构改革
实质性产出	无
五、适应资金翻倍目标	
重要共识	重申 COP 26 提出的发达国家提供的适应资金到 2025 年相比于 2019 年翻倍的目标
实质性产出	要求资金常设委员会准备一份关于适应资金翻倍的报告，供《巴黎协定》第五次缔约方会议审议
六、《巴黎协定》第二条第 1 款（c）项	
重要共识	无
实质性产出	（1）决定在缔约方、相关组织和利益者之间发起"沙姆沙伊赫对话"，对强化《巴黎协定》第二条下的资金目标及其与第九条的互相补充交换意见 （2）请秘书处在 2023 年举办两次研讨会，就会议审议情况编写一份报告提交给《巴黎协定》缔约方会议

6.4 气候资金治理挑战与机制改革进展

6.4.1 气候资金治理的争议与挑战

全球气候治理进程中，资金是不可或缺的关键支柱。然而，一方面目前气候融资规模相比于需求而言存在数量级的差距，远远不能支撑《巴黎协定》目标的实现，另一方面仍有大量资金在支持不符合气候目标的活动，如化石能源投资和破坏自然生态系统的活动。在《公约》主渠道内和主渠道外的一系列争议使得日渐重要的资金问题在全球气候治理中的争议越来越多，也影响了各方的政治互信。

在《公约》主渠道内，发展中国家尤为关心的 1000 美元目标自承诺之初就从未明确过资金来源、用途、融资工具等关键要素，也未在发达国家之间分配出资责任，更未在《公约》下建立相应的监测、报告与核查（MRV）体系来对进展进行评估。这使得 1000 亿美元目标的有效性大打折扣，体现在以下方面。在资金规模上，从经济合作与发展组织发布的数据来看，2013—2020 年发达国家支持发展中国家的资金规模为 524 亿—833 亿美元，总体呈增加趋势，但距 1000 亿美元仍有较大差距[9]。在出资责任分配上，世界资源研究所对各国的出资责任（称为"公平出资份额"）进行了分析[11]，考虑到财富、历史排放责任和人口因素，认为美国应该贡献 1000 亿美元中的 40%—47%。但美国 2016—2018 年平均年出资规模不到 1000 亿美元额度的 8%，而德国、挪威、日本和法国的出资超过了其公平出资份额。在融资工具上，目前发达国家向发展中国家提供的气候融资中有 80%以上是贷款，在最不发达国家债务水平已经很高的情况下，气候贷款增加了这些国家的债务水平[12]。在资金流入领域上，适应领域资金投入严重少于减缓领域，尽管 2013 年以来有所增加，但是 2020 年仍然只有 286 亿美元用于适应项目。在资金流向地区上，全球气候变化热点地区收到的资金支持严重不足，2016—2020年最不发达国家和脆弱国家收到的每年人均气候资助仅为 14 美元和 11 美元[13]。此外，关于 1000 亿美元资金统计的方法和准确性也一直存在争议。非政府组织乐施会发布的一份报告认为，2017—2018 年发达国家提供的专门用于气候项目的实际资助不到经济合作与发展组织统计数据的 1/3[14]。

随着一些新兴发展中国家的经济规模与排放量快速增长，发达国家提出这些国家也应承担出资义务，这加剧了各方就出资问题达成共识的难度。《巴黎协定》第九条虽然仍将发达国家出资规定为义务，但也加入了相关条款鼓励其他缔约方自愿出资。在 COP 27 损失和损害基金的谈判过程中，欧盟明确要求增加资金来源，其矛头指向中国等发展中排放大国，这也反映在了决定的相关文本中。此外，发达国家力推第二条第 1 款（c）项资金流动目标正式纳入谈判议程，这一目标实质上淡化了发达国家对发展中国家的出资义务，将发展中国家国内金融部门的行动也纳入出资责任中[15]，对此发展中国家坚决要求对第二条第 1 款（c）项的讨论必须澄清与第九条下发达国家出资义务之间的关系。

在《公约》主渠道外，调动大规模气候融资问题面临的挑战颇多。在各国国内，气候融资与气候政策体系的完整度和力度紧密相关，更与国家的经济实力和金融市场完善程度相关。发展中国家普遍经济体量较小，金融市场制度不健全，本国投资者数量少；气候政策体系不完善，缺乏碳定价机制将化石能源温室气体排放的社会成本内部化，气候金融市场的标准和制度都不成熟。这些政策和市场层面的差距使得引导国内金融部门进行气候投资的信号不明确，市场激励不充分。此外，如前文所述，气候融资问题前所未有地与其他挑战结合在一起，进一步加剧了发展中国家气候融资的困境。例如，应对债务和粮食危机压缩了本国的财政空间，使本国公共资金更加难以支持气候行动；能源危机使一些发展中国家加大了近期化石能源的投资力度，使未来低碳转型更加困难。

在国际上，发展中国家难以获得来自国际资本市场的低成本融资。受限于其国家能力和债务问题，发展中国家在国际资本市场上的信用评级远低于发达国家，使其国际融资成本非常高；对于投资者而言，发展中国家的政局不稳定、政策多变、宏观经济下行、汇率波动等风险也使投资者不愿为其提供资金。在此背景下，发展中国家十分需要多边气候基金和多边开发银行等国际公共金融机构的融资支持。然而当前全球环境基金和绿色气候基金两只最大的多边环境与气候基金规模相对较小，且其项目审批、拨款、行政流程复杂，诸多能力欠缺的发展中国家难以成功申请项目资助；多边开发银行虽然近年来的气候融资规模快速增长，但其撬动私人资本不足、过度依赖债务工具等运营模式的问题受到国际社会的批评，各国要求多边开发银行改革以大幅增加气候融资力度的呼声强烈。

6.4.2　气候资金治理机制改革新进展

6.4.2.1　减免发展中国家债务

当前发展中国家面临的债务压力进一步压缩了其财政空间，应对债务危机已成为加快气候行动的先决条件。联合国开发计划署指出，除非富裕国家提供紧急援助，否则50多个最贫穷的发展中国家将面临债务违约和实际破产的危险。根据彭博社提供的数据，到2024年年底，发展中国家政府需要偿还或展期约3500亿美元的美元和欧元计价债券；脆弱国家集团在未来四年的债务偿还额高达5000亿美元。当前，最贫困国家的债务结构中，世界银行等多边开发银行和商业金融机构是最主要债权人。根据世界银行2021年《国际债务统计报告》，在缓债倡议受惠国公共债务和公共担保债务总量中，多边债权人占比接近一半。

二十国集团发起的缓债倡议在最贫困国家公共债务减免中发挥了重要作用，但是仍缺乏国际金融机构和商业债权人的参与。在COP 27上，巴巴多斯总理莫特利提及第二次世界大战结束后，西方债权人对德国的年度债务支付设定了上限，以使德国经济得以快速重建。在偿还债务和发展其他优先事项中，低收入国家同样应该得到理解。英国在这次大会上表示，将允许一些受气候灾害影响的国家延期偿还部分债务，其出口信贷机构将成为首家在贷款中纳入"气候适应性债务条款"的机构，如果一个国家遭受气候灾难打击，这些措施将使债务偿还期限延长两年。COP 27决议中也多处提及发展中国家的债务问题。总的来看，减免发展中国家债务仍将是接下来全球治理机制的工作重点，其他相关的一些建议措施还包括改善二十国集团共同框架的运作；改善优惠资金的分配机制，将气候脆弱性纳入其中；扩大债务－气候/自然互换机制的使用等。

6.4.2.2　多边开发银行和国际金融机构改革

多边开发银行改革被列为全球金融系统转型的优先事项。多边开发银行是低收入国家最大的债权人，在气候融资方面具有丰富经验，可以通过国际市场筹集大量资金。然而现实中，多边开发银行在气候融资方面的表现正在受到越来越多的质疑和批评，面临着严重的信誉危机。2013—2020年多边开发银行的气候融资总额仍不到其全部业务的 1/3。国际货币基金组织的可借款总规模达到 10000 亿美元，但其中只有很小的一部分属于气候资金的范畴。如果对世界银行和国际货币基金组织进行全面改革，这可能是历史上最大规模的国际金融资源动员，也是帮助发展中国家最直接和最实际的方式。COP 27 的决定呼吁多边开发银行和国际金融机构的股东国改革运营模式和优先事项，调整和扩大供资规模，确保简化资金获取渠道，从各种来源调动气候资金，并鼓励多边开发银行确定应对全球气候紧急情况的新愿景和相应的业务模式、渠道和工具。

二十国集团专家小组准备的"资本充足率框架独立审查报告"提出，多边开发银行需要在未来五年内实现三倍资金流量增长。多方提出的改革内容主要包括：①需要让股东更明确、更雄心勃勃地界定愿意承担的风险；②需要更多地承认多边开发银行获得可赎回资本的优势及优先债权人地位；③开发创新工具和风险转移机制；④更好地统一风险评级方法，帮助多边开发银行筹集资本；⑤提高资金流动数据的透明度，提供更多获取数据和分析的机会。然而，二十国集团会议上并没有明确世界银行和国际金融机构改革的时间表和路线图，多边开发银行的改革仍然依赖于利益相关方在 2023 年全球重要峰会上的推动，如世界银行和国际货币基金组织年会、COP 28、二十国集团峰会等。

6.4.2.3 增加私营部门投资

大规模调动私营部门资金是实现《巴黎协定》和其他重大全球目标的关键。在过去十年中，私营部门气候投资稳步增长，2020 年达到约 3300 亿美元，与公共资金规模持平。针对私营部门经营活动，近年来已逐步建立起全球零排放标准、信息披露和审计框架体系。在气候信息批露方面，美国、欧盟以及国际企业会计准则机构已经采用或正向强制性气候风险披露标准迈进。最近已发布的包括欧盟可持续金融信息披露条例、美国证券交易委员会提出的新规则以及国际可持续发展准则理事会提出的标准。净零排放标准也逐渐完善，联合国"零排放竞赛"（Race to Nero）对净零排放的要求趋严，国际标准化组织在 COP 27 上发布了指导方针《净零排放指南》。此外，诚信审计也更加严格。联合国非国家实体净零排放承诺问题高级别专家组的《诚信问题报告》是对日益严格的审计标准的补充。报告建议由第三方核实净零排放承诺，包括将减缓行动与抵消措施分开，并将化石燃料储备在内的排放包含在内。

COP 27 决议中鼓励私营部门加强气候资金调动，以增加各缔约方尤其是发展中国家缔约方实施气候行动的资源供应，并鼓励它们实现稳健、可比和基于科学的目标，使其投资组合与《巴黎协定》的目标保持一致。在 COP 27 开始时发表的一份联合声明中，包括世界银行和欧洲投资银行在内的十家开发银行表示，增加对低收入国家私营部门的投资是他们的"关键优先事项"之一。此外，还出现了"专家清单法"实践，为帮助私营部门降低新兴市场投资风险，专家们列出了一份价值 1200 亿美元的项目清单，投资者可以支持这些项目，帮助贫穷国家减少排放和适应气候变化。在这份清单指引下，埃及签订了价值 150 亿美元的水－食品－能源网络伙伴关系；超过 85 家非洲保险公司组成的小组承诺提供 140 亿美元的气候灾害保险等项目。美国、日本牵头和印度尼西亚签订的"公正能源转型伙伴关系"，计划在三到五年内利用赠款、优惠贷款、市场利率贷款、担保和私人投资的组合，调动 100 亿美元的公共部门投资和 100 亿美元的私人投资，其中私人投资来自 COP 26 上成立的格拉斯哥净零排放金融联盟。

当前讨论较多的吸引私人投资进入气候领域的主要措施包括：第一，建立有吸引力的投资环境和政策，考虑碳排放负外部性和降低清洁能源投资的融资成本，采用碳定价等政策工具将化石燃料使用的社会成本内部化，将私人投资引向碳减排项目；第二，逐步减少和结束化石能源补贴，降低化石能源利润水平，向市场释放清晰的政策信号；第三，政府发挥更重要的作用，由公共财政更多地承受低碳投资的前端风险，作为吸引更多私营部门融资的一种手段；第四，多边开发银行和国际金融机构发挥关键作用，将公共资金和私人资本结合起来，通过建立混合融资结构以降低投资风险，改变新兴经济体气候转型的风险－收益状况；第五，需要创新工具和股权融资，通过公私伙伴关系加强风险分担，并最大限度地扩大稀缺公共资金的影响。

6.4.2.4 改革特别提款权制度

特别提款权（Special Drawing Rights，SDRs）是在 20 世纪 60 年代创设的一种补充性储备资产，本质是国际货币基金组织成员国可自由使用货币的潜在求偿权，可用于偿还国际货币基金组织的债务、弥补国际收支逆差和补充国际流动性，对于增强全球经济和金融系统稳定性具有重要价值。2021 年 8 月，新一轮规模为 6500 亿美元的 SDRs 普遍分配方案正式生效，这是国际货币基金组织历史上规模最大的 SDRs 分配。新兴市场和发展中经济体（不包括中国）共获得了 2500 亿美元支持，其中包括提供给中低收入国家 530 亿美元、低收入国家 90 亿美元。虽然 SDRs 是一种储备资产，不能立即用于为公共支出提供资金，但却可以为各国政府提供更多的财政空间。此外，由于大多数 SDRs 流向了高收入国家，这些 SDRs 可以重新分配，以支持新兴市场和发展中国家的重要需求。

在 2021 年 6 月的 G7 峰会上，七国集团要求各国财政部部长和央行行长制定和审查从拥有超额准备金的国家自愿重新分配 1000 亿美元 SDRs 的提案。这些讨论促成国际货币基金组织创设了第一个长期融资工具——韧性和可持续信托基金，目前该基金规模为 450 亿美元，使国际货币基金组织能够支持转型的长期行动，提供低息资金帮助低收入和脆弱中等收入国家应对气候变化和其他结构性挑战。在 2022 年 11 月的二十国集团峰会上筹集了 816 亿美元的 SDRs 转借额度，仍未达到 1000 亿美元 SDRs 的目标。

小岛屿国家巴巴多斯提出的"布里奇顿倡议"的核心是建立一个气候减缓信托基金，通过 SDRs 机制促使国际货币基金组织释放 5000 亿美元资金作为担保，并且撬动高达 5 万亿美元的私人储蓄。非洲的财政部长们提出了更加深入的改革方案，包括 SDRs 制度应回归其原始设计，基于五年期进行一般性分配，应澄清并实施"意外重大危机"条款，以便在气候危机发生时定期分配 SDRs，增加国际储备并支持气候行动。此外，有必要改革其再分配机制，使其不那么僵化和昂贵。从当前"韧性和可持续信托基金"的进展来看，距离发展中国家的期望仍然很遥远。

6.4.2.5 调动碳市场资金

碳市场也有望成为重要的资金来源，通过碳排放权交易和自愿碳市场产生的收入可为气候行动提供资金。根据世界银行的统计，截至 2022 年，全球各国政府共建立了 34 个强制性或合规性排放交易系统，通过排放交易系统的总收入达到 560 亿美元。国际航空航运分别由国际民航组织和国际海事组织进行管理。由国际民航组织制定的"国际航空碳抵消和减排计划"适用于参与国之间的国际航线，并将强制航空公司从 2027 年起对超过历史基线的排放量支付补偿。国际海事组织已考虑将限额与交易制度同限制船舶燃料产生的温室气体相结合，预计每年可产生高达 400 亿—600 亿美元的收入。与此同时，全球自愿碳市场也蓬勃发展，2021 年交易的碳排放量比上年增加了 143%，达到 4.93 亿吨二氧化碳当量；信用额度交易额达 20 亿美元。自愿碳市场诚信委员会和碳信用质量倡议等机构已经起草了"高质量碳抵消指南"，但全球性标准与规则有待确立。

碳市场也是实现全球气候目标的重要工具，能够高效调动资源和降低成本，在中短期内以最有效的方式实现减排目标。COP 26 通过了《巴黎协定》第六条机制的实施细则，各国就管理国际碳市场的广泛原则达成一致。COP 27 上，谈判的重点是"全球碳市场项目的方法学指南"，但各国未能就全球碳补偿额度交易的技术细节达成一致。碳补偿允许国家或公司向其他国家支付减少温室气体排放的费用，以抵消自己的排放（国与国之间的抵消贸易规则）。各国将需要在 COP 28 就这些方法作出决定，否则将面临 2023 年的最后期限，届时根据原有的联合国规则登记的碳减排项目必须申请成为新体系的一部分。在 COP 27 上还启动了"非洲碳市场倡议"，该倡议旨在通过制定目标和行动路线图，扩大非洲对全球自愿碳市场的参与。

6.5　本章小结

全球气候治理中资金问题的重要性愈发凸显。数十年的气候资金谈判在动员发达国家出资支持发展中国家气候行动上取得了一些进展，但当前全球气候融资缺口依旧显著，按历史趋势发展无法调动大规模气候融资支持《公约》和《巴黎协定》目标的实现。COP 27 在新冠疫情、俄乌冲突、能源危机、粮食危机、发展中国家债务危机、气候灾害加剧等多重挑战下开幕，面临着北方国家和南方国家之间互信程度下降等一系列挑战。尽管大会未能使发达国家向发展中国家提供新的气候适应和减缓资金，但是建立了"损失与损害基金"，开启了《巴黎协定》第二条第 1 款（c）项及延伸出的全球金融体系转型问题的讨论，加速推动了气候资金治理机制的改革。此外，气候资金议题前所未有地与发展中国家债务、全球金融体系改革等议题交织在一起，并与全球重要治理机制（如二十国集团峰会、七国集团峰会、《联合国生物多样性公约》大会等）前所未有地紧密关联、互相推动。全球金融体系转型已经开启，气候资金治理机制仍在演进，相关改革也在讨论和推动过程中。我国需要继续团结广大发展中国家，积极参与全球气候资金治理机制改革进程以及气候金融国际标准和规则制定。

参考文献

［1］Intergovernmental Panel on Climate Change（IPCC）. Climate Change 2022：Mitigation of Climate Change. Contribution of Working Group Ⅲ to the Sixth Assessment Report of the Intergovernmental Panel on Climate Change［M］. Cambridge：Cambridge University Press，2022.

［2］UNFCCC Standing Committee on Finance. 2018 Biennial assessment and overview of climate finance flows technical report［R］. Bonn：UNFCCC，2018.

［3］UNFCCC Standing Committee on Finance. Fourth（2020）biennial assessment and overview of climate finance flows technical report［R］. Bonn：UNFCCC，2021.

［4］UNFCCC Standing Committee on Finance. Summary and recommendations by the Standing Committee on Finance‐Fifth biennial assessment and overview of climate finance flows［R］. Bonn：UNFCCC，2022.

［5］Climate Policy Initiative. Global Landscape of Climate Finance：A Decade of Data 2011−2020［R/OL］.［2022−12−20］. https://www.climatepolicyinitiative.org/publication/global‐landscape‐of‐climate‐finance‐a‐decade‐of‐data/.

［6］United Nations Environment Programme. Adaptation finance gap report 2016［R］. Nairobi: UNEP, 2016.

［7］United Nations Environment Programme. 2022. Emissions gap report 2022: The closing window—climate crisis calls for rapid transformation of societies［R］. Nairobi: UNEP, 2022.

［8］The New Climate Economy (NCE). The sustainable infrastructure imperative: financing for better growth and development［R］. London: NCE, 2016.

［9］Organization for Economic Cooperation and Development (OECD). Investing in Climate, Investing in Growth［R］. Paris: OECD, 2017.

［10］International Energy Agency (IEA). World energy investment 2022［R］. Paris: IEA, 2022.

［11］BOS J, THWAITES J. 2021. A breakdown of developed countries' public climate finance contributions towards the $100 billion goal［R］. Washington D. C.: World Resources Institute, 2021.

［12］Editorial. Global climate action needs trusted finance data［J］. Nature, 2021 (589): 7.

［13］Organization for Economic Cooperation and Development (OECD). Aggregate trends of climate finance provided and mobilized by developed countries in 2013-2020［R］. Paris: OECD, 2022.

［14］CARTY T, KOWALZIG J, ZAGEMA B. Climate Finance Shadow Report 2020［R］. Oxfam, 2020.

［15］ZAMARIOLI L, H. PAUW P, KONIG M, et al. The climate consistency goal and the transformation of global finance. Nature Climate Change, 2021 (11): 578-583.

第 7 章　国际低碳科技创新和技术评价

科技创新是支撑实现碳中和目标的关键。随着世界经济从资源依赖逐渐转向技术依赖，技术发展已成为决定未来国际格局的重要影响因素。国际社会高度重视低碳科技创新，围绕低碳能源技术发展建立一系列国际合作机制以促进技术转移，同时各主要发达国家和经济体围绕碳中和目标出台了战略规划和行动方案，试图在新一轮的产业竞争中抢占先机。一方面全球低碳技术创新方兴未艾，公共研发和私人投资的大幅增加带来可再生能源创新产出的快速增长，在众多关键低碳技术上取得迅猛发展；另一方面目前能源技术国际创新格局呈现不平衡且发展迟滞的态势。着眼于未来，低碳技术仍面临技术成熟度不足、成本效益不高及政策法规不健全等问题，尤其在前沿颠覆性技术上尚有巨大缺口。根据国际能源署的估算，要实现全球碳中和的图景，尚有 50% 的技术有待更进一步的研究、开发和示范。联合国对各国国家自主贡献进行评估后发现，如果不采取更有效的举措，仅按照目前已部署的技术和政策，21 世纪末全球温升相比工业化前将达到 2.8℃。

7.1　低碳技术创新的概念与特征

低碳技术是指以能源及资源的开发、再生、高效、循环利用为基础，以减少或消除二氧化碳排放为特征的技术；广义上还包括所有以减少或消除温室气体排放为特征的技术，如在获取能源资源和工业过程中不产生排放的零碳技术，以及从大气中去除二氧化碳的空气直接碳捕集技术、生物质能碳捕集技术、碳汇技术等负碳技术等。低碳能源技术是未来低碳技术创新最主要的组成部分，包括能源系统供应端的可再生能源和新能源技术（如太阳能、风能、地热能、核能、水能等）和能源系统终端的节能技术（如联合循环发电技术）。

低碳能源技术创新并非简单的研发，而是一个新的技术或工艺从实验室产生和发展，一直到首次商业化并最终在主流市场扩散，最后形成一个新的产品的过程。首先，低碳能源技术创新具有长期性，新的技术取代旧的技术通常需要跨越几十年到上百年的时间；其次，不确定的产出成果和极长的投资回报周期使能源科技创新有较高的风险性；再次，清洁能源技术的创新在技术和环境方面具有双重外部性，低碳技术研发的成果不可能完全由从事研发的机构或企业所独占，会产生"知识外溢"现象，同时低碳技术创新不仅会减少碳排放，而且有利于改善环境质量、提高能源安全和独立性，产生更多的外部性收益；此外，与大多数新能源技术和集中式的传统能源模式不同，低碳能源技术具有分散性、间歇式特征，需要建设新的分布式基础设施与之相适应。

能源技术创新的主要参与者、机构和网络围绕着能源创新过程共同构成了"能源技术创新系统"。已有研究通常将技术创新过程分为研发、示范和推广三个典型阶段，简称为 R&3D（Research，Development，Demonstration and Deployment）模型。研发阶段指技术的研究和开发，主要包括基础能源科学研究、特定能源技术的应用研究，以及将基础和应用研究的成果转化为实际的工作原型或样机的开发。示范是新产品或新系统在真实环境下的全规模应用，对所有要素进行考察和展示[1]。示范可以被分为技术式示范和商业性示范。推广阶段主要指的是新技术进入市场后的发展阶段，包含早期的市场形成和后期的大规模扩散等过程。能源技术创新系统是高度动态的，创新主体、创新环境和创新资源之间循环互动，从而形成有机整体。例如，新技术的开发会受到示范项目的情况和数据的影响，考虑技术在现实中的推广和应用而进行改进。产品特性和设计也会受到消费者需求和偏好反馈的影响。能源技术创新系统包含了知识生成、知识传播、搜索指导、创业活动、帮助市场化以及资源调动等多种功能[2]。

政府是低碳能源技术创新的关键助推者，通过技术推动型和市场拉动型两种典型的政策工具推动清洁能源创新。技术推动型政策工具主要包括政府资助研发、为公司投资研发提供税收抵免、加强知识交流、支持教育和培训以及资助示范项目，旨在降低生产创新的私人成本，促使更多创新主体能够加入。市场拉动型政策工具主要是通过知识产权保护、新技术消费者的税收抵免和退税、政府采购、技术指令、监管标准和竞争技术的税收等措施来创造低碳能源技术市场需求，提高技术创新成功的私人回报。

7.2 国际低碳能源科技创新的现状

7.2.1 国际低碳能源科技创新投入

7.2.1.1 能源公共研发投入持续增长

政府的研发投入有助于低碳创新的产出和成果，是能源创新的关键要素。如图 7.1 所示，2000—2018 年全球政府能源研发投入增长了 138%，反映了各国政府基于对国家能源安全、全球产业竞争、环境和气候问题的关注，正在加大能源领域的研发投入。政府能源研发投入的总数在 2009 年金融危机期间显著增长，包括美国和中国在内的几个主要经济体将能源和气候相关的研发投入纳入了经济刺激计划。2009—2015 年政府能源研发投入趋于稳定。《巴黎协定》达成后，将全球温升幅度控制在工业化前水平 2℃ /1.5℃的长期目标使发展低碳能源技术成为世界各国的迫切需要，全球政府能源研发投入再次迅速增长；截至 2018 年非化石能源研发投入达到 190 亿美元，为 2008 年投入水平的 1.3 倍。

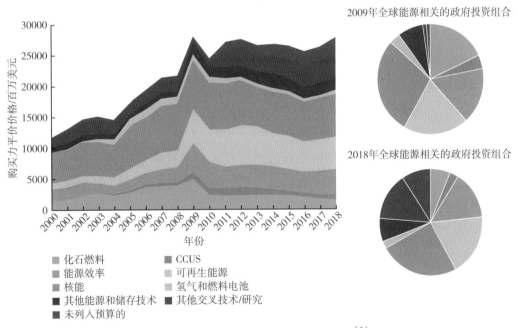

图 7.1 全球能源相关的政府研发投入[3]

7.2.1.2 能源公共研发投入结构低碳化

全球能源领域的公共研发投入结构呈现低碳化趋势，2018 年全球政府清洁能源研发投入达到了 120 亿美元 [①]，约占公共能源研发总投入的 44%。政府化石燃料的总研发投入比例在 2009 年达到顶峰，之后便从 2009 年的 18% 下降到 2018 年的 6%，核能研发投入的份额从 2008 年的 34% 下降到 2019 年的 25%。2018 年能源效率和可再生能源占政府能源研发总投入的 34%，高于化石燃料和核能所占的比例。

2000—2018 年全球化石燃料政府研发投入的增长并不稳定。2018 年，40% 的国际能源署成员国的政府化石燃料研发部门开始支持碳捕集、利用与封存（Carbon Capture，Utilization and Storage，CCUS）。排除化石燃料研发投入中的 CCUS 支出，全球政府化石燃料研发投入表现出更加显著的下降趋势，特别是自 2009 年以来，截至 2018 年，全球政府非 CCUS 化石能源研发投入已经下降到 21 世纪初的水平。

7.2.1.3 低碳能源科技研发投入竞争日趋激烈

政府研发投资的国别分布也在发生重要变化。中国已经超越日本成为第二大政府研发投入国，而印度超越法国、德国和日本成为第三大政府研发投入国。近年来，为应对能源安全、环境污染、气候变化和工业现代化等多重挑战，中国加大清洁能源技术投资，积极推进现有能源系统转型。2000 年以来，中国政府持续增加能源研发投入，到 2018 年中国政府能源研发支出达 50 亿美元，为 2009 年的三倍以上。其中，2018 年中国政府能源研发投入超 1/3 用于可再生能源，化石燃料能源的研发投入仅占 7%。在中国提交给"创新使命"的报告中，清洁化石能源是中国能源领域的关键和重点项目，中国每年高达 25 亿美元被用于"更清洁的化石燃料"的研发。

在清洁能源方面，中美两国的政府研发投入处于胶着竞争状态，根据清洁能源定义范畴的不同，中美都可能是世界上最大的清洁能源投资国家。如果按照清洁能源只包括 CCUS、可再生能源、节能技术、氢和燃料电池、其他能源和存储技术等的定义，2017 年中国的公共研发投入超过了美国，且其中中国政府的数据是实际支出、美国的数据是预算支出。但是如果纳入交叉领域或者核能，美国则反超中国成为世界第一大清洁能源政府研发投入国。2020 年，主要经济体公共能源研发投资出现了较大幅度的提升。美国拜登政府任内通过《芯片与科学法案》《两党基础设施法案》和《通货膨胀削减法案》等，为可再生能源、电动汽车网络建设以及其他项目从研发到示范再到应用投入了大笔资金，这将对未来的国际低碳能源竞争格局产生重要影响。

[①] 本文中的清洁能源研发包括能源效率、可再生能源、氢气、燃料电池、CCUS、其他电力和能源存储技术的研发投资。非化石能源研发是清洁能源与核能两类技术研发投资的总和。

7.2.1.4 企业投资和风险投资大幅增加

私人投资也是科技创新的重要资金支撑。自 2010 年以来，企业每年的能源研发支出总额逐步上升，到 2019 年比初始值增加了 40% 左右，达到 90 亿美元[4]。但 2020 年受新冠疫情影响，投资略有削减。在地理结构上，低碳技术研发活动高度集中在一些全球顶尖公司，这些公司大多分布在美国和欧盟国家。而新兴发展中国家的创新更多依赖于公共研发投入和国有企业，但来自日本、韩国和中国三个东亚国家的企业正逐渐成为推动全球企业研发的新势力。2020 年，中国企业在能源研发方面的支出接近 350 亿美元，而欧洲和美国则分别为 300 亿美元和 150 亿美元。

低碳能源技术正成为市场投资的新风口。根据普华永道 2021 年的研究表明，2013—2021 年来自全球风险资本家、私募股权、天使投资者和政府基金的 2220 亿美元被用于投资近 3000 家初创公司的低碳技术。在所有行业中，可再生能源和汽车市场产生了最多的新兴初创企业和"独角兽"企业，产业需求推动着企业技术研发和市场投资的流入。可再生能源领域（尤其是氢能）的公司十年间研发方面的支出增加了 74%，增长最快。相比之下，石油和天然气等传统能源行业的增长最少。电动汽车和其他创新的交通模式吸引投资者的关注，根据国际能源署数据，2021 年吸引最多投资的 10 家初创企业中有 8 家和交通有关，约有 240 亿美元的风险投资用于电动汽车和电池，占清洁能源初创企业筹集资金的一半以上[5]。同时，电动汽车销量的增长也进一步推动了企业对电池、氢能和储能等领域的投资。

7.2.2 国际低碳能源科技创新产出

2000—2020 年清洁能源技术领域的国际专利申请数量快速增长，到 2013 年达至 17880 件的峰值，但此后的增长速度逐渐减缓，进入了平台期。尤其是最近两年，绿色专利合作条约的数量几乎没有增长。过去二十年里，清洁能源的学术研究文章在数量上从 40 万篇大幅增长到 160 万篇，平均每年产出 17 万篇，在同期发文总量的比重从 1% 增长到 5%，但是在 2019 年也进入了发展滞缓的平台期。世界知识产权组织总干事弗朗西斯·古里为此发起倡议，希望各国共同努力，创造符合时代要求的绿色技术创新浪潮。

可再生能源和新能源创新产出快速增长，太阳能及光伏发电技术是 2009—2021 年可再生能源科技创新增长的主要来源。可再生能源相关的论文占比由 2001 年的 5% 提高至 2020 年的 11%，该领域全球申请的欧洲专利局专利数量在 2009—2021 年也保持了较快增长，2021 年较 2009 年翻了四番。核能研究的论文占比却由 2001 年的 8% 大幅降低至 2020 年的 1%，反映出国际科研愈发偏向可再生能源方向[6]。

2012 年以来，全球低碳技术专利逐渐从供能技术转向终端应用技术（燃料转换、能效技术）和新兴技术（氢能、交叉技术等）①。电动车和相关电池技术部署和应用的市场需求、氢能、智能电网、CCUS 等前沿交叉技术的发展驱动着应用专利在低碳能源技术国际专利族总量的份额不断扩大。此外，信息和通信技术部门的清洁能源专利数量在 2000—2013 年以年均 10% 的速度增长，随着大数据时代的到来，推动信息部门的节能和能源转型中的数字解决方案协同或将成为未来应用技术中的科研热点。

低碳科技创新的产出呈现出不平衡的国际发展格局，专利申请和论文发表的主要增长动力仍然集中在少数国家。根据世界知识产权组织公布的数据，日本、中国、美国、德国和韩国五个国家占 2014—2018 年清洁能源专利总申请总数的 90% 以上，通过知识产权保护制度垄断既有技术[4]。相比之下，其他发展中国家的占比较少，印度、巴西和南非各占不到 1%，非洲大部分国家几乎没有专利申请。但也出现了崛起的科技创新新兴国家，如沙特阿拉伯、印度、埃及、俄罗斯等国的论文发表出现显著增长。

7.2.3 跨国低碳能源技术转移

低碳技术具有相对活跃的跨国技术转移，其中减缓技术转让率达到 23%，优于一般技术、制造加工技术等。从欧洲专利局公布的数据中可以看到，仅有 17% 的适应技术专利实现了跨国转移，远低于所有技术和气候减缓技术的平均技术转让率。在具体的部门中，与交通、CCUS 和通信技术相关领域的低碳技术表现出非常高的国际转让率（接近 40%），这些新兴技术目前在国际社会中正处于迅猛发展的阶段，技术扩散也相对更活跃。除此以外，像建筑能效、供能技术、间接适应等关键领域技术扩散的程度也比一般技术的水平要更高。

在技术转移中，欧美发达国家基本上是绝对的输出方和受益方。发达国家占据低碳技术专利申请的 90%，通过知识产权制度和贸易保护手段垄断既有技术。从专利、外国直接投资和可再生能源产品贸易数来看，约 2/3 的低碳技术、设备和产品进出口都发生在高收入国家群体之间；约 1/3 的技术专利和投资由高收入国家输入中等收入国家，其中大部分都流向了中国、巴西、印度等国；而低收入

---

① 新兴技术：由英文 enabling technology 意译而来，或直译为赋能技术或使能技术。使能技术处在基础科学理论研究和成熟产品研发之间，其特点是带动作用，利用现有科学研究成果寻找创新性应用思路，带动整个创新链的产品开发、产业化等。

国家无论是在专利、投资还是贸易产品输入或输出中的占比均不足 1%。然而这些国家又是应对气候灾害能力上最为脆弱的国家，未来进一步加强向中低收入经济体的转让对于全球减缓和适应气候变化至关重要。

近些年来，跨区域的双边或多边研发逐步增长，推动技术扩散辐射范围扩大、低碳技术转移市场多极化趋势形成。美国是前沿技术和传统能源绝对的网络中心，在电解制氢技术领域，美国与其他 21 个国家建立了合作研发的联系，推动了 30 项相关发明的产生，占据了 1/3 的影响比重。欧洲形成了风电的创新集聚，丹麦、西班牙和瑞士等国充分利用沿海地区的潜力和资源不断开展联合研究。在东亚地区，中国、日本、韩国形成了电池、氢能、通信技术等领域的创新空间集聚。但是在中东和非洲一带却出现了"弱弱集聚"的现象，如沙特阿拉伯、埃及等国受限于对传统化石能源的依赖或能力、资金上的不足，难以形成有效的自主创新。

7.3 低碳能源技术创新国际合作机制

国际合作是推动科技创新、降低清洁能源创新成本、加速解决方案与标准扩散的重要途径。知识产权制度和投资上的不平等，使国际科技创新合作对于发展中国家来说非常重要。2016 年，《公约》在对各国开展的技术需求评估中发现，70% 的非附件一缔约方在 NDC 中提到，实施自己的 NDC 必须以国际社会对技术开发和转让的支持为条件，接近 50% 的非附件一缔约方特别强调了技术创新对实现其气候目标的重要性[7]。围绕着应对气候变化目标，国际上已经形成了一些新的合作机制和制度安排。

7.3.1 低碳能源技术创新国际合作机制

目前已经存在若干多边平台支持各国政府加快清洁能源转型。在全球层面上，清洁能源部长级会议和创新使命两大政府间组织通过在全球清洁能源转型的关键领域推动公共和私营部门的行动，拉动低碳技术的市场需求，降低技术成本，帮助实现雄心勃勃的创新目标。国际能源署、国际可再生能源机构等"能源俱乐部"协助各国政府建立全球的政策和技术知识库，围绕部门和技术提供合作和知识转让的平台。七国集团、二十国集团、亚太经济合作组织、主要经济体能源与气候论坛等已有的全球治理机制，也逐渐发展成为全球能源治理和交流的重要平台。以七国集团和二十国集团为例，两大集团设立了专门的能源部长级会议，讨论涉及能源创新的重大议题，在可再生能源知识共享、能力建设、技术进步、融资创新、试点项目等方面开展深入合作，合作推动储能、电动汽车和现代生物质能（包括第二代和其他先进生物燃料）、可再生能源供热等领域的技术发展和部署。

另外，在地区层面也形成了多个地区或双边能源创新合作机制。发达国家与同盟伙伴以及发展中国家之间的清洁能源伙伴关系是这种双边合作的主要形式，比如欧盟成员国内部的"地平线欧洲"计划、美印间的"推进清洁能源伙伴关系"等。除此以外，发展中国家内部的南南合作也发挥了很重要的作用。中国通过技术培训、低碳技术示范、设备出口和联合研究等方式，推动应对气候变化南南技术转移，同最不发达国家联盟、小岛屿国家联盟和77国集团都建立了双边科技协定，支持南南合作应对气候变化共176个项目，支出经费近6亿元，受益国家达40个。

7.3.2 《公约》框架下国际低碳能源技术转移机制

自1992年《公约》签署以来，加强向发展中国家的技术转移已成为解决气候变化问题不可分割的一部分。2007年COP 13上通过的"巴厘路线图"重申了技术开发与转移的重要性。2015年《巴黎协定》第十条规定，加速、鼓励和扶持创新对于有效、长期的全球应对气候变化以及促进经济增长和可持续发展至关重要。为进一步协调各国的创新努力、促成技术转让与科技创新，在《公约》框架下，国际社会发展了包括技术执行委员会（Technology Executive Committee，TEC）、气候技术中心和网络（Climate Technology Centre and Network，CTCN）两个主体在内的技术机制，以及全球环境基金、清洁发展机制等多个资金和市场机制。但近年来技术转移议题在《公约》谈判中受到的关注相比十年前要少得多，基本上没有形成新的低碳技术转移国际机制。

技术执行委员会是2010年在"坎昆协议"的要求下建立的《公约》框架内技术机制，委员会由代表发达国家和发展中国家的20名技术专家组成，通过向发展中国家开展"技术需求评估"，TEC帮助发展中国家了解影响技术发展的障碍和自身需求，同时也帮助气候技术中心和网络更好地定制不同地区的援助方案，以及为缔约方大会、决策者、研究机构以及国际组织提供促进实施、技术创新和能力建设方面的政策简报和政策建议。2019—2021年，TEC发布了一份汇编国际合作研究、开发和示范良好做法和经验教训的技术报告，包括但不限于加速成熟气候技术实施、加强国家创新系统以及号召加强对技术合作和示范的资助等。但根据《公约》对技术机制的第一次定期审查结果来看，TEC提出的政策建议和研究报告并未在发展中国家内部得到广泛推广和实际应用，在帮助提高国家的技术开发和部署实际能力方面影响有限[8]。

CTCN 与 TEC 形成互补,目的是在执行层面为发展中国家提供具体的技术和政策援助。作为一个由 650 多家私营部门组织、学术界、公共研究机构和其他组织组成的"技术网络",CTCN 响应发展中国家通过指定实体提出的援助需求,帮助成员国进行技术需求评估,为其制定适合当地需求的融资、减排路线图和技术解决方案,支持各国制定鼓励气候技术的研究、开发和示范、吸收的政策、制度和监管框架,推动发达国家和发展中国家内部及之间的技术开发和转让合作。自成立以来,CTCN 共在五大洲、106 个发展中国家实施了 320 个气候友好技术援助项目,吸引和撬动来自其他基金和国家近 1240 亿美元的资金投入,预期每年可实现二氧化碳减排 1290 万吨,惠及全球 1 亿人。

《京都议定书》建立的清洁发展机制(Clean Development Mechanism,CDM)被认为是框架公约下推进发达国家和发展中国家之间转让低碳技术的最重要工具之一,鼓励发达国家向发展中国家输入资金和技术,在发展中国家开展温室气体减排项目,实现双赢。但 CDM 中的技术转让机制也面临一定问题:首先在全球范围内 CDM 项目地域分布不平衡,70% 的项目集中在经济发展较快的发展中国家,如东盟国家、金砖五国等,对不发达国家的辐射不足;其次在机制上,CDM 执行理事会的主要职责是督促会员国采取措施,没有明确的技术转让授权,当遇到矛盾时无法直接处理,只能依赖多方合作协调。在实际执行层面,发达国家基于自身经济利益和知识产权等原因,实质上拒绝向发展中国家真正提供或转让新的清洁生产技术,当前获得注册的 CDM 项目只有 40% 左右涉及技术转让,而其中有很大一部分是技术含量较低的技术[9]。

7.4 碳中和目标下低碳技术发展需求

7.4.1 碳中和目标下的低碳技术体系及发展现状

世界各国均将低碳技术创新作为碳中和目标实现的重要保障,通过出台政策法规及战略规划等明确低碳技术发展目标;通过能源转型、基础设施升级等方式推进可再生能源、氢能、工业脱碳、CCUS 等低碳技术创新;通过制定疫情后绿色复苏计划和产业低碳转型以及技术创新战略等推动部署低碳技术发展[10]。由于能源资源禀赋特点与经济社会特征的差异,世界各国选择低碳技术发展的战略也各有不同。总体来看,碳中和背景下全球重点关注的低碳技术大致可分为以下"6+1"共七大类。

7.4.1.1 节能提效技术

节能提效技术是降低能源消耗碳排放强度、促进清洁能源发展的重要手段。包括化石能源清洁高效利用、煤气化联合循环发电、超高参数超超临界发电技术等，以及工业、农业、建筑、交通等能源消费侧的节能减排与提质增效技术。当前全球能源结构仍以化石能源为主，各国在低碳转型的过程中，发展和应用节能提效技术是近期降低碳排放强度的重要手段。在能源生产方面，超高参数超超临界发电、燃气－蒸汽联合循环等技术不断提高一次能源向二次能源转化的效率，降低能量输送过程的损耗，推动化石能源清洁高效利用。中国煤电超超临界发电技术水平已进入世界先进行列，如上海外高桥第三发电厂度电煤耗降至 280 克以下，年平均实际供电效率达 45.4%。

7.4.1.2 零碳电力能源技术

零碳电力能源技术主要完成供给侧电力生产与输送的零碳化改造，推动实现电力系统转型，为终端用能电气化提供基础。包括可再生能源电力与核电技术、储能技术和输配电技术等。可再生能源电力与核电技术是电力系统脱碳的核心。硅基太阳能电池、陆上风电等技术已实现规模化发展，光热发电技术已完成多个示范工程，正向市场化推进。在核电技术方面，第三代核电技术已具备较为完整的产业链，2020 年全球首个第四代高温气冷堆核电在中国并网发电，预计到 2030年第四代核电可以进入商业推广阶段。此外，海洋能发电、地热能发电等技术的示范工程已投入运行。抽水蓄能、锂离子电池等技术已实现大规模推广，压缩空气储能、钠离子电池、超级电容器储能等技术正在进行示范推广，具备产业化条件。钙基热化学储能等技术处于基础研究阶段，距离规模化应用还有较大差距。输配电技术是零碳电力安全稳定运行的关键，其中特高压直流输电技术已具备商业化推广条件，虚拟电厂、柔性直流输电、柔性配电技术等技术已开展示范工程，截至 2022 年，世界在运的特高压直流输电工程共计 18 项，分布在中国、印度、巴西，中国张北柔性直流电网示范工程作为 2022 年北京冬奥会重点配套工程已实现投产送电，达到全球最高电压等级（±500 千伏）。

7.4.1.3 零碳非电能源技术

零碳非电能源技术主要面向新型电力系统难以满足的高品位热力、高能量密度燃料、零碳采暖等实际应用需求，与零碳电力系统共同形成零碳能源系统。包括氢能、零碳非氢燃料、供暖技术等。氢能技术是非电能源脱碳的关键。工业副产氢、高压气态储氢、气氢拖车运氢、商用车领域质子交换膜燃料电池等技术已大规模应用。电解水制氢、低温液态储氢、液氢槽罐车运氢、质子交换膜燃料电池等技术已有示范工程。核能制氢、氢内燃机等技术处于基础研究阶段。零碳非氢燃料技术为非电能源脱碳提供重要支撑。生物乙醇燃料、低温低压合成氨技术已实现大规模推广。目前，美国和巴西是燃料乙醇生产量最大、技术最领先的国家，分别占全球产量的 55% 和 26%。印度尼西亚、美国、巴西、欧盟等国家和地区已有多个生物航煤、沼气及生物天然气等示范工程。氨动力内燃机、二氧化碳制备燃料技术尚在进行基础研究，欧盟和日本目前已经在船用氨动力发动机和发电领域进行了示范。供暖技术是零碳非电能源的重要组成。长距离供热、地热利用等技术已有多个示范工程持续推进，水热同产同送和热电协同等正在中国、美国、英国等多个国家开展技术示范。

7.4.1.4 燃料/原料与过程替代技术

燃料/原料与过程替代技术主要解决燃料与原料替代工艺和流程问题，利用工艺过程的改进和技术变革提供低碳和零碳产品。在工业生产与日常生活中，能源消费侧的电气化，以及氢燃料、生物质燃料等低碳燃料替代是减少碳排放的重要解决方案；而对于建材、冶金、化工等行业，原料替代则是削减过程排放的关键。电气化是削减能源终端消费碳排放的核心技术手段，乘用车电气化、工业电锅炉等技术已实现大规模应用，建筑柔性用电等技术示范工程持续推进，水泥、平板玻璃等高耗能行业的电窑炉技术正在开展前沿探索研究。燃料替代是削减能源终端消费碳排放的重要技术方案，生物质燃料制造水泥熟料等技术已经开展工业示范，在全球部分国家和地区已经进入商业应用阶段，欧盟水泥行业近一半的燃料已实现非化石能源化，正在开展 100% 替代率的水泥生产示范。氢冶金等技术示范工程正在建设中，氢能煅烧水泥、氢能熔制玻璃等技术已经取得原理性突破。原料替代技术是降低工业过程碳排放的关键技术选择，以水泥行业为例，煤矸石、铜尾矿、钢渣等非碳酸盐原料部分替代已经实现商业化应用，生物质原料制备乙醇等技术也已实现商业化推广。此外，工业固废综合利用、中高温余热利用、可燃气体回收等技术已实现商业化普及，低温余热利用、危废协同处置、废旧金属循环再造等技术示范正在稳步推进。

7.4.1.5 CCUS、碳汇与负排放技术

在系统应用各项低碳和零碳技术组合后，仍会存在部分碳排放难以削减。为全面实现碳中和目标，CCUS、碳汇与负排放技术将在关键时期起到托底保障作用。CCUS 技术可将生产过程中产生的二氧化碳进行捕集，封存于地质结构中，减少向大气排放，部分还可作为"绿碳"成为未来相关生产流程的原料供给，包括捕集技术、压缩与运输技术、地质利用与封存技术。碳汇技术通过植树造林、植被恢复等措施吸收大气中的二氧化碳。其他负排放技术包括生物质能碳捕集与封存（Bioenergy with Carbon Capture and Storage，BECCS）、直接空气碳捕集

（Direct Air Capture，DAC）、增强风化、人工光合作用等技术。截至 2022 年 9 月，全球已投运和规划建设中的 CCUS 项目达 196 项，建成后捕集能力将超过 2.4 亿吨二氧化碳 / 年。造林 / 再造林、人工修复湿地、增强沿海红树林固碳等技术已广泛应用，保护性耕作、荒漠土壤固碳、滨海盐沼生态修复固碳等技术正在开展试点示范，海洋（铁）施肥等技术正在进行基础研究。在负排放技术中，BECCS、DAC 技术具备示范条件，目前全球已有近 20 个 DAC 示范项目。人工光合作用、增强风化等技术正在开展基础研究。

7.4.1.6　集成耦合与优化技术

集成耦合技术通过强化技术之间的集成优化，使各类技术在特定场景下组合实现最优减碳效果，加强碳中和目标与其他社会经济可持续发展目标的协同，包括能源互联、产业协同、节能减污降碳、管理支撑技术等。能源互联技术是多种能源形式灵活互转和互补利用的重要手段，其中大型火电耦合可再生能源发电、风光互补耦合发电等技术已实现大规模应用，多元复合储能耦合、燃煤掺氨发电等技术已经开展技术示范。产业协同技术为全产业和跨产业资源优化配置和深度减排提供系统解决方案，比如农光耦合等技术已实现商业化推广，CCUS 源汇匹配、电解产氢协同制备生物基材料等技术正在开展基础研究。节能减污降碳技术中，超超临界发电、有机固废热解 / 生物处置协同碳减排、整体煤气化联合循环发电等效率提升技术广泛应用，有机固废热解 / 生物处置协同碳减排技术已实现大规模应用，污水处置协同微藻生物能源生产等技术正在开展工业示范，工业烟气碳污协同治理等技术正在进行基础研究。管理支撑技术为构建碳排放监测核算体系及制定碳中和政策提供科学依据，如碳排放监测卫星反演、新能源大时空尺度发电预测、高精度碳排放在线监测等技术在相关行业已有应用，大数据 / 区块链与减碳融合等技术正在开展基础研究。

7.4.1.7　非二氧化碳温室气体削减技术

非二氧化碳温室气体的全球变暖潜能值（GWP）普遍大于二氧化碳，以二氧化碳的 GWP 为 1 计算，则甲烷 100 年的 GWP 为 27.9，氧化亚氮 100 年的 GWP 为 273、六氟化硫 100 年的 GWP 达到 25200。非二氧化碳温室气体减排对减缓全球气候变化的作用不可忽视。主要通过调整产业结构、原料替代、过程消减和末端治理等手段减少甲烷、氧化亚氮、含氟气体等非二氧化碳温室气体排放。

7.4.2　低碳技术发展面临的挑战

低碳技术的大规模应用需要综合考虑技术可行性、经济性、政策标准等因素。当前全球低碳技术发展迅速，同时也面临技术可行性不高、成本经济性有待改善、政策法规和标准支撑存在缺口等挑战。

7.4.2.1 技术可行性问题

当前低碳技术成熟度与碳中和目标要求差距较大。综合目前相关研究的评估结果，在支撑全球气候目标实现的低碳技术中，仅有 20%—35% 已实现商业化应用或处于早期应用阶段，且大部分属于节能和可再生能源发电技术；50%—60% 的技术处于中试或工业示范阶段，预计需经过 10—15 年技术攻关才能具备商业化应用能力，多集中在氢、生物质利用、工业、交通运输领域；还有部分难减排领域的深度脱碳技术尚处在基础研究与概念阶段[11]。

零碳电力能源技术发展面临新型原材料和设备约束、关键技术和工艺有待突破等问题。例如，新型风电、光伏技术效率的进一步提升将取决于发电设备的设计优化（包括大型风机叶片的设计与建模、叠层光伏电池结构设计等），新型材料的研发与应用（包括用于新型大功率风力发电机制造的新型超导材料、用于新型光伏电池制备的新型半导体材料等），制造工艺水平的提升（包括风电机组关键部件的高精度加工、新型光伏电池的高效低成本制造工艺等）。核电技术的难点和挑战主要集中在高温高压工作环境、设备抗压耐热防腐蚀要求、工艺设计精密程度等方面。海洋能等零碳能源储量巨大，但在利用上存在不稳定、难捕获的问题，需要关键技术实现突破。电化学储能技术面临设备寿命短、转换效率低、储能度电成本高等挑战。

零碳非电能源技术发展瓶颈主要在于转换效率低、配套基础设施建设滞后等方面。氢能完整产业链包括"制储输用"，其大规模推广受制于关键技术突破、全链条协调发展等多方面。在制氢环节，以电解水制氢为例，目前技术难点主要在于制氢规模小、配套基础设施不完善、电催化剂等关键材料稀缺；在氢能储运环节，关键是解决储氢材料、分布式制氢技术；在氢能利用中，安全性和规模化利用是技术创新的关键。绿氨作为储氢的重要手段，其合成涉及的与可再生能源电解制氢的温度、压力配合的问题尚未解决；在氨制氢及氨变电方面，核心是突破低温氨制氢催化剂以及发展高效稳定的间接氨燃料电池技术；在氨燃烧及氨热机技术方面，氨部分分解加氨掺氢燃烧技术、耐氨腐蚀的内燃机系统都尚未解决。生物质能关键技术难点主要集中于核心技术创新突破和工艺装备工程化等。

燃料/原料与过程替代仍处于多种技术路线并行探索阶段。钢铁、水泥、化工等是典型的难减排行业。其中，钢铁行业的高炉、烧结和焦化过程减排难度大，有待通过氢基直接还原铁炼钢、生物炭冶金等技术突破解决。对于水泥行业，目前技术难点在于熟料生产与替代工艺的脱碳，并实现减量、燃料、能效、品种和末端处理等各环节技术路径协同。化工行业需要加强催化剂、反应堆等性能，开展生物化工等具有变革性的技术创新。民航领域减碳技术的难点是零碳高能量密度液体燃料制取规模小、成本高，核燃料替代等颠覆性技术尚在基础研究阶段。

CCUS、碳汇与负排放技术面临成熟度不高、不确定性大、推广示范难等问题。CCUS 技术体系尚不完善，部分低能耗低成本的捕集技术、输送潜力较大的管道运输技术、制备液体燃料等化学利用技术、强化天然气和地热开采等部分地质利用技术、集成优化等技术仍处于中试及以下阶段。碳汇能力的评价技术仍不完善，潜力仍存在较大不确定性，发展难点在于精确测算人工干预增强的碳汇能力和变化情况监测。负排放技术的成熟度总体较低，海洋碱化、海洋施肥等技术仍处在初步探索阶段。

集成耦合与优化技术面临数字化、信息化和智能化能力不足的约束。在碳排放核算监测与决策支撑技术方面，传统基于清单方法核算的数据面临各层级能源消费统计体系不完善、排放因子准确性有待提升等问题；遥感监测手段面临反演算法精度低、人为和自然排放的边界区分难等问题。数字化赋能传统产业协同与优化面临产业链数据质量不高、全要素信息不全等问题，无法实现广泛互联、智能互动。高比例非化石电力输送对电网的灵活性和稳定性提出更高要求，需要解决高比例可再生能源发电并网过程中全息感知及泛在互联能力不足、可调控资源量有限、精准预测难的挑战。

非二氧化碳温室气体减排难度较大，可行技术手段匮乏。非二氧化碳温室气体排放源分散在能源、工业、农业及废弃物等各部门，存在点多、面广、协同减排难度较高的挑战。以含氟气体削减技术为例，《京都议定书》将氢氟碳化物、全氟化碳、六氟化硫、三氟化氮四类含氟气体列为温室气体，全球多个国家在《基加利修正案》中承诺减少氢氟碳化物制冷剂的使用量，而目前全球对含氟制冷剂依赖度较高、缺乏有效替代材料，低全球变暖潜能值制冷剂、高效固态制冷、先进蒸发冷却等技术有待突破。

7.4.2.2 成本效益与经济性约束

在当前技术水平下，全球约 50% 的温室气体减排可以通过成本低于 45 美元 / 吨二氧化碳的低碳技术实现，平均需要花费约 7000 亿美元 / 年；但随着减排力度需求的增加，实现全球 75% 的温室气体削减，则需要额外花费 2.4 万亿美元 / 年，付出平均高达每年 3.1 万亿美元 / 年的成本。当前技术发展水平和减排成本条件下，除了 15% 可盈利的低碳技术无须任何激励可实现推广，其他大部分低碳技术的推广需要合理的碳定价提供经济激励。按欧盟 2021 年平均碳价水平（约 60 美元 / 吨）考虑，有约 55% 的低碳技术可以实现商业化应用，包括零碳电力能源技

术、部分 CCUS 技术及土地利用管理技术等；理论上，当碳价水平高于 200 美元 /
吨时，有超过 85% 的低碳技术具备较好经济性，具备大规模应用的条件，但实际
上这种可能性很小，因此大幅度提高技术成熟度、从而降低成本仍为重要的方向
和任务。

同时，在目前低碳技术发展水平下，采用低碳技术的成本往往要高于当前使
用化石能源的成本，进而产生绿色溢价（即现有基于化石能源的技术更新为低碳
技术所带来的额外产品生产成本）。绿色溢价通常都是正的，仅有约 20% 的产品
生产绿色溢价为负，主要集中于零碳电力能源及资源循环利用领域；超过 22% 的
产品生产绿色溢价在 0—15%，主要集中在大宗工业产品；约 25% 的产品生产绿
色溢价在 15%—50%，主要集中在能源类产品；约 35% 的产品生产绿色溢价高于
50%[12]。

7.4.2.3　政策法规标准缺口

IPCC 等机构的评估表明，政策是促进低碳技术变革的重要因素之一。理想的
政策法规标准组合可以通过发挥支撑、约束或激励作用，促进不同阶段技术创新
及规模化、产业化应用，助力碳中和目标实现。但目前各国自主减排贡献目标和
资金投入不够。联合国环境规划署《2022 年排放差距报告》显示，各国 NDC 离
《巴黎协定》全球气候目标仍有很大差距，按当前政策承诺，21 世纪末相比工业
化前仍将升温 2.4—2.6℃。同时，随着全球低碳技术研发提速，其应用推广急需
制定相应的约束性政策，处理好技术的潜在社会环境风险，并考虑与其他可持续
发展目标的权衡关系，需要分类制定技术规范、制度法规以及科学合理的建设、
运营、监管、终止标准体系。再有，财税等激励政策仍存在缺口。以碳税、碳交
易等为代表的碳定价激励政策是促进规模化低碳技术发展的重要基础，已成为减
排的重要政策工具之一。世界银行评估显示，全球目前有 68 种碳定价机制，约
23% 的温室气体排放受到碳定价工具管控，但覆盖率依然很低，价格水平需要进
一步提升。

7.4.3　低碳技术发展展望

随着各国不断加大促进低碳技术发展的政策支持力度，一大批低碳技术在效
率、成本、示范等方面取得突破并呈现出以下发展趋势：①零碳电力能源技术创
新将成为引领电力低碳转型的重要驱动力，未来零碳电力将在全球发电结构中占
据主导地位，到 2050 年可再生能源在全球发电量中的占比将接近 90%；②氢能
等零碳非电能源技术有望成为比肩电力的重要能源形式，随着技术成本的持续下
降、关键装备技术的变革性升级以及基础设施的完善，绿氢将成为打通可再生能

源电力和工业、交通、建筑等能源消费领域的独特而重要的纽带；③燃料/原料替代与工艺流程重塑技术逐步成为难减排行业深度脱碳的主要解决方案，各国积极探索将原料替代、生物化工、资源循环利用等技术作为水泥、钢铁等难减排工业部门深度脱碳的重要减排手段；④数字技术与低碳技术深度融合将为减排作出重要贡献，以大数据、云计算、人工智能、区块链等为代表的先进信息技术与能源生产、传输、存储、消费等环节逐渐深度融合，在智能需求响应、可再生能源整合、电动汽车智能充电以及家用太阳能光伏等小规模分布式电力资源方面将起到重要作用；⑤前沿颠覆性低碳技术成为战略性、前瞻性研发部署的重点，DAC、长时储能和实用型聚变反应堆等前沿颠覆性技术研发已经受到国际组织、各国政府以及社会资本越来越多的关注。

7.5 本章小结

实现碳达峰碳中和是一场广泛而深刻的经济社会系统性变革，科技创新发挥着不可替代的重要作用。主要发达国家和经济体都围绕碳中和目标出台了战略规划和行动方案，对技术创新进行系统部署，将低碳技术作为碳中和目标实现的重要保障。随着节能增效技术、零碳电力能源、零碳非电能源、燃料/原料与过程替代、CCUS/碳汇与负排放、集成耦合优化、非二氧化碳温室气体控制等技术不断取得突破，低碳技术发展进入高度活跃期。受到技术可行性、成本经济性、政策法规标准等因素制约，目前低碳技术发展与未来碳中和目标实现需求之间还有很大距离，急需突破关键技术瓶颈、提升效率、优化成本，并提前部署相关前沿颠覆性技术研发[13]。未来，国际社会需要在减缓和适应领域继续加大对科技创新的投入，强化《公约》内外低碳技术创新国际合作平台，联合攻关共性关键技术，重视技术转移的作用，建立促进技术转移的资金机制和制度规范，以确保所有国家和地区都能获得必要的专业知识和技术，推动全球绿色低碳能源转型。

参考文献

[1] 苏竣. 公共科技政策导论 [M]. 2版. 北京：科学出版社，2014.

[2] Gallagher K S, Anadon L D, Kempener R, et al. Trends in investments in global energy research, development, and demonstration [J]. WIREs Climate Change, 2011, 2 (3)：373-396.

[3] Zhang F, Gallagher K S, Myslikova Z, et al. From fossil to low carbon：The evolution of global public energy innovation [J]. Wiley Interdisciplinary Reviews：Climate Change, 2021, 12 (6)：734.

［4］International Energy Agency（IEA）. Energy Technology Perspectives 2020：Special Report on Clean Energy Innovation［R］. Paris：IEA，2020.

［5］International Energy Agency（IEA）. Tracking Clean Energy Innovation：Focus on China［R］. Paris：IEA，2022.

［6］Dutta S，Lanvin B，Wunsch-Vincent S，et al. Global innovation index 2022：what is the future of innovation-driven growth?［M］. WIPO，2022.

［7］Technology Executive Committee（TEC）. NDCS and technology：a synthesis of technology issues contained in intended nationally determined contributions［R］. Bonn：UNFCCC，2016.

［8］United Nations Framework Convention on Climate Change（UNFCCC）. Joint Annual Report of the Technology Executive Committee and the Climate Technology Centre and Network for 2021［R］. Glasgow：UNFCCC，2021.

［9］陈淑芬. 清洁发展机制技术转让法律困境及其应对［J］. 哈尔滨师范大学社会科学学报，2017，8（4）：38-42.

［10］中国长期低碳发展战略与转型路径研究课题组，清华大学气候变化与可持续发展研究院. 读懂碳中和［M］. 北京：中信出版社，2021.

［11］International Energy Agency（IEA）. Energy Technology Perspectives 2020：Special Report on Carbon Capture Utilisation and Storage［R］. Paris：IEA，2020.

［12］黄晶，仲平，张贤，等. 中国碳捕集利用与封存技术评估报告［M］. 北京：科学出版社，2021.

［13］黄晶. 应对气候变化与碳中和技术体系构建［J］. 可持续发展经济导刊，2022（Z2）：26-28.

第 8 章　碳排放交易市场与碳边境调节机制

本章围绕碳排放交易市场和碳边境调节机制展开。第一部分重点介绍国际上主要的碳排放交易市场及其关键要素。由于各国碳市场设计不一致，碳价存在巨大的差异，碳价高的国家逐渐重视碳泄漏风险，并希望通过实施碳边境调节机制来解决其产业竞争力受损问题。因此，在第二部分详细介绍了碳边境调节机制的提出背景、关键要素及具体设计、面临的挑战及争议，展望碳边境调节机制发展趋势、分析其潜在影响并提出了相应建议。

8.1　国际上主要的碳排放交易市场

截至 2021 年年底，全球已有 25 个正式实施的碳排放交易市场（简称碳市场），覆盖全球 17% 的温室气体排放、近 1/3 的人口，此外还有 22 个司法管辖区正在建设或考虑实施碳市场（图 8.1）。碳市场被多个国家和地区作为温室气体减排的重要政策工具和净零排放目标实现的保障手段之一。2021 年，在所有已经立法确立了净零碳排放目标的司法管辖区中，碳市场覆盖了其总排放（49.37 亿吨二氧化碳当量）中的 37%；在正在制定或讨论净零碳排放权目标的司法管辖区中，碳市场覆盖了总排放（365.61 亿吨二氧化碳当量）中的 17%[1]。

8.1.1　碳市场在减排政策中的定位

作为新兴的市场型政策工具，碳市场最重要的使命是发掘最低减排成本，充分释放减排措施的潜力，从而达成《巴黎协定》的温升目标。如图 8.1 所示，随着各个国家和地区对低成本减排的重视，越来越多的碳市场陆续建立，但无论是覆盖的碳排放绝对量还是比例，发达国家和地区在碳市场领域一直走在全球的前列。这些国家和地区被国际社会呼吁承担更多的减排责任，因此大多提出了更高的碳减排目标，其中很多地区在其目标中明确规定了碳市场的作用。

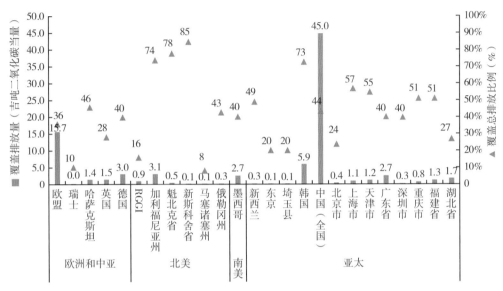

图 8.1　全球各碳市场覆盖排放量及占比（截至 2021 年）[2]

（1）欧盟

《2030 年气候与能源政策框架》提出"2030 年温室气体排放量比 1990 年至少减少 40%"的目标。在此基础上，欧盟于 2019 年出台《欧洲绿色新政》，提出将 2030 年减排目标提高到 50%，争取达到 55%。2022 年欧盟通过《欧洲气候法》，明确将 2030 年的减排目标提高到 55%。

《欧洲气候法》规定，"碳中和"是指在欧盟范围内实现净零排放，涵盖全部经济部门，主要通过欧盟内部减排而非国际抵销机制实现，将成为指导欧盟未来一切政策与行动措施的指导性原则。碳排放权交易体系（Emission Trading Scheme，ETS）作为欧盟重要的减排政策工具，在欧盟 2030 年减排目标实现中扮演重要角色，欧盟理事会和欧洲议会已经就欧盟 ETS（EU ETS）进行一系列全面改革达成一致，包括其覆盖总排放量在 2030 年实现比 2005 年降低 62%[3]。

为提高目标，欧盟加强现有市场管理并扩大市场覆盖范围，具体措施包括：将海运排放量纳入 EU ETS；逐步降低或取消 EU ETS 下免费配额的发放；逐步取消对航空业的免费配额发放，并根据对国际航空碳抵销和减排机制的效果评估决定是否纳入国际航空；增加现代化基金和创新基金的资金量；修订市场稳定储备机制，以继续确保 EU ETS 的稳定和良好运行；为建筑、道路交通部门和其他相

关部门的燃料创建一个独立的 ETS。为保障落实碳中和目标，欧盟将成立独立的
"气候变化科学技术委员会"，专门负责评估和监测法律执行效果，并将根据《欧
洲气候法》修改和强化现有气候变化相关法律。

（2）德国

德国于 2019 年通过了《联邦气候保护法》这一框架性立法，明确了有法律
约束力的国家减排目标，即到 2030 年在 1990 年基础上减排 55%，在 2050 年实现
碳中和。2021 年 6 月通过的修订案将 2030 年减排目标上调至 65%，并提出 2040
年减排目标为 88%，将碳中和的时间从 2050 年提前到 2045 年，2050 年之后实现
负排放。

作为 EU ETS 的补充，德国于 2021 年启动了该国的 ETS（nETS），覆盖了 EU
ETS 之外的交通和建筑部门，被视为德国为实现"气候行动方案 2030"一揽子措
施中的重要组成部分。由于 nETS 包括了 EU ETS 未纳入的建筑和道路交通部门，
因此德国 ETS 中排放的覆盖比例为 40%，高于 EU ETS 覆盖的 36%，这体现了德
国对 ETS 的减排效果寄予厚望。《设计国家级 ETS 的里程碑》于 2019 年发布后，
德国国家级 ETS 的实施立法——《燃料排放交易法案》也被通过并在 2020 年 11
月修订。2020 年 12 月发布的《燃料排放交易规章》更进一步地明确了实施监管。

（3）英国

英国早期采取了气候变化协议、气候变化税、碳市场等多种措施以减缓气候
变化，并于 2005 年 EU ETS 启动时加入。英国也是通过修法成为较早将碳中和纳
入法律的欧洲国家。2019 年英国政府根据《巴黎协定》提升减排力度的要求，将
2008 年《气候变化法案》原定的 "2050 年较 1990 年水平减少 80%" 目标提高到
"2050 年实现净零排放"，同时要求定期进行气候变化风险评估。此外，英国建立
五年一期的碳预算制度。自 2008 年《气候变化法案》出台以来，英国到 2019 年
碳排放已经比 1990 年减少了 41%。根据 2020 年 9 月提高的国家自主贡献目标，
英国将于 2030 年减排至少 68%。同时，英国政府已根据 2050 年碳中和目标调整
了碳预算力度，于 2020 年推出了第六次全国碳预算，计划在 2035 年前将碳排放
减少 78%。

"脱欧"后的英国从 EU ETS 中脱离出来，于 2021 年建立了独立的国家级碳
排放权交易体系（UK ETS）。尽管 UK ETS 在很大程度上照搬了 EU ETS 第四阶段
的设计，比如覆盖的行业范围、对排放密集型和贸易暴露行业的竞争力补偿措施
等，但与参与 EU ETS 相比，UK ETS 的总量设定比英国政府从 EU ETS 总量中获
得的配额低 5% 且逐年下降，这与英国的法定净零碳排放目标保持一致。

由此可见，尽管英国脱离了欧盟、退出了 EU ETS，但依然借助 ETS 这一政

策工具实现其《净零战略》中确定的目标。按照《净零战略》的规划，英国计划将 UK ETS 拓展到其他部门，并且研究将 UK ETS 发展为长期市场，以作为温室气体移除的潜在政策工具。

（4）美国加州

加州是美国经济规模最大的州之一，也是美国气候政策的领导者，提出了与德国等发达经济体相一致的 2045 年碳中和目标。加州碳总量 – 交易项目是加州气候政策中的核心，截至目前，加州碳市场解决了最低成本减排问题，形成了清晰的长期投资信号，给技术进步赢得了时间，把配额拍卖取得的收入进行再投资，促进了社会公平。在这些进展的基础上，加州碳市场进一步降低了总量（每年的总量削减比例从 2% 提高到 4%），以期达到更高的减排效果。

8.1.2　碳市场的关键要素

碳市场的基本要素包括法律基础，总量设定，覆盖范围，配额分配方法，监测、报告与核查（MRV），遵约机制，抵销机制，价格调控机制，配额存储机制，交易平台，注册登记系统等[4]。

碳市场是政策建立的强制性市场，一般需要强有力的立法来保障履约和交易的平稳运行。从国际和国内经验来看，高层级的法律基础是碳市场合法性的保障，从根本上确立政策的法律地位、排放配额的法律属性以及各利益相关方的权利义务。欧盟通过了一系列针对 EU ETS、MRV、注册登记等欧盟层面的指令，将欧盟的总体任务转化为成员国层面的法律规定，从而确保各国国家层面的规定可以被顺利执行；加州则修订法规中的气候变化章节，确立总量与交易体系相关问题的法律基础。我国仅有北京、深圳少数试点以人大决定等地方性法规的形式确立了碳市场的法律地位，且详细规则以地方性规章或规范性文件的形式进一步明确；而全国和大多数试点碳市场则仅以国务院部门规章和地方性规章作为法律基础，这使得这些碳市场的法律地位不牢固、法律强制力不足，给体系的有效性及相关细则的设计执行带来挑战。

总量设定是碳市场显著区别于碳税的关键要素，代表了体系覆盖范围内允许的温室气体排放上限，也是覆盖的重点排放单位可以获得的配额总量。总量保证了排放配额的稀缺性，使排放交易具有现实激励。总量设定过宽会导致减排激励不足，总量设定过严则可能产生较大的经济负担、降低政治接受度。目前主要有绝对总量和相对总量两种总量设定的方式，前者更简单、更有助于控制市场的排放上限，但会增加总体履约成本；后者则可更好地避免经济水平波动导致的履约成本异常。一般而言，欧盟、美国、加拿大、韩国等处于平稳发展阶段的发达经济体主要采用绝对总量形式，而我国全国和试点碳市场则主要采取相对总量的设定方式。

覆盖范围是指纳入碳市场的排放源及温室气体类型，一般需要明确覆盖部门、直接排放或间接排放、纳入门槛以及温室气体种类。覆盖范围的确定需要综合考虑排放点源的数量和排放规模、覆盖范围内排放量占社会总排放量的比例、减排潜力、监管难度及成本、协同效应等因素。从全球实践经验来看，几乎所有的碳市场都覆盖了发电和工业排放，具体包括过程排放和化石燃料燃烧产生的排放，部分碳市场也包括了建筑消耗的电、热、冷等二次能源包含的间接排放；二氧化碳是所有碳市场的共同选择，但新西兰、韩国、加州、新斯科舍省、魁北克省等碳市场还覆盖了其他 5 种甚至 6 种非二氧化碳温室气体排放，我国的重庆试点也覆盖了非二氧化碳温室气体排放。

配额分配方法是碳市场的核心要素之一，决定了每一个排放主体可以获得并自由支配的排放配额数量，主要分为有偿和免费两类。有偿分配方式主要包括拍卖法和定价出售法，免费分配主要有历史排放法（"祖父法"）、基于产出（历史产量或实际产量）的基准值法和历史强度法。有偿分配方式既可以通过一级市场促进碳价发现、产生减排激励，还可以创造配额收益，通过低碳基金等方式促进减排投资或补偿低收入群体以促进社会公平，但会在碳市场初期显著提高履约成本，从而导致巨大的政治阻力，因此大多数碳市场在实施初期的配额分配方式以免费分配为主。

监测、报告与核查（MRV）体系涵盖了温室气体排放数据的收集、处理、转移和质量评价等环节，是碳市场建设运行的基础保障。主管部门应为碳市场覆盖的每个部门提供 MRV 技术指南，规定相关方法、产品和活动描述、排放因子、计算模型和缺省值等。MRV 体系尽管并不直接决定碳市场的减排目标实现与否，但通过数据质量等直接影响碳市场的遵约水平，并通过影响其他关键要素的设计影响减排目标的严格性和市场运行的有效性。

遵约机制是指评估碳市场覆盖企业是否完成了其义务，以及对其未完成义务时将面临的惩罚、完成义务时获得适当鼓励的规则设计。广义上，企业的遵约义务包括在规定的时间点提交温室气体排放报告、提交第三方机构核查报告、按期足额清缴配额以及其他的法律法规要求企业履行的义务；狭义上的"遵约"即指配额清缴。

抵销机制是指控排单位被允许使用碳市场覆盖范围外产生的碳信用来完成配额清缴义务的灵活履约机制，它可以产生额外的减排激励，促进了更低成本减排潜力的发掘，但可能影响碳市场既定覆盖范围内减排目标的实现。

价格调控机制和配额存储机制等是碳市场不可或缺的补充机制，用来帮助应对碳市场运行过程中受到的政策或宏观经济冲击及市场波动，平抑或保持市场价格，保障其他基本要素的初始设计能够按预期执行，从而实现既定的减排目标。交易平台和注册登记系统是碳市场必不可少的硬件系统，安全可靠的系统设计是市场稳定运行的基础。尽管这些要素并没有直接决定减排目标的制定或实现，但也与碳市场运行息息相关。

需要指出的是，由于各国碳市场设计不一致，碳价方面也存在巨大的差异，可能导致碳泄漏风险。这意味着，若某个国家或地区因为实施碳市场或采用了更严格的政策设计而造成相对较高的碳成本，该地区的产品会面临较高程度的竞争力损失，其中竞争力损失严重的高碳产业可能将生产转移到其他区域。这不仅影响该国家或地区的产业发展，也会使碳市场的减排效果打折扣。EU ETS 为了解决这一问题，正式通过了碳边境调节机制（Carbon Border Adjustment Mechanism，CBAM），试图通过对进口商品征收边境调节费用的方式拉平区域之间的碳价差异。与此同时，碳边境调节机制也会促进 EU ETS 免费配额政策的逐步退出，对其碳市场的完善发挥促进作用。

8.2 碳边境调节机制及其对我国的潜在影响

2019 年 12 月，欧盟在《欧洲绿色新政》中提出实施 CBAM，将其作为解决产业竞争力受损和碳泄漏问题的关键措施。2023 年 5 月，欧盟 CBAM 立法正式通过，并将于 2026 年开始正式实施。中国是世界第一大贸易国，也是欧盟的重要贸易伙伴。欧盟 CBAM 可能从贸易、产业、经济等各方面给我国带来冲击，应当予以高度关注。

8.2.1 欧盟碳边境调节机制的提出背景及政策内涵

欧盟提出了到 2030 年将温室气体排放量相对 1990 年减少至少 55%，并于 2050 年实现温室气体净零排放的气候目标。气候目标更新后，欧盟加强了 EU ETS 的相关设计。2021 年 EU ETS 进入第四阶段，欧盟提出将体系覆盖的排放量相比 2005 年减少 62% 的阶段性目标，拟通过进一步缩紧配额总量和免费配额分配基准值、改进市场稳定储备机制等方式收紧配额供给。严格的政策设计直接影响了市场预期并助推了配额价格的迅速上涨，当前欧盟配额达到了 80—100 欧元/吨的价格高位，远超全球其他碳市场。境内产品与进口产品间碳成本的高度不对称引发了欧盟企业关于竞争力损失和碳泄漏风险的普遍担忧。

竞争力损失是指欧盟等严格减排地区的境内企业生产成本将显著上升，相比之下，排放限制较宽松地区企业的产品价格优势将进一步凸显，欧盟企业不得不将部分市场份额拱手让与竞争对手，同时利润的下滑也可能导致投资流向境外，因而使欧盟企业将在市场竞争中处于劣势。碳泄漏是指排放通过生产和投资的转移、化石能源消费的变化等方式从欧盟等严格减排地区转移到排放限制较为宽松的地区，一定程度上削弱了减排行动的环境有效性。

欧盟在 EU ETS 实施之初就对碳泄漏问题有所考虑，通过为工业部门的直接排放提供免费配额以及在成员国层面为工业部门高涨的电力消费成本提供间接成本补偿等措施应对碳泄漏风险。但是，免费配额分配可能给受保护行业带来暴利、扭曲碳价信号、难以促进企业减排，一直以来备受诟病。为支撑新的 2030 年减排目标的顺利实现，EU ETS 将逐年削减免费配额分配比例、加速下降配额分配基准值，并实施 CBAM 作为保护竞争力、避免碳泄漏的替代政策。

8.2.2 碳边境调节机制的关键要素

CBAM 是指根据内涵碳排放量对进出口商品进行价格调节的措施，其目标在于拉平境内外商品的生产碳成本。对于进口商品，可以征收边境调节税；对于出口商品，可以通过出口退税或出口豁免等方式保护出口商品的竞争力。CBAM 的设计十分复杂，需综合考虑政策有效性、法律风险、政治障碍、技术可行性等多重因素，明确政策工具、运行流程及时间、覆盖范围、内涵碳排放计算方法、边境调节义务等。

2021 年 7 月欧盟委员会通过了 CBAM 的立法提案；2022 年 3 月欧盟理事会正式达成关于 CBAM 的协定，同年 6 月欧洲议会形成了其关于 CBAM 的立场，CBAM 的设计图景日渐清晰。经过欧盟委员会、欧盟理事会和欧洲议会的多次三方协商，欧盟 CBAM 于 2023 年 5 月正式通过立法，其政策关键要素及设计概述如下。

8.2.2.1 政策工具

欧盟通过运行 EU ETS 对境内重点排放行业进行碳定价，配额价格随市场波动。为与之同步，欧盟 CBAM 采用了"名义"碳市场的形式，即针对 CBAM 覆盖产品的进口商建立一个单独的不可交易的配额（CBAM 证书）池。欧盟要求进口商报告其进口的 CBAM 覆盖商品的内涵排放量，并清缴相应数量的 CBAM 证书。一个 CBAM 证书对应 1 吨二氧化碳当量的温室气体排放量。CBAM 证书的价格与 EU ETS 下的配额价格挂钩，为配额拍卖的每周平均收盘价。

8.2.2.2 运行流程及时间

为了给国外出口商、欧盟进口商以及 CBAM 主管部门准备和适应的时间，CBAM 的实施分为过渡期和正式实施期两个阶段。过渡期内，进口商将仅承担排放申报义务，即提交 CBAM 声明，声明内容包括进口产品的数量、经被认可的核查机构独立核查的内涵碳排放量、在产品原产国已经支付的有效碳价等。正式实施后，进口商需根据其进口商品的内涵排放量购买并清缴相应数量的 CBAM 证书。根据欧盟的设计，过渡期为 2023 年 10 月 1 日—2025 年 12 月 31 日，从 2026 年开始正式实施。

8.2.2.3 覆盖范围

（1）覆盖的贸易流

CBAM 可以仅覆盖进口或出口贸易流，也可以全面覆盖进出口贸易流。覆盖至出口贸易相当于对出口产品进行变相补贴，与世界贸易组织的《反补贴与补贴法》存在一定冲突，面临潜在的法律风险。欧盟规定，初始阶段 CBAM 仅覆盖进口商品，过渡期结束后欧盟拟对 CBAM 实施情况进行总结并评估覆盖至出口贸易的可行性。

（2）覆盖的行业及产品

理论上讲，覆盖价值链上下游所有产品及部门的 CBAM 最具环境有效性，但这需要追踪价值链的各个阶段并确定产品内涵排放量，行政成本高且技术难度大，短期内难以实现。欧盟在确定 CBAM 覆盖的行业及产品时综合考虑了多重因素，包括是否被纳入 EU ETS、对欧盟碳排放的贡献、碳泄漏风险水平等，以在尽可能扩大覆盖范围和避免过高行政负担之间保持平衡。电力行业以及排放密集和贸易暴露型行业首先被纳入，这主要是由于欧盟的跨境电力交易近年来不断增加且不同电网的排放强度差异巨大、碳泄漏风险较高，而贸易暴露型行业的产品以基础材料或原材料为主，碳排放成本占其附加值的比例较高。根据欧盟的政策设计，CBAM 初期将覆盖电力、钢铁、铝、水泥、化肥和氢气产品，并将扩展至特定生产原材料及部分下游产品。

8.2.2.4 内涵排放量的计算

（1）排放范围

内涵排放量用于确定被覆盖产品的边境调节税基，计算时首先需要确定 CBAM 覆盖的排放范围。产品价值链的不同环节均会产生碳排放，可以分为：①范围 1 排放（直接排放），即生产现场中燃料燃烧的排放和生产过程排放；②范围 2 排放（间接排放），即外购电力及热力的排放；③范围 3 排放（其他间接排放），即产品生命周期内的其他所有间接排放，包括所购原材料生产中的排放以及运输相关的排放。

欧盟规定，CBAM 将覆盖进口商品的直接排放及间接排放，但对于钢铁、铝、氢气等被成员国间接成本补偿措施覆盖的产品而言，初始阶段仅考虑直接排放。对于在生产过程中需投入简单产品的复杂产品而言，除了要计算复杂产品生产中的排放，还要计入其生产投入中被 CBAM 覆盖的简单产品所隐含的排放。以钢铁产品为例，钢坯为简单产品，而钢管、钢制门窗等属于复杂产品范畴，复杂产品在计算其内涵排放时除考虑加工环节的排放外，还需考虑生产所投入的钢坯等初级产品的内涵排放。

从温室气体类型来看，欧盟 CBAM 主要涉及二氧化碳排放，其中化肥产品中硝酸生产带来的氧化亚氮排放和铝产品中电解铝阳极效应带来的全氟化碳排放也被考虑在内。

（2）进口电力的内涵碳排放

在计算内涵碳排放时，欧盟区分了电力和其他商品。对于进口电力而言，由于准确跟踪电力流动的难度很大且电力交易非常复杂，获取其实际排放量的难度很高，在计算内涵排放时更多基于默认值。默认值一般采用基于单个出口国、多个国家或某个国家特定地区的电网平均排放因子；如果不可得，则采用基于欧盟同类电力数据的默认值。

（3）非电力进口商品的内涵碳排放

对于钢铁、水泥等进口商品而言，计算内涵排放量时允许使用经被认可的核查机构独立核查的实际排放量；如果无法确定实际排放量，则使用默认的排放强度值。默认值被设置为出口国平均排放强度，并根据一个"放大系数"进行上调；如果无法获得来自出口国的可靠数据，则将默认值设置为欧盟表现最差的部分同类生产设施的平均排放强度。

8.2.2.5 碳边境调节义务的确定

EU ETS 计划从 2026 年开始逐步降低针对工业产品的免费配额数量，到 2034 年完全取消免费分配。作为一种过渡手段，欧盟在 CBAM 实施初期会继续给 CBAM 覆盖的行业提供免费配额。为了避免给境内企业带来双重泄漏保护，欧盟在计算进口商品的 CBAM 义务时需考虑同类产品在欧盟内部获得的免费配额并予以相应折减。具体而言，欧盟企业获得的免费分配的比例越高，进口商所需清缴的 CBAM 证书数量越低。

CBAM 旨在解决境内外气候政策的成本差异，因此在设计时也需考虑进口商品在原产国已经承担的碳成本。由于欧盟 CBAM 在设计时仅考虑了 EU ETS 带给境内企业的碳成本，从"对称性"的角度出发，欧盟在衡量出口国的碳成本时也仅考虑已经实施的碳市场或碳税等"显性碳价"政策。欧盟还规定，仅考虑进口商品在原产国实际支付的碳成本，即在扣减 CBAM 证书时并非简单以原产国的碳价水平作为依据，而须将可能导致碳价降低的出口返还、豁免及补贴等政策综合考虑在内。

8.2.2.6　碳边境调节义务的豁免

欧盟 CBAM 仅允许对已加入 EU ETS 的国家（例如冰岛、列支敦士登和挪威）或已实现其碳市场与 EU ETS 完全连接的国家（例如瑞士）提供豁免，虽然并未提及对其他国家进行豁免，但欧盟提出向发展中国家和最不发达国家提供技术援助，并计划以资金支持最不发达国家的制造业低碳转型。

8.2.3　碳边境调节机制实施面临的挑战与争议

CBAM 提出以来遭遇了系列挑战，相关争论也愈演愈烈。总体而言，CBAM 面临着内外部的政治障碍、世界贸易组织框架下的法律风险、与全球气候多边机制和框架的基本原则相冲突、数据及方法学等方面的多重挑战。

8.2.3.1　内外部的政治障碍

欧盟内部各利益相关方普遍支持 CBAM，但在具体的要素设计上持有不同立场，CBAM 是否应覆盖至出口贸易、是否应覆盖间接排放等是争议的中心。覆盖至出口的 CBAM 将面临世界贸易组织框架下的法律风险，但欧盟产业多为出口外向型产业，失去免费配额这一变相补贴会导致其产品在国际市场损失竞争力，随着免费配额的加速退出，覆盖至出口商品逐渐上升为工业界不愿退让的"红线"。此外，是否覆盖间接排放也一直在 CBAM 设计中广受争议，支持方认为未来电气化将在工业深度脱碳方面发挥重要作用，纳入间接排放将有效降低泄漏风险；但覆盖间接排放意味着需要逐步退出针对用电成本的补偿措施，因而遭到铝等电力密集部门的强烈反对。

欧盟 CBAM 会增加其他国家的出口成本，一直被质疑为欧盟提升自身竞争力、攫取全球气候治理领导地位、削弱他国利益的工具，遭到了部分贸易伙伴国的反对。有研究认为，由于对欧出口的份额高、产品碳强度高、技术水平低等原因，伊朗、乌克兰、美国、埃及、中国、印度、哈萨克斯坦、俄罗斯和白俄罗斯受欧盟 CBAM 的影响较大，最有可能提出反对[5]。2022 年 11 月，"基础四国"（即巴西、南非、印度和中国）在 COP 27 上发布联合声明，认为必须避免以 CBAM 为代表的单边措施和歧视性做法，因为这"可能导致市场扭曲并加剧联合国气候协议签署国之间的信任赤字"。俄罗斯也表达了强烈反对，认为欧盟 CBAM 大行贸易保护主义、违反了世界贸易组织规则。

8.2.3.2 与世界贸易组织法律框架的一致性

CBAM 被认为是一种新型的环境贸易壁垒，与世界贸易组织下的贸易规则可能存在冲突。世界贸易组织的《关税与贸易总协定》规定了"最惠国待遇"和"国民待遇"两项非歧视原则，禁止区别对待来自不同国家的同类产品，也禁止区别对待进口和国内产品。CBAM 涉及对进口商品生产碳足迹的追踪，不仅需要根据来源国区别设置碳边境调节税率，也区别了本土与进口商品的碳足迹。虽然《关税与贸易总协定》中规定了基于环保目的可适用"一般例外条款"，但例外条款仍要求不得对外国生产商构成不合理的歧视。此外，世界贸易组织的《补贴和反补贴措施协议》中也规定各国不应以环境为理由实施出口补贴，如果 CBAM 覆盖至出口贸易，则很可能削弱 CBAM 的环境正当性，导致环境例外条款不再适用。这些都给 CBAM 机制是否符合世界贸易组织框架带来了挑战。

但值得注意的是，欧盟在提出 CBAM 的同时也反复强调现有世界贸易组织框架形成于 20 世纪 40 年代，其对于环境保护的考虑已难以适应当前的全球框架。近年来国际贸易和政治环境发生了巨大变化，中美贸易摩擦、俄乌冲突的爆发、俄罗斯退出世界贸易组织的动议等都给世界贸易组织规则带来了前所未有的挑战，欧盟境内有关 CBAM 与世界贸易组织规则一致性的讨论也趋于弱化。相比之下，欧盟更关注政策的具体设计并与主要贸易伙伴国展开对话，致力于在不断变化的外部环境中探索 CBAM 的可能实施形式。

8.2.3.3 与气候公约规则的兼容性

共同但有区别的责任原则、公平原则和各自能力原则是国际气候治理应遵循的基本原则。《公约》第三条规定："各缔约方应当在公平的基础上，并根据它们共同但有区别的责任和各自的能力，为人类当代和后代的利益保护气候系统。因此，发达国家缔约方应当率先应对气候变化及其不利影响。"欧盟理应承担更多的减排责任，但 CBAM 作为一种单边措施会带来减排负担的转移。据研究，CBAM 会导致全球的减排经济负担从发达国家转移至发展中国家，尤其是俄罗斯和中东等能源出口型国家或地区[6]，这显然有违《公约》下的基本原则。

8.2.3.4 数据及方法学挑战

CBAM 允许进口产品使用经核查的实际排放量，这就涉及境外设施层面的温室气体排放的监测、报告与核查，无论在数据获取还是在方法学上都面临严峻的挑战。目前欧盟和其他运行碳市场的地区均基于各自制定的规则对境内排放主体进行排放监测、报告与核查，具体到监测方法、核算边界和数据核查要求等方面均存在差异。而 CBAM 要求在欧盟境外实施对标 EU ETS 的设施层面监测、报告与核查制度，数据获取难度高且程序烦琐，不仅将给出口国带来更高的行政成本，也为欧盟 CBAM 的运行带来了方法学上的巨大挑战。

8.2.4　碳边境调节机制的发展趋势及对我国的潜在影响

CBAM 将气候政策与国际贸易相结合，其实施过程中将不可避免地给贸易伙伴，尤其是减排力度较弱、产品排放强度较高的国家带来冲击。欧盟 CBAM 的正式实施已不再遥远，未来 CBAM 可能与"气候俱乐部"相结合，持续扩大实施范围，而中国作为欧盟第一大贸易伙伴和全球第一大贸易体，势必将受到深远影响。我国应立足国情、放眼长远，及早筹备应对之策。

8.2.4.1　CBAM 未来的可能发展

欧盟 CBAM 当前覆盖的产品范围有限，主要是为了避免覆盖范围的扩大给欧盟带来过高的行政负担。未来随着各国能力建设的进展、排放数据和方法学的完善，欧盟将会扩大覆盖的产品范围。预计将首先扩大至被 EU ETS 纳入且存在碳泄漏风险的行业，如炼油、造纸、玻璃、陶瓷等，待监测技术及能力更为成熟之时，欧盟有可能沿价值链进一步扩展 CBAM 覆盖范围，将下游的塑料等行业纳入。

除欧盟外，其他发达国家也将 CBAM 作为避免碳泄漏、保护竞争力的有力政策工具。美国 2021 年的《公平、可负担、创新和有弹性的过渡和竞争法》立法提案和 2022 年的《清洁竞争法案》均提议在没有全国统一碳定价政策的情况下实施 CBAM。日本、英国、加拿大也考虑建立类似机制。越来越多的发达国家关注并考虑实施 CBAM 为组建国际"气候俱乐部"创造了有利条件，国际社会也开始关注并讨论以 CBAM 为工具的气候俱乐部。2021 年年底，欧盟和美国在《钢铝联合声明》中提出建立以碳含量为门槛的俱乐部。2022 年 6 月，德国在担任七国集团主席国期间也提出了组建气候俱乐部的建议。

总的来说，覆盖行业及产品范围的扩大、实施主体的扩大是 CBAM 未来的可能发展趋势，作为一种气候贸易政策，CBAM 的影响也将随之增加。

8.2.4.2　CBAM 对我国国际竞争力、贸易及经济的潜在影响

中国是欧盟的第一大贸易伙伴，2021 年对欧出口商品总额达 5182 亿美元，占欧盟进口总额的 22.4%。受能源消费结构、生产技术和出口贸易结构等的影响，中国对欧出口产品的碳强度总体较高。以钢铁生产为例，基于铁矿石的长流程炼钢的碳强度远高于采用电弧炉加工废钢的短流程炼钢工艺，中国的钢铁生产以长流程为主，其吨钢碳排放约 2 吨二氧化碳当量，比欧盟高出约 0.6 吨二氧化碳当量。有研究表明，欧盟约 26% 的进口内涵碳排放来自中国，其中约 40% 的排放来自金属制品、化学品、非金属矿物等高耗能产品[7]，近期或未来被 CBAM 覆盖的可能性很高。因此，欧盟 CBAM 将对我国高耗能行业的出口竞争力产生直接冲

击，进而可能影响到产业上下游、宏观经济等多个方面。

有学者估算了欧盟实施CBAM后中国需承担的额外成本。研究发现，在60欧元的CBAM证书价格下，中国出口增加的成本在1.7亿—6.0亿欧元，且钢铁和铝行业将面临较大冲击，其中以钢铁行业受影响最大，出口成本将增加约25%[8-10]。未来随着欧盟CBAM覆盖范围的扩大、随着越来越多的国家实施CBAM或组建气候俱乐部，中国的贸易和经济将面临更大冲击。

8.2.4.3 我国可能的应对举措

我国应密切关注CBAM政策的动向，通过开展多双边对话磋商、加强国内技术准备等方式积极应对CBAM。国际层面，应积极开展多双边对话磋商。我国应继续坚持全球气候治理的共同但有区别的责任原则、公平原则和各自能力原则，主张通过多边治理机制而非单边措施解决碳泄漏问题，积极探索在推进贸易自由化的同时解决碳泄漏问题的"中国方案"，致力于促进可再生能源等低碳技术和产品的贸易和投资自由化、在双边或多边贸易协定中引入环境和气候相关规则等。与此同时，积极与欧盟等开展对话，就CBAM中的关键要素设计和技术难点问题进行磋商，增强欧盟对中国气候政策的理解，提升欧盟对中国减排努力的认可度。

国内层面，应加强相关的能力建设和技术准备。准确可靠的碳排放数据是出口商有效应对CBAM的基础，我国应持续提升企业碳排放核算能力。未来CBAM的实施会对出口产品的排放数据质量和碳足迹追溯能力提出更严格的要求，因此我国应制定并完善相关行业的碳排放核算指南，建立与国际接轨的监测、报告与核查制度和碳信息披露制度，并从重点行业开始逐步建立产业链的碳足迹追溯体系。应对CBAM的根本方法在于降低国内产品的碳排放强度，因此我国应继续大力推进企业节能降碳，通过加大研发支持力度、营造良好的市场环境等措施鼓励企业发展和推广低碳创新技术，如氢能冶炼、碳捕集利用与封存等，有效促进高排放行业的绿色低碳转型。

8.3 本章小结

碳市场成为诸多国家和地区实施减排的一致选择，并历经一系列的改革后成为达成碳中和目标的重要支撑措施。尽管不同碳市场在立法保障、总量设定、覆盖范围、配额分配方法、监测报告与核查体系、遵约机制、价格调控和配额存储机制等要素框架具有较高的相似性，但由于实施环境和具体执行仍存在较大差异，各国的碳价水平迥异，造成国际贸易中碳泄漏的风险。在此背景下，欧盟提出实施CBAM，将其作为现有泄漏保护措施的替代政策，与EU ETS并行实施。

CBAM 的政策设计十分复杂，涉及政策工具、运行流程及时间、覆盖的贸易流、产品范围、内涵碳排放的计算、边境调节义务的确定等多重要素，且面临内外部的政治障碍、世界贸易组织框架下的法律风险、与全球气候多边框架的基本原则相冲突、数据及方法学等方面的多重挑战，因此欧盟在初步方案中采取了较为谨慎的设计。未来欧盟可能持续扩大 CBAM 的覆盖范围，CBAM 也可能与"气候俱乐部"相结合不断扩大实施范围。中国作为欧盟第一大贸易伙伴和全球第一大贸易体，势必将受到 CBAM 政策的深远影响。对此，我国应立足国情、放眼长远，密切关注 CBAM 政策的动向，同时通过开展多双边对话磋商、加强国内能力建设和技术准备等方式积极应对。

参考文献

［1］国际碳行动伙伴组织（ICAP）. 全球碳市场进展 2022 年度报告（执行摘要）［R］. 柏林：国际碳行动伙伴组织，2022.

［2］陈骁，张明. 碳排放权交易市场：国际经验、中国特色与政策建议［J］. 上海金融，2022（9）：22-33.

［3］European Parliament. Climate change：Deal on a more ambitious Emissions Trading System（ETS）［EB/OL］.［2022-12-19］. https://www.europarl.europa.eu/news/en/press-room/20221212IPR64527/climate-change-deal-on-a-more-ambitious-emissions-trading-system-ets.

［4］段茂盛，庞韬. 碳排放权交易体系的基本要素［J］. 中国人口·资源与环境，2013，23（3）：110-117.

［5］OVERLAND I，SABYRBEKOV R. Know your opponent：Which countries might fight the European carbon border adjustment mechanism?［J］. Energy Policy，2022（169）：113175.

［6］BOHRINGER C，BALISTRERI E J，RUTHERFORD T F. The role of border carbon adjustment in unilateral climate policy：Overview of an Energy Modeling Forum study（EMF 29）［J］. Energy Economics，2012（34）：S97-S110.

［7］Simola H. CO_2 emissions embodied in EU-China trade and carbon border tax［R］. Helsinki：Institute for Economies in Transition，Bank of Finland（BOFIT），2020.

［8］Assous A，Burns T，Tsang B，et al. A storm in a teacup. Impacts and geopolitical risks of the European carbon border adjustment mechanism［R］. Beijing：Energy Foundation China，2021.

［9］Simola H. CBAM！-Assessing potential costs of the EU carbon border adjustment mechanism for emerging economies［R］. Helsinki：Bank of Finland Institute for Emerging Economies（BOFIT），2021.

［10］王谋，吉治璇，康文梅，等. 欧盟"碳边境调节机制"要点、影响及应对［J］. 中国人口·资源与环境，2021，31（12）：45-52.

第9章 美国气候政策与行动

美国是世界上第一大发达经济体和第二大温室气体排放大国，在全球气候治理中具有重大影响力，其气候政策动向备受世界关注。本章首先回顾了美国应对气候变化的进程，介绍了美国温室气体排放历史和现状，深受行政部门和立法部门及其党派属性影响的联邦政府历史气候政策，以及地方政府与最高法院对美国气候政策的影响。尽管美国历届政府在全球应对气候变化进程中不断摇摆，但一直注重在全球清洁能源技术研发领域中的领先地位。之后重点对拜登政府的国内气候政策和气候外交行动进行系统梳理和分析。在国内，拜登政府提出了气候行动长期目标，完善了应对气候变化的机构保障和人员配备，并且在"全政府方式"的指导思想下密集出台政策，特别是在气候相关法案上取得重大突破；国际上，美国重返《巴黎协定》，将应对气候变化置于外交政策的核心位置，大力开展双边和多边气候外交，力图重塑全球气候领导力。总体而言，拜登政府的气候政策为全球零碳转型注入了较强动力，但也面临多方面的挑战和质疑。

9.1 美国应对气候变化的进程回顾

美国是当今世界第一大经济体，根据经济合作与发展组织的测算，其经济总量自 1890 年起便成为全球第一并保持至今。美国经济发展得益于化石能源消费的支撑，根据碳简报的分析，美国是自 1850 年以来全球二氧化碳累计排放量最高的国家，截至 2021 年历史排放量总计约为 5090 亿吨。根据美国环境保护署的数据，2020 年美国的温室气体排放量为 59.8 亿吨二氧化碳当量（不含 LULUCF），交通、电力和工业部门为主要排放源，排放量分别占 27%、25% 和 24%，此外建筑（商业与居民住宅）和农业部门的排放量分别占 13% 和 11%。美国的温室气体排放量于 2007 年达到峰值 74.6 亿吨二氧化碳当量，此后波动下降，2020 年的排放量相对于峰值水平已下降 19.9%。

在全球应对气候变化进程中，美国政府的角色与执政党的态度紧密相关。代表中产阶级、金融和资本集团利益的民主党，相比于代表化石能源、军工和传统制造业利益的共和党，更加支持积极应对气候变化、向低碳经济转型。两党关于气候政策的观点对立鲜明，党派斗争对总统和国会制定气候政策的进程具有重大甚至决定性的影响。

学术界一般以共和党老布什政府任期（1989—1992年）为起点来探讨美国气候政策的演变。虽然国会最终在1992年批准了《公约》，但老布什早在1990年的第二届世界气候大会上明确表示美国不会承担温室气体减排义务。

民主党克林顿政府（1993—2000年）上台后，在气候政策上的立场十分积极。克林顿政府承认美国需对全球气候变化负主要责任，在国内积极推进气候变化科学研究，并且出台一系列减排措施。然而克林顿政府在第二任期内遭遇的国会阻力越来越大，虽然在克林顿政府的支持下，在日本京都举行的第三次缔约方大会通过了《京都议定书》，但在国内，美国国会却没有批准《京都议定书》，导致其施加于美国的第一承诺期量化减排指标不具备法律约束力。

共和党小布什政府（2001—2008年）任期内，美国宣布退出《京都议定书》，严重挫伤了全球气候谈判进程，然而小布什政府在低碳能源战略、气候变化科学、科技与国际合作等多方面采取措施，并多次尝试推动国内气候立法进程。

民主党奥巴马政府（2009—2016年）上台后，美国应对气候变化的立场十分积极。这一时期，奥巴马于2013年《总统气候行动计划》中提出2020年相比2005年减排17%的目标，并在2014年提出美国国家自主贡献目标，即于2025年实现在2005年基础上减排26%—28%的全经济范围减排目标，并将努力减排28%。在国内，奥巴马政府推动国会通过《美国复苏与再投资法案》，投资580亿美元推动可再生能源开发、能源效率提高、化石燃料低碳化技术等领域，希望通过培育新能源产业促进美国经济增长。美国环境保护署和其他联邦机构为固定和移动化石燃料排放源制定了一套排放和燃油效率标准。在国际上，奥巴马政府旨在领导全球气候治理进程，主动发起"主要经济体能源与气候论坛"，与中国在2013年建立起气候变化工作组，在2014年、2015年和2016年三次共同发布联合声明，有力推动了《巴黎协定》的通过，并为绿色气候基金拨付了10亿美元。然而，奥巴马政府的气候议程也遭遇不少阻力，其提出的《美国清洁能源与安全法案》和《清洁电力计划》最终都未果而终。

共和党特朗普政府（2017—2020年）上台后，美国在气候治理中的态度急剧转向。在国际上，作为气候变化怀疑论者的特朗普在上任伊始就宣布退出《巴黎协定》，这对全球气候治理进程造成了巨大的负面影响。研究表明，美国退出

《巴黎协定》不仅减缓其排放下降速度，还因此压缩其他国家的排放空间，增加全球实现2℃/1.5℃温控目标的成本。此外，特朗普大幅减少国际气候资金规模，停止向绿色气候基金拨付尚未兑现的20亿美元资金，取消了对《公约》秘书处和政府间气候变化专门委员会的拨款，加剧了全球特别是发展中国家应对气候变化的资金缺口。在国内，特朗普全面否定奥巴马政府时期的气候政策，重振化石能源，例如终止了奥巴马政府提出的旨在加强电力、能源基础设施、交通和建筑领域减排的《清洁电力计划》，推动化石燃料开采，还撤销了限制煤炭生产的规定。据统计，特朗普政府共出台了多达176项放松环境和气候监管的政策。此外，特朗普还全面更换了联邦政府的环境和气候政策团队，任命一批代表保守派和化石能源利益集团的内阁官员和顾问。

尽管以总统为首的行政部门和立法部门（国会）及其党派属性深刻塑造了美国联邦政府层面的气候政策，但有另外两类主体也在显著影响美国的气候行动和政策制定。首先是地方政府。地方政府自下而上的行动力量不容忽视，特别是民主党控制的州。截至2022年12月，有25个州和哥伦比亚特区制定了全经济范围的温室气体减排目标，33个州已经颁布或正在更新气候变化行动计划。此外，有12个州参与了区域性的温室气体排放交易机制。即使在特朗普政府时期，可再生能源产业仍然得到纽约、加利福尼亚等近30个州的支持。

其次，影响美国气候政策制定的重要主体是最高法院。最高法院并非立法部门，不能主动参与气候政策的制定，但是宪法赋予的司法审查权使其有能力对气候政策产生重要影响。若行政和立法部门气候政策制定不力，积极应对气候变化的地方政府和环保组织就会通过联邦法院提起诉讼，从而影响气候政策的制定。一个典型的例子是"马萨诸塞州诉环境保护署"案[①]，最高法院的判决对小布什政府后期和奥巴马政府前期气候政策的制定产生了积极影响。反之，若行政部门过于强势，不顾国会反对强行推进气候政策，最高法院也将行使司法审查权制止行政部门的不当行为。典型例子是"西弗吉尼亚州诉环境保护署"案[②]，最高法

---

① 小布什政府在气候政策上的消极立场使马萨诸塞州等12个州、4个城市和一些环保组织起诉美国环境保护署，要求美国环境保护署根据《清洁空气法案》对新机动车排放二氧化碳和其他温室气体的事项进行管制，但遭到美国环境保护署和其他一些州与行业协会的拒绝。案件上诉至最高法院复审，2007年最高法院以5票对4票通过了判决，裁定美国环境保护署应判断二氧化碳等温室气体是否有害，若有害，则必须制定法规政策管制温室气体排放。

② 2015年，奥巴马政府推出《清洁电力计划》，要求电力行业到2030年相比2005年二氧化碳排放量减少32%。共和党控制的国会坚决反对，然而奥巴马政府试图绕开国会推行该计划。于是以西弗吉尼亚州为首的12个主要产煤州（后增至27个州）起诉美国环境保护署，认为美国环境保护署根据《清洁空气法案》对现有燃煤电厂排放的二氧化碳实施监管是非法的。2016年，哥伦比亚特区上诉法院驳回起诉，但不久后最高法院以5票对4票批准了27个州暂缓执行《清洁电力计划》的请求。

院的裁决阻挠了奥巴马《清洁电力计划》的实施，并导致《清洁电力计划》被拖延至特朗普政府时期进行审查，最终被撤销。总体而言，最高法院的司法审查权赋予其实质性参与气候政策制定的特殊地位，然而近年来最高法院对气候诉讼判决的党派色彩愈发明显。

尽管历届政府对气候变化的态度摇摆不定，但是美国在全球清洁能源技术创新领域一直保持着领导者的角色。从低碳科技的研发投入来看，美国2000年以来的清洁能源技术研发投资规模（不考虑国有企业的投资）一直位列全球首位。即便是特朗普政府时期，其试图削减联邦政府对清洁能源技术研发投资的努力也遭到了国会反对，2021财年最终预算中清洁能源研发投入的比重甚至超过了奥巴马政府时期。2015年以来，美国仍是全球清洁能源初创企业风险投资规模最大的国家，超过80%的资金来自美国本土投资者，反映了美国具有成熟的低碳技术孵化、创业和投资生态系统。从低碳科技创新的产出来看，美国一直是全球最大的绿色科技专利拥有国和论文发表国之一，也是前沿技术和传统能源技术的技术转移网络中心。

从国际减排承诺的兑现情况来看，美国并未完成《京都议定书》第一承诺期的目标（即2008—2012年排放水平相比1990年下降7%，最终美国这一时期的排放量相比1990年上升9.5%），虽然完成了奥巴马政府提出的2020年相比2005年减排17%的目标（最终美国2020年排放量相比2005年下降21.9%）。然而，近年来美国的排放量又出现反弹态势，2021年美国增加化石能源燃烧二氧化碳排放2.9亿吨，2022年又增加了0.8亿吨，为其实现拜登政府提出的2030年减排目标（50%—52%）增加了不确定性。

9.2 拜登政府的国内气候政策

自拜登就任美国总统以来，美国的气候政策相较于特朗普时期进行了大幅调整，很大程度回归了奥巴马政府时期的积极态势。气候变化议程在民主党的执政规划中是其经济发展的主要推动力，也是实现能源转型、就业增长、技术革新以及争取社会层面的选民支持的重要砝码，是其构筑不同议题之间的互动联系的中间环节。从国内层面来说，气候变化工作构成了拜登政府执政以来的主要政绩。

9.2.1 提出新气候行动目标

在2021年4月举行的领导人气候峰会上，拜登宣布美国到2030年将使整个经济范围内的温室气体排放在2005年的水平上减少50%—52%（包括LULUCF），同时宣布不迟于 2050 年实现温室气体净零排放的长期目标。此外，拜登政府提出了一系列部门行动目标，包括电力部门不迟于 2035 年实现零碳排放、海上风电规模 2030 年翻一番；交通部门到 2030 年新销售乘用车和轻型卡车中 50% 为零排放汽车；到 2030 年至少保护 30% 的土地和水域等目标。对于非二氧化碳气体，拜登政府在 "全球甲烷承诺" 下承诺到 2030 年减少至少 30% 的甲烷排放；美国环境保护署按照《美国创新和制造业法案》的要求，计划在未来 15 年内将美国的氢氟碳化物生产和消费量减少 85%。对于公正转型，拜登政府提出在 "正义 40 倡议" 下，利用联邦清洁能源和气候投资 40% 的收益为弱势社区和群体提供补偿。

9.2.2　强化机构保障和人员配备

拜登政府还强化了应对气候变化的机构保障和人员配备。在国内事务上，拜登设立白宫国家气候顾问一职，作为总统的国内气候变化政策首席顾问，领导白宫国内气候政策办公室工作，以协调和执行总统的国内气候议程。此外，拜登还设立了 "国家气候工作组"，该工作组包含了来自超过 25 个联邦机构的内阁级官员、总统高级顾问和白宫主要负责人，以实现拜登—哈里斯政府对联邦政府在气候政策上的调动和相互协作，动员全政府范围的措施应对气候危机。

拜登政府以 "全政府方式" 应对气候危机，即要求联邦政府所有机构的全面参与和配合，而非仅仅由环境、能源与气候相关部门负责。"全政府方式" 主要体现在两个方面：一是组建了经验丰富、阵容强大的气候治理团队，并提高了核心团队的职位级别，将气候变化列为政府内政外交的优先议题；二是让联邦机构和部门负责人加入国家气候工作组，明确要求各机构将气候因素和风险纳入各部门政策制定的考量范围，制定应对气候危机的战略规划。因此，应对气候变化不再单单是能源、环境、气候和经济部门的工作，而是包括国防部等安全部门在内的所有联邦机构需要共同关注和通力合作解决的问题。

在国际事务上，拜登恢复了奥巴马政府时期设立的 "总统气候问题特使" 一职，任命前国务卿约翰·克里担任气候问题特使，安排气候问题特使进入美国国家安全委员会[1]，并且提升为内阁级职位，负责美国气候外交工作。

9.2.3　在气候相关法案方面取得重大突破

拜登政府在气候相关法案上取得了重大突破。拜登力推国会参众两院就应对气候变化达成共识，成功于 2021 年 11 月和 2022 年 8 月推出《两党基础设施法案》和《通货膨胀削减法案》。《两党基础设施法案》旨在对美国基础设施进行大规模投资和改造，拉动经济复苏。该法案将在十年内投资 1.2 万亿美元，是近年来联邦政府对基础设施项目的最大投资。法案将对清洁水、高速互联网、路桥、公共交通、机场、港口、客运铁路、电动车充电桩、电网等基础设施以及污染场地和废弃矿井修复进行投资，在法案实施过程中，减少温室气体排放和增强气候韧性是重点[2]。《两党基础设施法案》被认为是迄今为止美国历史上最具有雄心的气候和清洁能源立法[3]。

《通货膨胀削减法案》计划投资约3700亿美元用于新能源补贴和技术研发，形成"税收增加—就业增长—技术更新—能源转型—供应链安全—国家安全"之间的闭环，并促进社会公平与可持续发展。预计《通货膨胀削减法案》将使美国的清洁能源产业大幅发展，创设大量新的工作机会以促进就业，同时降低消费者能源成本，应对气候危机，促进环境正义和提高气候适应能力[4]。此外，《通货膨胀削减法案》对《清洁空气法案》进行了修订，"温室气体减排基金"将提供竞争性拨款，调集资金并利用私人资本为清洁能源和削减温室气体排放的气候项目提供资金，同时重点关注低收入和弱势社区的项目，进一步推动拜登政府履行环境正义承诺[5]。

根据美国能源部的分析，《两党基础设施法案》和《通货膨胀削减法案》两部重要法案有望使美国2030年排放量相比2005年降低40%，推动其实现2030年NDC和2050年净零排放目标[6]。除了升级基础设施、促进国内就业、优化产业布局、发展清洁能源、实现经济转型等目标，《两党基础设施法案》和《通货膨胀削减法案》也都服务于美国全球贸易战略布局，提升美国制造业竞争力，强化关键材料供应链，减少能源行业和部分制造业对国外的依赖程度并刺激美国制造业回流。此外，美国参议院在2022年批准了《基加利修正案》，标志着美国国内将根据修正案的履约要求逐步淘汰氢氟碳化物的生产和消费。

总体来看，拜登政府的国内气候政策具有很明显的经济政策与产业政策特点，《两党基础设施法案》和《通货膨胀削减法案》等重要法案均以应对气候变化为抓手，大力投资本国低碳基础设施，带动经济复苏和就业增长，并且培育本土制造业竞争力。

9.2.4 制定全面系统的应对气候危机政策体系

拜登政府不断制定和完善实现净零排放的战略和政策。以拜登上任之初发布的"保护公众健康和环境、恢复科学，以应对气候危机"和"在国内外应对气候危机"两份行政命令为起点，拜登政府要求以"全政府方式"应对气候危机。根据哥伦比亚大学"气候再监管追踪数据库"，截至2023年2月，美国已经正式发布80条联邦政府层面的气候政策，类型包括总统行政命令、国会立法、行政机构决议、标准等。除白宫外，发布政策较多的联邦机构包括能源部（14 条）、环境保护署（8 条）、环境质量委员会（5 条）、农业部（5 条）等[7]。这些政策呈现出以下特点。

第一，政策数量多，类型全面，涉及多个领域。拜登政府与气候变化相关的政策规定非常密集，采用战略规划（目标、计划等）、命令规制（禁令、标准等）、经济激励（赠款、税收抵免等）和自愿行动（倡议、竞赛等）等多种政策手段。在政策领域上，一是减缓，涵盖油气开发限制、可再生能源开发、燃油经济性与机动车排放标准、电动汽车、可持续生物燃油研发、建筑能效提升、自然碳汇恢复与保护、甲烷和氢氟碳化物减排、低碳公共采购等领域；二是适应，涵盖极端天气事件应对、基础设施气候韧性、人群健康等领域。此外，政策体系还覆盖了环境、社会与治理投资、气候金融风险披露、环境项目审查、能源公正转型等领域。

第二，废除了特朗普总统任期内发布的多项政策和行政命令。特朗普执政期间，众多气候、环境和能源政策被撤销或放松监管，例如对内恢复和推动传统化石能源产业发展、解禁多项化石能源开采许可，对外宣布退出《巴黎协定》并基本放弃参与全球气候治理。拜登政府则推行了与特朗普政府截然相反的环境与气候新政，颠覆消极监管的立场，敦促相关机构恢复监管并提高相应行业标准。

第三，注重循序渐进推进政策制定和实施。拜登政府上任之初颁布大量总统行政命令和白宫通告，自上而下勾勒出气候政策总体框架，要求各机构限时作出调整和反应。2022 年以来，各个部门对总统和白宫宏观要求进行响应和行动，颁布和落实实施细则，进入政策执行阶段。

第四，重视科学，强调气候决策的科学性。拜登政府在政策的设计原则中反复强调"循证"和"科学"，要求以此作为政策制定的准绳以增加决策公信力。如重新建立总统科技顾问委员会，要求其就能源、环境等议题为总统决策提供科学技术信息的咨询意见；要求设立温室气体社会成本核算工作组，着手改革和提高气候变化中社会成本的计算方式，并改进联邦决策中对气候影响的考量。

第五，重视低碳科技创新，意在保持其低碳技术研发的全球领先地位。美国政府十分重视以科技创新应对气候风险和挑战，并以此确保美国在全球低碳经济转型中的优势地位。2000 年以来，美国在清洁能源政府研发投入方面一直全球领先，特朗普政府在上台后虽然大幅削减清洁能源研发预算，但遭国会反对，最终预算中清洁能源研发的比重甚至超过奥巴马政府水平。拜登政府任内通过的《芯片与科学法案》《两党基础设施法案》和《通货膨胀削减法案》三份重要法案大幅增加了对可再生能源、电动汽车网络建设以及其他项目从研发到示范再到应用的政府资助，预计将对未来的国际低碳能源竞争体系产生重要影响。

9.3 拜登政府的国际气候政策与气候外交

从国际层面来看，拜登政府高调推进气候外交，将应对气候变化列为其对外政策的重要内容和优先事项。拜登政府通过将气候变化与经贸、国际发展、安全、人权等议题相关联，在《公约》内和《公约》外、多边和双边渠道均采取积极行动，重返全球气候治理进程、重塑美国全球气候领导力，以实现美国整体内政与外交战略目标。

9.3.1 重返《巴黎协定》

在拜登就任美国总统的第一天，就对外宣布了美国重回《巴黎协定》的决定，这标志着美国将重新活跃于《公约》及其《巴黎协定》下的全球气候治理框架。2021 年 4 月，拜登政府发起气候领导人峰会，40 多位国家和国际组织的领导人出席。拜登在峰会上宣布，到 2030 年将使美国全经济范围的温室气体排放比 2005 年水平减少 50%—52%，该目标作为美国在《巴黎协定》下更新的国家自主贡献目标提交至《公约》秘书处。2021 年 11 月，美国提交了长期温室气体低排放发展战略，其中阐述了实现 2050 年温室气体净零排放的目标、排放路径和近中远期行动方案。在 2021 年的 COP 26 上，拜登在发言中多次强调美国将通过"示范引领"发挥全球领导力，采取前所未有的积极措施减少排放，并在世界范围内创造经济机会，力求恢复美国在全球气候治理中的影响力及领导地位。在 COP 27 上，拜登讲述了美国国内气候政策取得的进展、对发展中国家支持的预算以及美国发起的甲烷、森林、绿色航运等多边倡议，提出重塑美国作为值得信赖、坚定的全球气候领导者地位。

9.3.2 主导国际多边、双边和私营部门合作倡议

拜登政府还积极通过《公约》外多边渠道和双边渠道开展气候外交。在多边渠道上，拜登政府自上任以来在七国集团、二十国集团等现有高级别对话机制以及领导人气候峰会、主要经济体能源与气候论坛等美国主导的国际论坛与各国展开对话，加强世界主要国家和地区气候雄心。此外，美国积极发起多边行动倡议和合作伙伴关系，在 COP 26 上发起和参与了"公正能源转型伙伴关系""全球甲烷承诺""全球森林融资承诺""气候农业创新使命"等一系列合作倡议。在双边渠道上，美国频繁与各国家和地区开展能源和气候对话，并且建立双边伙伴关系，包括欧盟、东盟、德国、日本、伊拉克、印度等；与多个国家发布联合声

明，包括中国、沙特阿拉伯、俄罗斯等。在私营部门合作上，美国众多企业和金融机构积极发起与参与"能源突破技术孵化""先行者联盟采购承诺""格拉斯哥净零金融联盟"等合作倡议。

美国主导或参与发起的部分国际合作倡议已具有显著的影响力。例如在"公正能源转型伙伴关系"下，南非和印度尼西亚已各获得 85 亿美元和 200 亿美元的投资支持，计划支持的国家还包括印度、越南和塞内加尔；"全球甲烷承诺"已有150 个国家加入，并且已经发布了其能源、粮食和农业以及废物部门的甲烷减排路线图，加入的国家承诺甲烷排放量到 2030 年相比 2020 年至少削减 30%；"格拉斯哥净零金融联盟"的成员机构超过 550 个，包括资产管理者、银行、金融服务商、保险机构等，管理资产规模超过 140 万亿美元，成员机构承诺到 2050 年实现投资组合的净零排放，并且需要设立基于科学的 2025 年或 2030 年中期目标。

9.3.3 参与国际气候融资治理

美国还将国际气候融资作为气候外交的重要抓手之一。2021 年 4 月，拜登政府发布了《国际气候融资计划》，宣布将增加国际气候资金规模，调动私营资金，结束对碳密集型化石燃料的国际融资，促使资金流动与低排放和气候韧性发展路径相符，加强国际气候资金的监测、报告与核查体系。"全政府方式"的原则同样也适用于国际气候融资计划，拜登政府要求国务院、能源部、财政部、农业部、商务部、环境保护署、技术援助办公室等联邦机构积极与海外伙伴开展合作，涉及领域包括科技研发、技术援助、政策支持、降低风险、吸引私营部门等方面，以促进气候融资。

拜登政府还提出了宏伟的国际气候融资目标：到 2024 年为发展中国家提供的公共气候资金规模相比奥巴马政府第二任期（2013—2016 年）至少翻两倍，适应资金至少翻三倍[①]；2021 年 9 月联合国大会上，拜登承诺 2024 年之前每年提供114 亿美元的国际气候资金。适应是拜登政府国际气候融资计划的重点，特别是对易受气候变化影响的发展中国家气候外交的重点，拜登提出了"总统适应与韧性应急计划"，承诺到 2024 年每年为该计划提供 30 亿美元的气候适应资金，据称这是美国有史以来在全球范围内为减少气候对最易受气候变化影响的人群作出的最大资金承诺。在 COP 27 上，美国对非洲和拉丁美洲的适应行动作出了新的承诺，并且宣布对《公约》下的适应基金注资 1 亿美元。

---

① 根据美国第 2 次、第 3 次和第 4 次两年更新报告，奥巴马政府第二任期（2013—2016 年）气候资金规模共计 110.6 亿美元，年均 27.65 亿美元。关于适应资金的规模，国会批准的 2013—2014 年气候援助适应资金为 8.32 亿美元，2015—2016 年气候援助适应资金为 7.32 亿美元。

在双边渠道上，拜登政府将通过美国的双边机构（美国国际开发署、美国国际开发金融公司、千年挑战公司、美国贸易和发展署、美国进出口银行）提供气候资金支持。在多边渠道上，拜登政府将在多边金融机构（多边开发银行、国际货币基金组织等）中利用决策和投票权推动形成符合《巴黎协定》的气候融资计划，制定化石能源融资准则，加强金融扶持环境，有效调动已有资本支持发展中国家气候行动。在七国集团机制下，拜登政府联合发起"全球基础设施和投资伙伴关系"，宣称将在未来 5 年内筹集 6000 亿美元，为发展中国家提供投资，支持气候变化、卫生健康等领域的基础设施建设。在 COP 27 上，拜登发起支持发展中国家发行绿色债券的"气候金融＋"倡议，建立"可持续银行业联盟"以深化发展中国家的可持续金融市场，进行战略投资以帮助动员数十亿美元的私人资金并促进美国清洁技术的出口，同时宣布启动"气候性别平等基金"和"原住民融资便利基金"。在"我们的海洋"会议上，美国宣布将为 100 项海洋保护措施和气候解决方案提供 26 亿美元的资金支持。此外，拜登政府还参与二十国集团可持续金融工作组、金融稳定理事会、国际保险监督官协会等机构在加强可持续金融、气候相关金融风险分析与管理、投资组合脱碳等方面开展工作。

总体而言，拜登政府的国际气候政策和气候外交具有以下几个特点。

第一，急于重新夺回全球气候治理的领导权。特朗普政府对气候变化问题持消极立场，退出了《巴黎协定》，放弃了美国在全球气候治理中的领导权。拜登政府的做法则截然相反，将气候变化作为外交的重要议程之一，在双边和多边渠道中采取全方位行动。

第二，内政外交联动，推进美国经济的绿色低碳化转型，加强美国企业竞争力。美国高调推进气候外交，重要目的之一是以外交促内政，重塑美国的国内气候政治生态，加大绿色低碳转型力度。通过构建双边和多边合作伙伴关系与倡议，拜登政府力图为国内制造业提供新发展机遇，实现应对气候变化、促进海外投资与国内经济发展、加强对外援助等多重目标。

第三，不断推动气候变化问题的"安全化"趋势。美国发布的《2022 国家安全战略报告》和《2022 年国防战略报告》中均明确将气候变化问题列为美国面临的最大全球性挑战和美国国防安全的重大威胁，这表明拜登政府在将气候变化与美国国家安全的联系方面达到了新的高度。

第四，依托强大的金融力量促进气候外交。美国通过其双边发展援助机构以及在重要多边金融机构的话语权，将气候融资与国际发展相结合，使国际气候融资成为其气候外交中的重要组成部分。在美国主导和参与的众多双边与多边气候合作倡议中也包含了大量资金承诺，以借此拉拢部分发展中国家。

第五，借气候变化服务于单边主义色彩浓厚的外交战略，打压中国等发展中国家。重返《巴黎协定》后，美国在气候谈判中刻意淡化共同但有区别的责任和公平原则，力图重夺全球气候谈判话语权。一方面，联合欧盟等盟友高调宣传保持"1.5℃可及"目标，并借淘汰煤炭、甲烷减排、非法毁林等减缓议题分化发展中国家阵营，拉拢非洲和小岛屿脆弱国家，要求以中国为首的发展中大国提高减排雄心，承担与发达国家对等的减排义务；另一方面，有意逃避发达国家为发展中国家提供资金、技术和能力建设支持的义务，并在适应、损失和损害等发展中国家十分关心的议题上态度消极。

在全球经贸和投资问题上，应对气候变化也是美国单边主义行动的借口之一。自欧盟宣布计划推出碳边境调节机制后，美国民主党参议员也提出了《清洁竞争法案》，意图打造美国本土的碳关税制度。碳关税防止碳泄漏的效果面临诸多质疑[8]，却有可能形成新的绿色贸易壁垒，打压中国等发展中国家出口产品的竞争力，引发新一轮围绕产品碳含量展开的贸易战。美国还和欧盟成立美欧贸易和技术委员会，宣布成立 10 个工作组，其中气候变化和清洁技术是重点合作领域，在此之下也可能形成新的绿色贸易壁垒。在对华气候政策方面，拜登政府实施限制性气候合作策略，在保持与中国对话窗口的同时，通过炒作人权、海外煤电投资、发展融资债务等问题，抹黑中国在促进南南合作和全球可再生能源发展中的贡献，阻止中国扩大全球影响力、推广发展经验并投资关键技术。

9.4 结论与启示

碳中和背景下全球气候治理正进入一个新的阶段，挑战与机遇并存。美国作为世界第一大经济体以及第二大温室气体排放国，温室气体排放量已达峰并进入下降轨道，其应对气候变化的国内政策与国际行动将深刻影响全球气候治理进程。历史上美国气候政策经历多番摇摆，但在强大的科技和金融力量支撑下，美国在全球应对气候变化领域一直都有重大影响力。拜登政府时期大幅修正了特朗普政府时期的消极应对气候变化形象，在国内密集出台了一系列应对气候变化的政策，在国际上重返《巴黎协定》，力图重塑美国的全球气候领导力。总体而言，拜登政府的气候政策为全球尽快实现净零排放注入了较强动力，然而美国气候政策也面临多方面挑战和质疑。

第一，政策雄心和出资力度。美国的减排雄心和行动力度还需进一步提高。美国目前国家自主贡献承诺到 2030 年相比 2005 年减排 50%—52%，并且到 2050 年实现净零排放。然而一些研究结果表明，美国需要进一步提升 2030 年减排目标才能符合全球实现 1.5 度目标的情景[9, 10]。在国际气候资金上，考虑共同但有区别的责任和公平原则，美国在发达国家的 1000 亿美元集体资金目标中应出资 400 亿—470 亿美元，然而 2018 年美国仅贡献了 66 亿美元[11]，拜登政府承诺的 114 亿美元资金目标距离该"公平出资份额"也有较大差距。

第二，政策连续性。美国气候政策走向受两党制与三权分立体制影响显著，总统和行政部门颁布的行政命令、政策法规和标准若不能以立法形式在国会通过，则随着总统换届有被颠覆的风险。此外，最高法院作为司法部门，尽管不主动参与气候政策制定过程，但对重要案件的判决往往对气候政策走向产生决定性和长远的影响。由保守派大法官占据多数的最高法院在未来可能进一步阻挠拜登政府积极有力的气候行动规划。

第三，政策可信度。拜登政府出台的气候政策是否能够得到落实并实现其承诺与雄心，仍然受到复杂的美国国内政治局势、执行能力和利益集团的诸多束缚，存在较大的不确定性，需要进一步观察和评估[12]。美国拜登政府迄今已经在应对气候变化领域作了不少国际承诺，但真正兑现的很少。例如，美国国会批准的 2023 财年预算中仅包含约 10 亿美元的国际气候资金，这个数额远远低于拜登宣布的每年提供 114 亿美元的承诺，也低于白宫管理和预算办公室先前发布的约 27 亿美元的总统预算要求，其中拜登对绿色气候基金的 16 亿美元注资承诺并未被国会批准，极大损伤了其气候融资承诺的公信力。在气候目标上，拜登政府承诺美国最迟在 2050 年实现净零排放。然而根据测算，美国 2021 年的温室气体排放量可能比 2020 年水平增加了约 6%（不包括 LULUCF）[10]；美国能源信息署预测 2023 年美国煤炭和液化天然气出口量将持续增长。其不稳定的排放趋势引发国际社会对其气候承诺可信度的怀疑。

第四，政策与国际规则兼容度。拜登政府推行的部分气候政策具有单边主义色彩，有可能引发国际争端。例如，《通货膨胀削减法案》投资 3670 亿美元用于支持美国的可再生能源行业即是一个生动的例子。《通货膨胀削减法案》中多条对产于美国的新能源汽车和配件进行特别补贴的规定，已引发主要经济体在新能源领域的激烈争论和博弈。欧盟和中国已公开对此提出批评，强调美国的这一做法违反世界贸易组织的相关规定，旨在通过不公平的手段夺取在新能源行业的国际竞争优势，并要求美国修改相关政策。

参考文献

[1] 赵行姝. 拜登政府的气候新政及其影响 [J]. 当代世界，2021（5）：26-33.

［2］White House（2021）. Fact Sheet：The Bipartisan Infrastructure Deal［EB/OL］.（2021–06–11）［2022–12–22］. https://www.whitehouse.gov/briefing–room/statements–releases/2021/11/06/fact–sheet–the–bipartisan–infrastructure–deal/.

［3］Environment Protection Agency（EPA）. The Inflation Reduction Act［EB/OL］.［2022–11–20］. https://www.epa.gov/green–power–markets/inflation–reduction–act.

［4］The White House. President Biden's Bipartisan Infrastructure Law［EB/OL］. Washington D.C：the White House［2022–11–24］. https://www.whitehouse.gov/bipartisan–infrastructure–law/.

［5］The White House. By The Numbers：The Inflation Reduction Act［EB/OL］. Washington D.C：the White House，2022［2022–11–24］. https://www.whitehouse.gov/briefing–room/statements–releases/2022/08/15/by–the–numbers–the–inflation–reduction–act/.

［6］US Department of Energy（2022）. The Inflation Reduction Act Drives Significant Emissions Reductions and Positions America to Reach Our Climate Goals［EB/OL］.［2022–11–25］. https://www.energy.gov/sites/default/files/2022–08/8.18%20InflationReductionAct_Factsheet_Final.pdf.

［7］Columbia Climate School Sabin Center for Climate Change Law（2023）. Climate Regulation Tracker［EB/OL］. New York：Columbia Law School，2021.［2022–11–20］. https://climate.law.columbia.edu/content/climate–reregulation–tracker.

［8］中华人民共和国驻欧盟使团. 解振华出席中欧绿色合作高级别论坛［EB/OL］.（2020–11–18）［2021–06–01］. http://eu.china–mission.gov.cn/stxw/202011/t20201118_8204861.htm

［9］TEPLIN C，Subin Z，CORVIDAE J，et al. Scaling US Climate Ambitions to Meet the Science and Arithmetic of 1.5℃ Warming［R］. Colorado：Rocky Mountain Institute，2021.

［10］Climate Change Tracker：USA［EB/OL］.［2022–11–18］. https://climateactiontracker.org/countries/usa/policies–action/.

［11］BOS J，THWAITES J. 2021. A Breakdown of Developed Countries'Climate Finance Contributions Towards the $100 Billion Goal Technical Note［R］. Washington D.C：World Resources Institute.

［12］Harvard University School of Public Health. The Supreme Court curbed EPA's power to regulate carbon emissions from power plants：What comes next?［EB/OL］. 2022［2022–11–24］. https://www.hsph.harvard.edu/news/features/the–supreme–court–curbed–epas–power–to–regulate–carbon–emissions–from–power–plants–what–comes–next/.

第 10 章 欧盟气候政策与行动

欧盟是经济实力最强的国家联合体，同时也是全球应对气候变化的引领者。本章梳理了欧盟社会经济发展现状、能源消费、温室气体排放的历史趋势，从欧盟气候战略目标、重大政策创新、重点部门行动、激励和技术创新等方面总结了欧盟气候变化的政策体系，并结合俄乌冲突局势下欧盟能源局势的变化进行了分析，同时总结了欧盟成员国、典型地区城市和企业层面的气候政策与行动。

10.1 欧盟社会经济发展和温室气体排放特征

10.1.1 社会经济发展现状

欧盟是目前世界上经济实力最强、发达国家最集中、一体化程度最高的国家联合体，覆盖面积 410 万平方千米，人口 4.48 亿，约占世界总人口的 5.89%。2020 年英国脱欧后，欧盟目前共有 27 个成员国，其中 22 个成员国同时属于经济合作与发展组织成员国。2021 年欧盟 GDP 总量约占全球的 18%，人均 GDP 为 38234 美元，为世界平均水平的 3 倍以上。根据世界银行按收入水平划分的最新国别分类，除保加利亚为中等偏上收入国家，其余欧盟成员国均为高收入国家[1, 2]。

欧盟高端制造业全球领先，具有质优价高、科技含量高等优势，但也存在典型的后工业化阶段特征。"去工业化""产业空心化"及高比例的服务业为特征的产业结构对欧盟经济发展形成了制约，为此欧盟陆续推出一系列旨在振兴制造业的计划。2012 年 10 月，欧盟委员会发布"再工业化"的产业政策通报，正式提出逆转工业比重下降趋势，到 2020 年将其整体制造业增加值占 GDP 比重提升至 20% 的目标，并先后于 2014 年、2017 年完善该战略。2020 年 3 月，欧盟委员会发布了《欧洲新工业战略》，旨在帮助欧洲工业向气候中性和数字化转型，并提升其全球竞争力和战略自主性。2021 年，进一步发布《工业 5.0——迈向可持续、以人为本和弹性的欧洲工业》。

10.1.2 能源消费情况

2021 年欧盟一次能源消费量为 60.11 艾焦（20.51 亿吨标准煤），约占全球一次能源消费量的 10%，位居世界第三位。过去二十年，欧盟一次能源消费量总体呈波动下降趋势，2021 年相较 2000 年已下降约 7.2%。从能源品种看，2021 年欧盟一次能源消费以石油、天然气为主，占比分别为 35%、24%；其次依次为可再生能源、煤炭、核能，占比分别为 13%、11%、11%；水电占比为 5%。受资源禀赋等多种原因影响，欧盟不同成员国能源消费结构差异较大，瑞典、芬兰、法国非化石能源占比超过 70%，而波兰非化石能源占比则不足 10%[3]。从终端能源消费部门看，交通运输、居民生活、工业占欧盟终端能源消费的比重分别为 28%、28%、26%，服务业消费占比 14%，农业和渔业消费占比仅为 3%[4]。

在电力供应方面，总体趋势为逐步减煤减油，加快去核化进程，清洁能源开发集中式与分布式并举，清洁能源供给域内与域外受入并举。2020 年欧盟发电装机容量为 962.6 吉瓦，其中火电装机占比 40%，剩余部分主要由风电、水电、太阳能、核电构成；发电量 2781.3 亿千瓦时，约占全球的 10%，其中非化石能源发电量合计占比达 64%，瑞典、法国、卢森堡、芬兰、丹麦、奥地利非化石能源发电量占比高达 80% 以上。

在能源消费强度方面，2021 年欧盟人均能源消费量较高，为 4.61 吨标准煤 / 人，远高于世界平均水平，其中马耳他、比利时、卢森堡人均能源消费量超过 8 吨标准煤 / 人，位居世界前列，仅罗马尼亚低于世界平均水平；与之相反的是，欧盟单位 GDP 能源消费量远低于世界平均水平，为 1.2 吨标准煤 / 万美元，其中爱尔兰、丹麦、卢森堡单位 GDP 能源消费量低于 0.6 吨标准煤 / 万美元，保加利亚单位 GDP 能源消费量居欧盟首位，达 3.33 吨标准煤 / 万美元。

10.1.3 温室气体排放状况

欧盟温室气体排放约占全球的 7.7%[5]。2021 年欧盟温室气体排放约 37.8 亿吨二氧化碳当量，其中德国占比达 22.6%；其次依次为法国、波兰、意大利，占比均约 11.5%[6]。从温室气体排放量变化趋势看，自 1990 年以来欧盟温室气体排放量持续下降，2020 年相较 1990 年下降约 32%，降幅超出既定减排目标；其中包括德国在内的 12 个成员国降幅高于欧盟整体水平，尤其是爱沙尼亚降幅超过 70%；但也有部分国家呈现增长态势，如塞浦路斯增幅达 46%。受疫情后经济复苏影响，2021 年欧盟及各个成员国温室气体排放量相较 2020 年发生明显反弹，欧盟整体增幅达 8%[5, 6]。从温室气体排放源来看，能源活动温室气体排放量占欧盟温室气体排放的 77%；其次依次来源于农业活动、工业生产过程和废弃物处理，温室气体排放占比分别为 10%、8%、4%。从温室气体种类看，二氧化碳、甲烷、氧化亚氮和含氟气体排放占比分别为 80%、13%、5%、2%[5]。

欧盟人均温室气体排放量高于世界平均水平，但单位 GDP 温室气体排放量和单位能源二氧化碳排放均显著低于世界平均水平。2021 年欧盟人均温室气体排放量约为 8.44 吨二氧化碳当量 / 人，高于世界平均水平，其中卢森堡、丹麦、爱尔兰人均温室气体排放量较高，超过 13 吨二氧化碳当量 / 人；瑞典、马耳他人均温室气体排放量较低，不足 5 吨二氧化碳当量 / 人。欧盟单位 GDP 温室气体排放量为 2.21 吨二氧化碳当量 / 万美元，约为世界平均水平的 1/3，单位经济产出造成的气候变化影响相对较小，其中瑞典、卢森堡单位 GDP 温室气体排放量最低，分别仅为 0.81 吨、1.15 吨二氧化碳当量 / 万美元。欧盟单位能源二氧化碳排放是 1.33 吨二氧化碳 / 吨标准煤，低于世界平均水平，反映了较高的能源低碳化水平，其中瑞典单位能源二氧化碳排放仅为 0.51 吨二氧化碳 / 吨标准煤；其次为法国、芬兰，也不足 1 吨二氧化碳 / 吨标准煤；爱沙尼亚、马耳他、波兰单位能源二氧化碳排放则较高，超过 2 吨二氧化碳 / 吨标准煤。

总体来看，欧盟在促进清洁能源发展、应对气候变化、推动区域一体化进程等方面走在世界前列。欧盟及各成员国围绕能源转型、应对气候变化制定了一系列战略目标和政策措施，包括碳排放权交易、可再生能源发展、能效提升等。自 1990 年以来欧盟温室气体排放量持续下降，单位 GDP 温室气体排放量和单位能源二氧化碳排放均远低于世界平均水平，产业和能源低碳化水平较高。

10.2 欧盟气候变化政策

欧盟作为全球应对气候变化的引领者，采取积极应对气候变化的行动，经历了起步阶段、发展阶段、积极治理阶段、主动作为阶段和碳中和阶段五个阶段，实现了温室气体排放与经济增长的脱钩。

1990 年以前是起步阶段。1990 年欧洲理事会首次讨论气候变化并推动《公约》谈判，当时的欧洲共同体提出了到 2000 年将二氧化碳排放量稳定在 1990 年水平上的目标。

1990—1997 年为发展阶段。欧盟于 1997 年提出欧盟国家支持所有的工业化国家 2010 年的温室气体排放水平应当低于 1990 年排放水平的 15%。《京都议定书》通过后，欧盟承诺 6 种温室气体整体相较于 1990 年的水平减排 8%，并以"责任分担协议"的方式推动欧盟 15 国实现减排目标。

1998—2007 年为积极治理阶段。为帮助欧盟实现《京都议定书》规定的减排目标，2000 年欧盟提出了第一个欧盟气候变化计划，确定了一系列减排政策措施以开展应对气候变化治理的综合行动，尤为重要的是《温室气体排放限额交易指令》建立了欧盟内部碳排放权交易体系（EU ETS）。2005 年发布了第二个欧洲气候变化方案，以识别具有成本效益的温室气体减排措施，重点在碳捕集和封存等领域。2007 年欧盟提出到 2020 年温室气体排放比 1990 年至少下降 20% 的目标。

2008—2018 年是主动作为阶段。2008 年欧盟通过了气候行动和可再生能源一揽子计划，以支持实现欧盟提出的"20-20-20"行动目标：到 2020 年欧盟温室气体排放量在 1990 年的基础上至少减少 20%、欧盟可再生能源占能源消费总量的比例提高到 20%、能源效率提高 20%。2014 年通过了《欧盟 2030 气候与能源政策框架》，提出到 2030 年温室气体相较 1990 年减排至少 40% 的目标。

2019 年至今是碳中和阶段。欧盟于 2018 年率先提出建设气候中和大陆，2019 年颁布《欧洲绿色新政》，提出了欧盟 2030 年温室气体比 1990 年减排至少 50% 并力争到 55% 的目标，2021 年《欧洲气候法》将碳中和目标以法律的形式作出了规定。围绕《欧洲绿色新政》及气候目标落实，欧盟委员会于 2021 年 7 月提出了"减碳 55%"（Fit for 55）一揽子立法提案，积极推动立法制修订工作，提升各领域应对气候变化目标和行动力度，以满足目标落实需要。欧盟应对气候变化政策框架见图 10.1。

欧盟委员会等机构层面及各成员国、社会组织、企业、个人共同参与欧盟气候政策制定和治理，推动形成气候多元共治格局。在欧盟层面，欧盟委员会负责气候政策的规划制定和议程设定，并专门设置欧盟气候总司；欧洲议会和欧盟理事会则是欧盟气候政策出台的决定者，共同享有欧盟的立法权和预算权，共同决定欧盟的气候政策能否顺利通过并获得财政支持；其中欧洲议会环境、公共健康和食品安全委员会和工业、研究和能源委员会，以及欧盟理事会环境理事会和运输、电信和能源理事会对欧盟气候政策的最终出台有着极大的影响。在国家层面，各国都有其应对气候变化主管部门，并参与欧盟政策制定和执行；在区域层面，不同欧盟区域有着自身的气候合作平台；在非官方层面，欧盟企业、社会组织和个人也积极参与气候治理。欧盟气候治理体系见图 10.2。

10.2.1 欧盟气候战略目标

"绿色新政"最早源于 2008 年 7 月由"绿色新政小组"发布的一份英文报告，该报告主张从加强环境保护的视角应对全球金融危机。2019 年 12 月 11 日，新一届欧盟委员会发布了由欧盟及其公民提出的一项新增长战略《欧洲绿色新政》，旨在将欧盟转变成一个公平、繁荣的社会以及富有竞争力的资源节约型现代化经

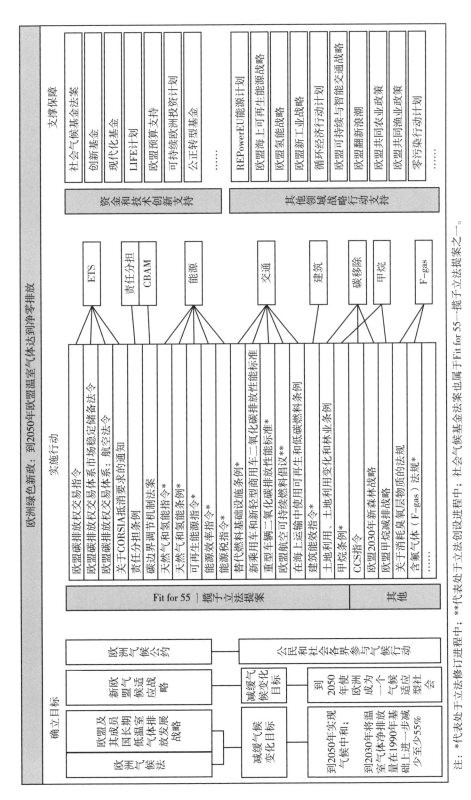

图 10.1 欧盟应对气候变化政策框架

注：*代表处于立法修订进程中；**代表处于立法创设进程中；社会气候基金法案也属于Fit for 55一揽子立法提案之一。

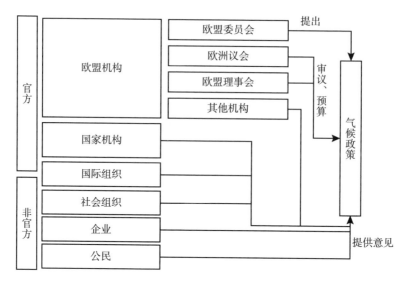

图 10.2　欧盟气候治理体系与参与主体

济体，到 2050 年欧盟温室气体达到净零排放且实现经济增长与资源消耗脱钩，并注重公正转型。新政详细阐述了落实目标的关键政策和措施，涵盖了能源、工业、交通、建筑、农业等经济重点领域实现目标的政策路径，明确了实现新政的资金渠道，提出了支持研究和创新、激活教育和培训、国际合作和公众参与四项保障措施[7]。2021 年 6 月欧洲理事会正式通过《欧洲气候法》，以具有法律约束力的形式规定了《欧洲绿色新政》中"到 2030 年减排目标提高到 50% 并争取达到 55%"的目标，提出到 2050 年全欧盟内部实现碳中和并在之后实现负排放，同时根据 2030—2050 年欧盟温室气体预算指标来确定 2040 年碳排放目标。

为积极落实《巴黎协定》关于在 2020 年前向《公约》秘书处通报"21 世纪中叶温室气体长期低排放发展战略"的要求，欧洲委员会于 2020 年 3 月提交了《欧盟及其成员国长期低温室气体排放发展战略》，基于 2018 年 11 月提交的《给所有人一个清洁星球——一份欧盟对于建设繁荣、现代、有竞争力的气候中性经济体的长期战略愿景》以及技术支撑报告，提出了 2050 年实现气候中和的战略愿景。同时，长期战略从投资和金融支持、研发创新、公众参与、气候公平等角度为欧洲的长期转型提供了支撑并兼顾深度减排的经济和社会效益。

《欧洲气候公约》以信息共享、自由讨论、能力建设等方式建立网络和共同行动，促进公民和利益相关方采取行动推动气候中和目标的实现，倡议公民、组织、企业和城市通过承诺采取行动为所有人建设一个更绿色、更可持续的欧洲，不让任何人掉队。

2021 年 7 月 14 日，欧盟委员会正式提出了"减碳 55%"（Fit for 55）一揽子立法提案以实现《欧洲绿色新政》，并进一步提高了减排目标，包括 19 项（6 项创设新法案和 13 项修订）立法提案（表 10.1），推动欧盟在确保社会公正的前提下保持竞争力、实现绿色低碳转型。

表 10.1 "Fit for 55"一揽子立法提案

立法类型	法案名称
创设	碳边境调节机制法案（Carbon Border Adjustment Mechanism）
	社会气候基金法案（Social Climate Fund）
	为欧盟飞机运营商提供基于全球市场碳抵销措施的通知（Notification on CORSIA）
	欧盟航空可持续燃料倡议（RefuelEU Aviation）
	在海上运输中使用可再生和低碳燃料条例（FuelEU Maritime）
	甲烷条例（Methane Regulation）
修订	欧盟碳排放权交易体系指令（EU ETS Directive）
	欧盟碳交易体系市场稳定储备法令（EU ETS Market Stability Reserve）
	欧盟碳交易体系：航空法令（ETS as regards aviation）
	汽车和厢式货车二氧化碳排放标准法令（CO_2 Emission Standards for Cars and Vans）
	替代燃料基础设施指令（Alternative Fuels Infrastructure Regulation，AFIR）
	建筑能源性能法令（Energy Performance of Buildings Directive，EPBD）
	责任分担条例（Effort-sharing Regulation，ESR）
	天然气和氢能法令（Gas and Hydrogen Directive）
	天然气和氢能条例（Gas and Hydrogen Regulation）
	可再生能源指令（Renewable Energy Directive，RED）
	能源效率指令（Energy Efficiency Directive，EED）
	能源税指令（Energy Taxation Directive，ETD）
	土地利用、土地利用变化和林业条例（LULUCF Regulation）

早在 2009 年，欧盟出台了《适应气候变化白皮书：欧洲行动框架》，2013 年出台了《欧盟适应气候变化一揽子计划》，明确了适应气候变化的政策与行动。2021年 2 月，欧盟委员会和欧盟气候适应力平台发布了《打造气候韧性欧洲——欧盟适应气候变化新战略》，提出到 2050 年打造气候韧性的欧洲，阐述了欧盟如何适应气候变化不可避免的影响，明确了更智能地适应气候变化、更系统地适应气候变化、更快速地适应气候变化和加强气候韧性的国际合作四大主要目标和 14 项主要行动。

10.2.2 重大政策创新

欧盟碳排放交易体系（EU ETS）自 2005 年启动以来经历了四个发展阶段，是欧盟气候治理的基石，也是实现温室气体减排目标的重要政策工具，纳入了约11000 个重点用能设施和航空企业，覆盖了欧盟 40% 以上的碳排放量，总体呈现覆盖范围持续扩大、配额总量逐年下降、拍卖占比逐渐上升等特点。欧盟修订欧盟碳排放权交易体系，提出到 2030 年 EU ETS 覆盖行业的碳排放较 2005 年减排61%（此前是 43%），到 2050 年每年免费配额下降率从 2.2% 提升至 4.2%，同时一次性减少 1.17 亿单位配额，并对欧盟碳边境调节机制（CBAM）覆盖的行业不断减少免费配额。EU ETS 还扩大覆盖范围，纳入航海运输，针对建筑供暖燃料和道路交通设立新的独立碳市场；增加基金支持 ETS 部门的低碳化；将建筑和道路交通部门排放交易的部分收入纳入社会气候基金[8]。

《京都议定书》下的《责任分担协议》基于"三部门法"自下而上核算和分解各成员国的碳排放量，自 2002 年正式批准后，首次实现了各成员国间承担"共同但有区别"的减排责任。考虑到成员国数量已经从 15 个增加到 27 个，2009 年发布《责任分担决议》，以 2005 年为基年，以人均 GDP 为主要基准，将 2013—2020 年 ETS 未纳入的行业，由各成员国基于人均 GDP 水平确定 2020 年减排和增排目标，确保欧盟实现 2020 年减排目标。2018 年出台了针对非 ETS 行业的《责任分担条例》，沿用了《责任分担决议》中以人均 GDP 分配的方法，各成员国分配的 2030 年减排目标较 2005 年减排分别在 0—40%。2021 年 7 月 14 日修订《责任分担条例》，除欧盟成员国，冰岛和挪威也于 2021 年首次加入。该条例主要针对未纳入 EU ETS 的国内海运、农业、建筑、工业、废弃物、道路交通等领域，其中建筑和道路交通也被平行的 ETS 碳市场所覆盖。相较于 2005 年，至 2030 年《责任分担条例》覆盖行业的减排目标将由此前的 29% 提高至 40%。

欧盟碳边境调节机制也被称作碳关税。作为全球首个碳边境调节税，其目标是避免欧盟地区进口产品与欧盟碳排放标准不一致造成的碳泄漏，并增强欧盟企业的竞争力。2023—2025 年是 CBAM 的过渡准备期，在此期间，进口商需按照欧盟的要求申报进口产品的碳排放量相关情况。从 2026 年开始，CBAM 将正式进入实施征收阶段，并逐单减少 EU ETS 免费配额，直至 2034 年完全取消。CBAM 目前覆盖范围为钢铁、水泥、铝、电力、化肥及氢气六个行业的二氧化碳排放，其中化肥和铝业还分别包括一氧化二氮和全氟化碳排放。从实施来看，为避免重复征税增加成本，欧盟将运营商在第三国支付的有效碳价纳入考虑。此外，欧盟未来还计划将 CBAM 逐步扩大到其他有碳泄漏风险的 EU ETS 行业，如炼油厂和化学品等。

10.2.3　重点部门行动
10.2.3.1　清洁可负担和安全的能源体系
2020 年 7 月，欧盟发布《能源系统一体化战略》，通过构建能效第一、注重循环再利用的能源系统，构建更大范围的可再生能源电力系统以加速能源电气化，推动可再生能源和低碳燃料应用于难脱碳行业，提高能源市场对脱碳和分布式能源的兼容性，构建能源一体化的基础设施，构建创新型的能源数字化系统等六大行动支撑能源转型。欧盟提出 REPowerEU 计划，以应对俄乌冲突对欧盟能源供应的冲击，打造能源进口多样化、节约能源和加速清洁转型的能源系统，提出到 2030 年可再生能源占比从 40% 提高到 45% 的目标，提高工业、建筑和交通部门电气化水平以替代化石能源燃料和供热，并制定了欧盟光伏战略。2020 年 11 月，欧盟发布《欧盟海上可再生能源战略》，提出到 2030 年、2050 年的装机规模目标，其中海上风电目标分别为 60 吉瓦、300 吉瓦，海洋能装机目标分别是 1 吉瓦、40 吉瓦。

欧盟修订《可再生能源指令》，提出到 2030 年可再生能源占比由 32% 提高到 40%，同时提出了供暖和制冷、工业、交通等领域的目标和措施。建筑领域到 2030 年可再生能源消费占比目标为 49%，供暖和制冷可再生能源比例逐年增加 1.1%。交通领域到 2030 年需实现温室气体强度下降 13% 或者终端能源消费中可再生能源比例至少提高到 29%，成员国可以任选一个目标；交通领域中非生物来源的可再生燃料（主要是可再生氢和氢基合成燃料）占比达到 5.2%；先进生物燃料在可再生能源中的占比到 2030 年达到 4.4%。工业领域可再生能源比例逐年增加 1.1%，到 2035 年可再生能源制氢占氢能消费的 50%。

欧盟修订《能源效率指令》，提出到 2030 年能效的约束性目标——终端能源消耗和一次能源消耗分别减少 36%（此前是 32.5%）和 39%（此前是 32.5%）。要求成员国建筑、工业、交通等领域提高能效，终端能源消耗每年降低 1.5%，以确保 2030 年能源消耗量较 2020 年降低 9% 的目标；要求成员国公共部门每年降低 1.7% 的终端能源消耗，同时翻新公共建筑占总建筑面积的 3%。欧盟修订"能源税指令"，聚焦运输燃料税率的结构和扩大税基，最低税率基于燃料和电力的能源含量及其对环境影响确定；同时扩大应纳税产品范围，航空和海运燃料将被征税，取消化石能源的免税政策和减税政策，使能源产品的税收与欧盟当前的能源和气候政策保持一致。

10.2.3.2　保持竞争力、绿色和数字化的工业战略

2020 年 3 月，欧盟发布《欧盟新工业战略》，推动工业绿色和数字化双重转型，以构建更深入、更数字化的单一市场，为工业创造确定性、维护全球公平的竞争环境、支持工业实现气候中性、建设更加循环的经济四项举措行动落实目标。同时《循环经济行动计划》与工业战略相结合，通过制定可持续产品政策框架、打造关键产品价值链、推行减废措施等关注产品的政策措施，加快欧洲绿色新政转型。

作为《欧洲塑料战略》的倡议，2018 年 12 月成立了"循环塑料联盟"，承诺

到 2025 年欧盟再生塑料规模提高到 1000 万吨，目前已经有 311 个机构加入联盟并签署宣言。2020 年 9 月成立了"欧洲原材料产业联盟"，重点关注用于电池和电子电器设备磁体的金属和稀土原材料供给。2020 年 12 月发布了《新电池法规》，覆盖电池生产的全生命周期，新增对内部存储及容量大于 2 千瓦·时的电动汽车电池和可充电工业电池未来建立碳足迹声明的要求。

10.2.3.3 推动建筑升级改造

欧盟于 2021 年修订《建筑能源性能法令》，提出到 2027 年新建建筑实现零排放、到 2030 年所有翻新建筑实现零排放，加快建筑革新速度，推动可再生能源建筑使用的目标，并提出建筑要达到"能源性能证书"至少 E 级，规定了存量建筑物的最低能源性能标准。《建筑能源性能法令》提出了从近零能源建筑向零排放建筑迈进，使新建建筑符合"能源效率第一原则"的目标。零排放建筑即具有非常高的能源性能的建筑，尽管仍需要非常低的能源，但完全来自可再生能源，建筑物本身没有化石能源的碳排放。从 2030 年 1 月 1 日起所有新建建筑均需是零排放建筑，并自 2027 年 1 月 1 日起所有公共机构所属的建筑也需要是零排放建筑。

欧盟发布《建筑产品法规》以确保各个阶段新建与翻新建筑物设计能够满足循环经济的需求，提高存量建筑的数字化水平与气候适应水平。《国家长期革新策略》提出了对存量建筑革新的政策和行动，2020 年 10 月开展公共与私人建筑"革新浪潮"，到 2030 年建筑翻新率至少提高一倍，降低能源费用，缓解能源匮乏，创造就业机会。欧盟推出"智能就绪指标"，对建筑使用智能技术的就绪程度进行评级。EU ETS 体系纳入建筑物排放，努力确保不同能源资源的相对价格能为节能释放正确信号。

10.2.3.4 可持续智能化的交通领域

2020 年 10 月，欧盟发布了《可持续与智能交通战略》，提出力争到 2050 年交通运输行业减少 90% 的碳排放，以可持续出行、智慧出行和弹性出行的三大方向 10 大行动 82 项倡议的战略框架推动交通领域绿色和数字智能转型，打造可持续与智能交通体系。欧盟还修订了乘用车与轻型商用车二氧化碳排放标准，新标准提出新的乘用车到 2030 年和 2035 年平均排放量相较 2021 年分别下降 55% 和 100%、轻型商用车分别下降 50% 和 100%，到 2035 年欧盟的乘用车与轻型商用车将实现零排放，加速向零排放出行的转型。

欧盟修订《替代燃料基础设施指令》，为零排放车提供可持续燃料基础设施支持，为汽车、船舶、飞机等提供替代燃料或充电，确保欧盟范围内覆盖充电或补充燃料的基础设施。在道路交通方面，到 2025 年主要公路每 60 千米设置一个乘用车充电站，到 2030 年主要公路每 60 千米设置一个货车充电站，到 2030 年主要公路每 200 千米设置一个加氢站，主要公路沿线允许甲烷燃料汽车循环使用；在港口方面，在最繁忙的海港至少 90% 的集装箱船和客船使用岸电，在内河航道港口至少有一个装置供应岸电；在机场方面，到 2025 年航站楼旁的所有飞机停机位实现电力供应，到 2030 年所有远机位实现电力供应。

推动制定"欧盟航空可持续燃料倡议"，提出欧盟机场的飞机将逐步增加航空可持续燃料的使用量，可持续航空燃料占比在 2025 年、2030 年、2035 年、2040 年、2045 年和 2050 年分别达到 2%、6%、20%、32%、38% 和 63%，为航空部门的可持续发展创造公平竞争的环境。推动制定"欧盟航运燃料倡议"，鼓励抵达欧盟港口的船舶只采用可持续航运燃料和零排放技术，通过对船舶使用燃料的温室气体含量设定最大值，实现到 2050 年所用燃料的温室气体强度减少75%。

10.2.3.5　碳汇和非二氧化碳排放

欧盟修订《土地利用、土地利用变化和林业条例》，到 2030 年利用自然碳汇实现温室气体净清除量达到 3.1 亿吨二氧化碳当量，并作为约束性目标在成员国之间分配；到 2035 年欧盟土地利用、林业和农业部门实现气候中和。同时，2021 年 7 月通过《2030 年欧盟新森林战略》，以推动欧盟森林保护和修复，提出到 2030 年在欧洲再种植 30 亿棵树的目标。

2020 年 10 月欧盟发布《欧盟甲烷减排战略》，提出在欧盟和全球范围内减少能源、农业、废弃物处理以及跨部门等 24 项甲烷减排行动。能源部门通过减少放空和火炬燃烧、减少煤矿甲烷排放、减少油气生产运输和燃烧过程中的泄漏等鼓励自愿减排；农业部门以沼气发展为重点，致力于开发甲烷减排创新技术、动物饲养减排甲烷最佳实践和技术清单、收集甲烷排放数据的数字化碳导航模块等实施综合干预；废弃物处理部门提出到 2024 年可降解废弃物实现分类收集、到 2035 年废弃物垃圾填埋比例不超过 10% 的目标。同时，完善甲烷排放量化和报告方法学，推动创建甲烷排放控制联盟制定甲烷监测、报告与核查标准，夯实甲烷排放的数据基础，设立国际甲烷排放观测平台，实现全球甲烷超级排放源数据共享，强化国际合作。

2022 年 4 月，欧盟发布新的氟化气体（F-gas）法规的提案，提出到 2050 年将投放市场的氢氟碳化物数量相较 2015 年减少 98%。《移动空调系统指令》要求逐步禁止在乘用车中使用全球变暖潜能值高于 150 的氟化温室气体。

10.2.4　激励和技术创新政策

2020 年 1 月，欧盟委员会发布了"欧洲可持续投资计划"（Invest EU），提出将在 2021—2030 年调动至少 1 万亿欧元的资金支持《欧洲绿色新政》；此外，欧盟在"多年财政预算框架"（Multiannual Financial Framework，MFF）（2021—2027年）下的 1/4 预算将用于气候变化相关支出。同时，"欧洲可持续投资计划"还将撬动私营部门的投资以及发挥欧洲投资银行的作用，到 2025 年用于支持气候行动和环境可持续的资金占比将达到 50%。根据预算，欧盟"多年财政预算框架"中12110 亿欧元和"下一代欧盟"中 8069 亿欧元将用于进一步加强气候行动，其中30% 用于应对气候变化。

创新基金和现代化基金作为欧盟碳排放权交易体系下的非预算基金，将为实现碳中和提供 250 亿欧元。2019 年 2 月，欧盟宣布欧盟碳排放交易体系创新基金将在 2020—2030 年提供约 380 亿欧元支持低碳技术的研发与示范。现代化基金来自 2021—2030 年总配额收入的 2%，用于支持保加利亚等 10 个低收入成员国通过实现能源系统现代化向气候中和过渡，5 个受益成员国克罗地亚、捷克、立陶宛、罗马尼亚和斯洛伐克向现代化基金提交额外津贴。欧盟设立社会气候基金，面向成员国在 2025—2032 年提供 722 亿欧元，致力于交通部门低碳转型、提高建筑能效水平、应对能源贫困、助力经济增长并提供环保工作机会。欧盟新的独立碳排放交易体系下建筑供暖和道路交通领域在碳交易市场中出售配额的收入也将纳入社会气候基金。

欧盟多个基金和研发资助计划明确了对碳捕集与封存（Carbon Capture and Storage，CCS）的支持。创新基金、复苏和恢复基金、公平转型基金、地平线欧洲基金和资助计划对 CCS 和 CCU 的研发和示范项目提供资助。

欧盟的公平转型机制包括公平转型基金、欧洲可持续投资计划下的公平转型机制、公共部门贷款机制，分别提供赠款、私人投资和公共融资。2020 年 5 月，欧盟修订了公平转型基金提案，重点支持受气候中和转型影响最大地区的经济现代化发展以及减轻转型过程中带来的就业负面影响，主要支持数字连接、清洁能源技术、减排技术、工人再就业培训和技术援助等领域的投资。公平转型基金预算为 175 亿欧元，其中 75 亿欧元来自"多年财政预算框架"资金，100 亿欧元来自"下一代欧盟"资金，面向所有成员国提供资金，并根据项目所在地区确定提供资金的水平，对于欠发达地区最高为 85%、转型地区为 70%、较发达地区为 50%。

10.2.5　俄乌冲突局势下欧盟能源局势变化

作为世界上化石能源储量较为匮乏的地区，欧盟能源对外依存度高达近60%，2020 年原油和石油制品、天然气、硬煤对外依存度分别为 105.6%、83.6%、57.4%。欧盟对俄罗斯的能源依赖是全方位的，这种高度依存的能源关系始于 20

世纪 70 年代，并在市场调节下逐步形成了较稳定持续的供需关系。2020 年欧盟进口天然气、原油和液化天然气、硬煤中，分别约有 43.3%、25.7%、53.9% 来源于俄罗斯。

2022 年 2 月俄乌军事冲突爆发后，西方不断升级对俄罗斯的经济制裁。2022 年 4 月，欧盟同意自 2022 年 8 月起对俄罗斯煤炭进口实施禁运，并自 2023 年起对俄罗斯海运石油实施禁运，这也让欧盟自身深陷能源危机。在俄乌冲突及由其引发的双边制裁影响下，欧盟面临严重的能源紧缺，本已高企的能源价格进一步飙升，给生产和生活造成了巨大不利影响。

面对俄乌冲突给欧盟能源安全带来的重大挑战，欧盟着眼近期，积极寻求替代俄罗斯的新能源供应方案，加大能源进口的多样性，增加天然气、石油等重要能源储备，大力倡导能源节约；着眼中长期，推进 REPowerEU 能源计划，提议将 2030 年可再生能源发展占比目标提升至 45%，旨在迅速降低对俄罗斯化石燃料的依赖；并积极实施氢能战略，加速"能源独立"进程。在化石能源供应短缺和价格飙升倒逼作用下，2022 年欧盟可再生能源发电装机快速增长，热泵及电动汽车销售量也明显上涨。虽然俄乌冲突导致的欧亚政治局势变化短期来看加剧了欧盟能源短缺，对经济社会发展形成了一定影响，但长远来看必将加速欧盟可再生能源发展步伐和脱碳进程。

10.3　欧盟各类主体气候政策与行动

10.3.1　欧盟成员国气候政策与行动

在欧盟应对气候变化总体要求的基础上，各成员国也积极推动本国应对气候变化立法和制度建设，纷纷发布碳减排长期战略，提出自身的应对气候变化长期战略目标及 2030 年中期减排目标，强化温室气体减排目标力度，加快行动步伐。总体来看，目前欧盟各成员国均明确了自身的 2030 年中期减排目标，绝大部分提出了长期气候目标（仅捷克和波兰尚未提出）。就长期目标而言，从目标表述看主要分为 3 种类型——气候中性、碳中和、净零排放，荷兰 2050 年长期目标则为减排率目标（即 2050 年温室气体排放相较 1990 年减少 95%）；从目标达成时间来看，大多数成员国实现气候中性、碳中和或净零排放的时间为 2050 年（或不晚于 2050 年），与欧盟保持一致；芬兰、德国、瑞典目标年有所提前，尤其是芬兰计划于 2035 年实现净零排放。

（1）德国

2021 年 5 月，德国联邦内阁通过了《德国联邦气候保护法》修订法案，规定与 1990 年相比，温室气体排放量逐渐减少，到 2030 年至少减少 65%，至 2040 年至少减少 88%，到 2045 年实现温室气体净中和，2050 年后逐步实现温室气体负排放。该修订案保留了分部门排放许可限额制度，给出了能源、工业、建筑、交通、农业、废弃物管理及其他部门 2020—2030 年分年度温室气体排放许可量，可以看出 2030 年前，绝大部分减排量由能源部门承担，其次为工业、建筑和交通部门；提出了 2030—2040 年各年度具体减排目标，计划于 2024 年确定这些目标在不同部门之间的分解方案；修订案还强调了增强森林等碳汇能力对于实现 2045 年温室气体净中和、2050 年后负排放的重要作用，制定并不断提升土地利用、土地利用变化和林业部门分阶段温室气体减排贡献量化目标。此外，德国还批准了《退煤法案》，修订《可再生能源法》，制定《德国联邦气候行动长期战略》《2050 年能源效率战略》《国家氢能战略》等一系列长期战略，细化各部门行动措施。

（2）瑞典

2017 年 6 月，瑞典议会通过《气候政策框架》，该框架是瑞典历史上最重要的气候改革，包含雄心勃勃的气候目标、气候法案和气候政策委员会，是瑞典努力遵守《巴黎协定》要求的重要行动。该框架提出了新的气候目标，其中长期目标为到 2045 年实现温室气体净零排放，这意味着瑞典温室气体排放量应比 1990 年至少减少 85%，其余 15% 可以通过补充措施实现；2045 年后实现负排放，这意味着温室气体排放量少于通过自然生态循环或补充措施可以减少的数量。中期目标包括到 2030 年瑞典域内《欧盟责任分担条例》所涵盖部门的排放量相比 1990 年至少减少 63%，其中 8% 可以通过补充措施实现；到 2040 年瑞典域内《欧盟责任分担条例》所涵盖部门的排放量相比 1990 年至少减少 75%，其中 2% 可以通过补充措施实现。可以看出，补充措施在瑞典实现中期减排目标和长远气候目标中发挥了重要作用。可允许用于抵消排放量的补充措施主要包括 3 类，即增加森林和土地碳储量、在其他国家投资的核证减排量、生物质能碳捕集与封存。

（3）芬兰

2022 年 5 月，芬兰议会通过了一项新的《气候变化法案》，承诺到 2035 年实现净零排放，到 2040 年实现负排放，这项承诺使其成为欧盟最早实现净零排放的国家。新法案还更新了绝对减排目标，要求与 1990 年温室气体排放水平相比，到 2030 年至少减排 60%，到 2040 年至少减排 80%，这一目标使该国的温室气体减排进程向前推进了整整十年（2015 年版《气候变化法案》承诺到 2050 年减排 80%）。

（4）比利时

比利时联邦层面并没有提出总体的温室气体减排目标，而是由域内各个地区独立制定长期气候战略和目标。瓦隆区的长期战略旨在到 2050 年实现碳中和，与 1990 年相比，温室气体排放量减少 95%（辅以碳捕集利用及负排放的措施）；弗拉芒区的长期战略旨在到 2050 年将非 EU ETS 部门的温室气体排放量相比 2005 年减少 85%，并实现完全气候中性；布鲁塞尔首都区的长期战略设定了在布鲁塞尔城市化背景下，到 2050 年接近欧洲碳中和目标的目标。以上 3 个区覆盖了比利时域内所有温室气体排放。

此外，丹麦政府于 2020 年通过《气候法》，旨在到 2030 年将其温室气体排放量相比 1990 年减少 70%，最迟在 2050 年实现气候中性社会；爱沙尼亚在 2021 年发布的最新气候行动中也提出了相同目标[9]。

10.3.2　典型地区 / 城市气候政策与行动

根据英国能源与气候智库建立的净零追踪数据库，欧盟约有 22 个省 / 州 / 区、45 个城市已经制定了长期气候目标，其中以德国、西班牙、法国、意大利的地区和城市为主，有相当一部分地区或城市还加入了联合国倡导的"奔向零碳"（Race to Zero）活动。为提升城市气候行动，2021 年 9 月欧盟委员会启动了"欧盟使命：气候中性和智慧城市"项目（也称"城市使命"），并于 2022 年 4 月公布了入选城市名单，100 个欧盟城市将在欧盟委员会的支持下力争于 2030 年前实现气候中性。欧盟委员会还专门出台了《欧盟使命：2030 年 100 个气候中性和智慧城市——城市信息包》，提供城市实现气候中和的参考指南。

（1）丹麦哥本哈根：首个提出碳中和的城市

早在 2009 年《公约》第十五次缔约方大会召开之际，哥本哈根就提出到 2025 年成为全球首个碳中和城市；并于 2012 年 8 月 23 日经市议会通过了《哥本哈根 2025 气候计划》，明确了 2013—2016 年的减排路线图；此后又分别于 2016 年、2020 年发布明确了 2017—2020 年、2020—2025 年的路线图。与 2010 年相比，哥本哈根已经完成 80% 的减排目标，按照计划 2025 年实现碳中和存在困难，但仍将努力在 2035 年实现"迟到的"碳中和目标。

（2）德国多个州市：强化立法推动应对气候变化

2021 年 7 月，德国北莱茵 - 威斯特法伦州议会批准了 2013 年《北威州气候保护法》的修正案，承诺于 2045 年实现温室气体中和，并增加了中期目标——到 2030 年温室气体排放量将比 1990 年减少 65%，到 2040 年减少 88%。德国巴登 - 符腾堡、柏林联邦、巴伐利亚、图林根、汉堡、柏林等州市也先后通过制定或修订气候立法确立长期气候目标。总体来看，德国地方气候立法走在欧盟前列，为推进气候目标落实提供了保障。

（3）荷兰阿姆斯特丹：细化气候中性路线图

2020 年，荷兰阿姆斯特丹制定了《2050 年气候中性路线图》，提出到 2030 年温室气体排放量比 1990 年减少 55%，到 2050 年减少 95%；并建立了气候预算，针对造成其温室气体排放的 4 个主要部门（建筑、交通、电力、港口和工业）分别制定详细的减排措施，如电力部门最大程度发展屋顶光伏、优化潜在风能利用、发展适应未来的电力基础设施，以支撑气候中性目标的实现。

10.3.3 企业组织层面气候行动

在欧盟及全球各国纷纷提出碳中和目标的背景下，越来越多的企业也开始制定碳中和目标和方案，以避免因气候问题引发的商业风险，保持市场竞争力和影响力，积极承担社会责任。截至 2022 年，欧洲五大互联网公司中已有三家宣布实现碳中和。2022 年世界领先的轨道车辆和商用车辆制动系统的制造商德国克诺尔集团宣布，2021 年其二氧化碳排放量相比 2018 年成功减少了 73% 以上，考虑到抵销因素，其全球所有业务都已实现了碳中和。根据净零追踪数据库，欧盟各成员国中有 170 多家企业已经提出净零、碳中和或气候中和目标，且绝大部分制定了相应的减排发展战略，其中以法国、德国的企业居多，约占 40%，其次西班牙、爱尔兰、瑞典、荷兰的企业也较多。从目标达成时间看，上述 170 多家企业中，约有 76% 的企业在 2040 年及之后，约有 20% 的企业在 2030—2040 年，在 2030 年之前的极少。

此外，欧洲还有很多的气候组织致力于推动不同层面的气候行动，提供技术、资金支持，搭建交流沟通平台，发挥了至关重要的作用。2003 年，世界自然基金会和其他非营利性组织共同发起实施黄金标准，该标准为清洁发展机制和联合履约机制之下的减排项目提供了第一个独立的、最佳的实施标准，旨在确保减少碳排放的项目具有最高水平的环境完整性，用以保证项目的环境效益，可作为项目实施者的工具。黄金标准备案的 39 个方法学涵盖土地利用、林业和农业，能源效率，燃料转换，可再生能源，航运能源效率，废弃物处理和处置，用水效益和二氧化碳移除 8 个领域。截至 2021 年，黄金标准已经为 900 多个项目签发了 1.51 亿碳信用，这些项目位于 65 个不同的国家，其中包括 1.261 亿自愿减排量和 2490 万黄金标准核证减排量，共计 7580 万吨自愿减排量已经注销，占发行自愿减排量总量的 60%。

2015 年，碳披露行动、联合国全球契约、世界资源研究所和世界自然基金会共同发起成立了"基于科学的目标倡议"（Science Based Targets initiative，SBTi），致力于推动企业设定基于科学的减排目标，采取雄心勃勃的气候行动。该组织提供目标设定程序、方法标准、行业指导及案例分享。SBTi 制定了世界上首个企业净零标准和首个金融机构净零目标标准，其中包括公司或金融机构设定与全球温升 1.5℃相一致的基于科学的净零目标所需的指导、标准和建议。自 2015 年，SBTi 设计的目标设定流程已被 3000 多家公司使用并不断增加，尤其是在 2021 年后进入快速增长期。

10.4 本章小结

欧盟以目标、行动和保障措施的政策体系全面统筹绿色低碳转型。欧盟以绿色新政为导向，落实"减碳 55%"一揽子计划；以欧盟气候中和为目标，重塑欧盟未来发展；颁布气候立法，以法律形式明确了减碳目标，并通过工业、建筑、交通、能源、农业等各部门的目标任务全面部署、系统推进、统筹谋划，以创新技术、资金保障和社会动员等支持举措，形成了以目标、行动和保障协同支撑的政策体系。

欧盟以多部门减排行动支撑减排目标。从欧盟、各成员国、典型地区 / 城市再到企业，通过自上而下的立法、长期战略、政策等提出了 2030 年中期减排目标以及到 2050 年气候中和的长期目标，同时能源、建筑、交通、工业等部门出台相关举措支持目标的落实，尤其是典型城市以率先中和的行动为欧盟气候中和目标奠定了坚实基础。

欧盟以激励约束机制和创新技术引导全社会转型。欧盟从创新基金、金融工具到财政预算，为应对气候变化提供了强大的资金支持，尤其是将其财政资金的30% 用于应对气候变化工具，加大了绿色低碳转型的支持力度，为欧盟经济社会发展转型提供了财政与金融保障。欧盟明确了 EU ETS 减排任务，并以总量控制机制传导减排压力和政策信号，以独立考核方式掌握碳市场年度减排作用，保障交易结果的有效性。欧盟在碳捕集及封存、可再生能源发电技术、电池技术、氢能技术等关键性、前沿性、颠覆性技术领域部署创新体系，特别是欧盟的新电池法规将确定统一的电池碳足迹计算方法、碳足迹性能分级方法以及最大碳足迹限值，引导电池产业低碳发展。

尽管欧盟为实现碳中和目标建立了较为完善的气候变化政策体系，但仍需平衡碳排放交易体系与碳价，特别是 2021 年欧盟提出的全球首个碳边境调节机制。欧盟的贸易伙伴则对 CBAM 是否符合世界贸易组织规则提出了质疑，对于碳泄漏自身而言，目前并未找到明确的证据表明碳泄漏的发生，不能证明在较低碳价和向关键工业部门免费分配碳配额的背景下，欧盟排放交易体系导致了碳泄漏。

参考文献

［1］World Bank. World Bank national accounts data［EB/OL］.［2022-10-14］. https://data. worldbank.org/indicator/NY. GNP. PCAP. CD.

［2］Eurostat. Usually resident population［EB/OL］.（2022-7-10）［2022-10-14］. https://appsso. eurostat.ec.europa.eu/nui/show.do?dataset=demo_urespop&lang=en.

［3］BP. BP Statistical Review of World Energy 2022 | 71st edition［EB/OL］.［2022-10-14］. https:// www.bp.com/content/dam/bp/business-sites/en/global/corporate/pdfs/energy-economics/statistical- review/bp-stats-review-2022-full-report.pdf.

［4］European Commission. EU energy in figures Statistical pocketbook 2022［EB/OL］.（2022-09- 22）［2022-10-14］. https://op.europa.eu/en/publication-detail/-/publication/7d9ae428-3ae8- 11ed-9c68-01aa75ed71a1/language-en.

［5］European Commission. Global Greenhouse Gas Emissions EDGAR v7.0［EB/OL］.［2022-10-14］. https://edgar.jrc.ec.europa.eu/dataset_ghg70.

［6］Eurostat. Air emissions accounts for greenhouse gases by NACE Rev.2 activity-quarterly data［EB/OL］.（2022-09-05）［2022-10-14］. https://appsso.eurostat.ec.europa.eu/nui/show. do?dataset=env_ac_aigg_q&lang=en.

［7］European Commission. The European Green Deal［EB/OL］.（2019-11-12）［2022-10- 20］. https://eur-lex.europa.eu/legal-content/EN/TXT/?qid=1588580774040&uri=CELEX： 52019DC0640.

［8］European Commission. EU Emissions Trading System（EU ETS）［EB/OL］.［2022-10-25］. https://climate.ec.europa.eu/eu-action/eu-emissions-trading-system-eu-ets_en.

［9］Danish Ministry of Climate, Energy and Utilities. Danish Climate Act［EB/OL］.（2020- 6-26）［2022-10-14］. https://en.kefm.dk/Media/1/B/Climate%20Act_Denmark%20-%20 WEBTILG%c3%86NGELIG-A.pdf.

第 11 章　英国气候政策与行动

作为老牌的发达国家，英国在全球应对气候变化中表现出积极的态度。在国内，英国政府积极推进应对气候变化的相关举措，2008 年在全球率先通过气候变化立法，确保减排目标的法制化；并推行"碳预算"机制，以阶段性目标支撑长期目标的实现。在国际，英国在各种多边和双边场合中都一如既往地推动全球应对气候变化进程，在适应、减缓乃至低碳技术的国际交流与合作等多方面均有积极表现。近年来，尽管英国深受脱欧、新冠疫情以及俄乌冲突等一系列全球重大事件的影响，但其在部署 2050 年实现净零排放目标方面态度坚定，相继出台的政策与措施也为全球加速低碳转型贡献了英国经验。

11.1　率先在全球通过气候立法

英国作为工业革命的主要发源地，在快速工业化推进过程中相继出现环境与气候问题，促使英国较早就开始重视应对全球气候变化的工作。在经历 1952 年伦敦烟雾事件后，英国开始倡导推行"绿色工业革命"，重视国内经济发展与应对气候变化工作的统筹。得益于英国公民社会运动的大力推动，《IPCC 第四次评估报告》（2007 年）及受英国政府委托完成的《斯特恩气候变化经济学评论》（2006年）等多份报告使英国政府认识到要推动"气候立法"将气候目标明确下来，以此来倒逼整个经济社会向更可持续的方向转型。英国政府于 2008 年 11 月正式通过了《气候变化法（2008）》（The Climate Change Act 2008），成为全球第一个气候立法的国家，这一举措也带动更多的国家将应对气候变化的目标法制化，以避免政府更迭对减缓全球变暖工作的退步。

英国气候变化法案通过后的第二年，英国成立气候变化委员会（Climate Change Committee，CCC）。该机构是一个独立的法定咨询机构，其职责是为英国和地方政府的排放目标提供建议，并就减少温室气体排放以及适应气候变化等方面所取得的进展事宜向议会报告。气候变化委员会长期致力于英国应对气候变化国家目标的研究与跟踪，相关研究为英国议会制定国内以 5 年为周期的碳预算提供了重要的技术支撑。

英国 2008 年写入气候变化法中的长期目标是"到 2050 年将温室气体排放比 1990 年减少 80%"，是基于当时的低碳技术水平和发展预期提出的，预期实现"80% 减排目标"的总成本约占届时 GDP 的 1%—2%，是经济上可接受的。近十多年来，随着全球对应对气候变化进程的日益加速，以可再生能源为代表的低碳技术实现了巨大突破，不断降低的技术成本大大加速了全球减缓温室气体排放的进程。新形势下，英国认为有必要更新与其发展阶段和特征相适应的长期减排目标，继续在全球应对气候变化进程中发挥引领作用。在气候变化委员会的评估和建议下，英国将到 2050 年实现温室气体"净零排放"更新到法案中，新修订的《气候变化法》也于 2019 年 6 月正式生效。

因受全球暴发的新冠疫情影响，原计划于 2020 年年底在英国格拉斯哥召开的 COP 26 推迟到 2021 年 11 月初成功举办，所形成的"格拉斯哥气候协议"为进一步推进全球气候治理奠定了新的基础。尽管英国本土经济一定程度上受到脱欧和新冠疫情的双重影响，但并没有动摇其应对气候变化的决心和信心。在全球陆续提出碳中和目标的新形势下，英国积极发挥主席国作用，努力在 COP 26 中促成《巴黎协定》实施细则达成共识，进一步维护全球气候治理的多边机制，为推进全球减缓温室气体排放进程作出了重要贡献。

11.2 英国在应对全球气候变化中的努力和成绩

11.2.1 阶段性减排目标

《气候变化法（2008）》通过之后第二年，英国气候变化委员会也开展了国内阶段性温室气体减排目标（碳预算）的研究、评估和建议工作，主要包括四方面工作：①独立地为英国设置碳预算提供咨询；②监督碳预算及其减排目标进展；③独立地开展气候变化的科学、经济和政策方面的分析与研究；④与更多的组织和个体分享研究发现与证据。为了实现《气候变化法（2008）》中提出的到 2050 年比 1990 年减排 80% 的温室气体排放这一长期目标，英国碳预算机制有效地将长期减排目标与短期碳预算目标相结合，进而确保英国温室气体减排始终走在预期的低碳转型路径上。

2009 年英国提出了前三次碳预算的目标，三次碳预算涵盖的时间分别是2008—2012 年（第一次碳预算）、2013—2017 年（第二次碳预算）和 2018—2022

年（第三次碳预算），分别明确了三次碳预算期末的温室气体排放量相比 1990 年的下降目标，并指出要在 2020 年实现温室气体排放量比 1990 年下降 37% 的目标。截至 2023 年，据英国官方报道，其前三次碳预算的减排目标均已超额完成，为英国继续在国内开展减排行动奠定了坚实基础。英国在 2011 年提出了第四次碳预算（2023—2027 年），提出将温室气体五年累计排放量下降 19.5 亿吨二氧化碳当量的水平，比 1990 年下降 50% 以上；在 2016 年提出了第五次碳预算（2028—2032 年），提出温室气体五年累计排放量下降 17.25 亿吨二氧化碳当量的水平，比 1990 年下降57%。

在《巴黎协定》签署之后，英国也在全球气候治理的新形势下探寻更积极的长期减排目标。英国气候变化委员会在 2020 年发布了《净零排放报告》，基于最新的证据、科学的评估，向英国议会建议将 2050 年实现净零排放目标作为英国长期减排的新目标。议会在接受这一建议后，重新修订了《气候变化法（2008）》，研究并提出了第六次碳预算（2033—2037 年）的减排目标，即温室气体预算期内的累计排放量将下降 9.65 亿吨二氧化碳当量的水平，期末将比 1990 年下降 77%，使英国的排放路径能够更加有效地支撑其 2050 年实现净零排放的发展路径。英国历次碳预算情况如表 11.1 所示。

表 11.1　英国碳预算简况一览表

	时间范围	预算期内累计排放水平（亿吨二氧化碳当量）	提出时间	期末相比1990 年减排力度
第一次碳预算	2008—2012 年	30.18	2009 年	下降 25%
第二次碳预算	2013—2017 年	27.82	2009 年	下降 31%
第三次碳预算	2018—2022 年	25.44	2009 年	下降 35%
第四次碳预算	2023—2027 年	19.50	2011 年	下降 52%（目标）
第五次碳预算	2028—2032 年	17.25	2016 年	下降 57%（目标）
第六次碳预算	2033—2037 年	9.65	2021 年	下降 77%（目标）

11.2.2　2020 年之前的减排成绩

过去三十年里，英国在探索经济发展与低碳转型方面走在了世界前列，该时期英国在 GDP 增长 78% 的情形下实现了温室气体排放量 44% 的下降，践行了发展与减排的双赢路径。特别是在 2008—2018 年全球经济增长滞缓的情形下，英国不仅经济增长了 13%，同时也实现了温室气体排放量下降 30%，延续了 1990年以来温室气体排放的持续下降和 GDP 的不断上升趋势。目前，英国人均温室气体排放量接近全球平均水平，而 2008 年时这一数据则是全球人均排放量的 1.5 倍。但从部门视角来看，各产业部门的化石能源依赖特点与温室气体排放特征有较大差异，温室气体减排进展也呈现出显著差异。

根据 2022 年 8 月发布的《英国气候变化第八次国家信息通报》显示，2020 年英国温室气体排放量为 4.1 亿吨二氧化碳当量，相比 1990 年下降了 49.5%。其中，二氧化碳排放量（包含 LULUCF）下降了 46.8%，甲烷排放量下降了 61.6%，一氧化二氮排放量下降了 57.6%。排放量的大幅下降主要归功于能源部门，该部门在过去三十多年间实现了大量燃煤发电向天然气发电和可再生能源发电的转型。气候变化委员会的研究指出，1990—2017 年英国在电力、工业、建筑、道路交通、航空和海运、农业和 LULUCF、废弃物、含氟气体 8 个方面的温室气体减排进展差别较大。其中，工业、电力和废弃物三个部门的温室气体减排进展较为显著，分别比 1990 年下降了 52%、63% 和 70%；建筑部门也因推广热泵技术取得了一定的减排进展，排放量比 1990 年下降了约 20%；由于缺乏成本有效的替代技术，道路交通、航空和海运、农业和 LULUCF、含氟气体 4 个部门的温室气体减排进展较为迟缓，减排量只有 10% 左右。因此，英国需要分阶段部署好各部门减排工作，远近结合、难易相成，并超前部署有减碳潜力的零碳和负碳技术，进而为抵消难减排部门排放量、实现整个经济社会温室气体中和提供技术手段。

11.2.3　加速低碳转型的政策

尽管英国温室气体减排与其经济发展周期有一定的相关性，但近年来英国在减缓温室气体排放方面所推出的相关政策也进一步促成了其温室气体减排的成绩。

在发电方面，英国推出一系列政策推动燃煤发电在总发电量比例中的下降，使燃煤发电占比从 2012 年的 40% 以上下降到 2017 年的 10% 以下，有效地降低了单位电力生产的碳排放强度。英国最低碳定价政策也在促进煤炭发电量下降方面发挥了一定作用。

在建筑方面，得益于建筑法规的强制要求，高效锅炉在建筑供暖方面得以推广，能源公司也被要求必须采取能效措施助力减排，使供暖所使用的化石能源不断减少。这些政策也在减少消费者的能源开支方面发挥了作用。

在废弃物排放方面，自 1996 年开始征收垃圾填埋税以来，英国垃圾填埋税的税率已经上涨了十多倍，这使得运往填埋场的可生物降解垃圾量减少了 75% 以上，不仅促使其转向回收再利用等其他处理途径，同时也大量减少了填埋产生的温室气体排放。再加上英国重视减少食物浪费的宣传，可生物降解的垃圾量也有减少的趋势。

这些政策表明，英国通过采取淘汰高碳产品、推广高效产品、补贴低碳技术以及对高碳活动征税等多种措施，从各个维度持续发力，产生了积极效果，不仅减少了能源开支，同时也获得更清洁的空气、更美好的环境以及更繁荣的经济。为支持2050年实现温室气体"净零排放"的目标，英国作出了系统部署，具体政策见表11.2。在这些新政策中，英国提出了2030年和2035年的具体目标，2030年目标为减少68%以上的温室气体排放（基年为1990年），禁售燃气锅炉、汽车和燃油车；2035年目标为减少78%的温室气体排放，实现电力系统脱碳和所有汽车零排放。从目前的政策体系设计来看，包括了全经济系统脱碳方案，制定了工业、能源、交通、建筑等领域颇具雄心的减排战略，此外还包括了林业、自然、基础设施投资和资金支持等方面。

表 11.2　英国低碳转型与应对气候变化政策

政策	发布时间
《绿色工业革命十点计划》	2020 年 11 月
《国家基础设施战略》	2020 年 11 月
《能源白皮书：推动零碳未来》	2020 年 12 月
《北海过渡协议》	2021 年 3 月
《工业脱碳战略》	2021 年 3 月
《交通脱碳计划》	2021 年 7 月
《国家氢能战略》	2021 年 8 月
《净零战略》	2021 年 10 月
《供热与建筑战略》	2021 年 10 月
《英国能源安全战略》	2022 年 4 月
《可持续和气候变化战略》	2022 年 4 月

11.2.4　适应气候变化的行动

英国也注重适应气候变化，采取政策制定、实施和监管的系统性行动。英国国家适应行动方案以定期跟踪适应行动进展的监测工具为基础，以跨部门合作为主要形式，将气候风险管理融入各级政府行动。英国政府于2018年7月发布了第二次国家适应计划（2018—2023年），规定了进一步采取行动落实《英国气候变化风险评估（2017）》中确定的关键事项，并配套制订了第二次国家行动计划，以确定 2018—2023 年风险应对措施，涉及领域包括自然环境、基础设施、人员和建筑环境、商业和工业以及地方政府。英国政府还完成了第三次国家适应报告能力战略（2019—2021 年），规定相关机构负责人具有指导和部署各地核心机构编写报告以说明其如何适应气候变化，并同步在线更新进展的责任和义务。政府重点鼓励报告组织在其规划过程中利用 2018 年开发的英国气候预测工具及其相关数据评估气候变化影响和脆弱性，提高风险评估准确性，增强管理和应对部门内部及部门之间的气候风险应对措施有效性。

为了增强各项适应措施的实施效果，英国还通过绿色金融加大资金支持力度，加强经济增长的气候韧性和可持续性。2020 年 11 月，英国更新了《关于气候变化影响核算的绿皮书补充指南》，以鼓励将不同温升情景下气候变化风险纳入政策和方案决策。2020 年 3 月，英国政府宣布设立 6.4 亿英镑的自然促进气候基金，以保护、恢复和扩大林地和泥炭沼泽等栖息地，减少洪水灾害发生频率和强度。

为了追踪和评估国内适应举措的效果，英国积极构建和运行适应行动监测体系。英国政府定期跟踪国家适应计划的实施情况，主要包括政策进展和资金管理使用进展。在国内，2019 年发布的"英国气候变化委员会进度报告"提供了基于规划质量和风险管理进度的部门评分，进一步明确了气候风险等级和脆弱性，为更新部门指标、提高部门适应措施有效性提供了技术支持。在国际上，英国的气候融资按项目进行核算，以确保只包括直接有助于减少或应对气候变化影响的融资支持。英国所有国际气候融资计划都需要使用一套定义的关键绩效指标和标准化方法，结合其他特定指标收集和报告相关结果，以提高数据透明度。但由于缺少适用的监测与评估适应和恢复能力的标准化指标，其适应成本和效益评估仍面临重大挑战，如适应行动所避免的损失和损害、适应不良以及对经济和社区的影响的成本等无法准确估算。

11.3 净零排放目标下的英国行动需求

2019 年 5 月气候变化委员会在向英国政府提交的"净零排放建议报告"中，通过情景分析的方法指出，在现有技术发展趋势下，英国可在 2050 年实现"净零排放"，届时的减排成本约为 GDP 的 1%—2% 水平。这将意味着英国完全可以在不额外增加成本的情形下，将 2050 年温室气体的减排目标从之前的 80% 提高到100%（相比于 1990 年）。结合上文所提到的各部门减排进展和难度不一样，因此英国要实现净零排放目标，既需要各类常规减排技术和政策的支持，也需要那些更具挑战性、成本相对更高或在公众接受度方面有更大挑战的低碳、零碳乃至负碳技术的支撑。

11.3.1 加速能源供给侧低碳化

能源系统率先发力走向脱碳化是整个经济社会低碳转型的重要基础。英国电力行业的温室气体排放约占总排放量的 15%，且主要的排放来自天然气发电机组（10%）和煤电机组（4%）。从电力的构成方面来看，有 20% 的电力来自核电，20% 的电力来自风光可再生能源，有 10% 的电力来自生物质发电和水电，零碳电力的供给超过 50%。

充分利用可再生能源资源成为英国电力系统加速低碳转型的重要方面。气候变化委员会预计，到 2030 年低碳发电量将占届时电量总供给的 75%—85%。若实现如此雄伟的目标，英国未来要开展如下工作。

一是继续大力发展可再生能源。充分利用英国较为丰富的风能资源和太阳能资源，以更低的成本促进可再生能源电力的大力发展。利用好英国 29—96 吉瓦的陆上风能资源、145—615 吉瓦的太阳能资源以及 95—245 吉瓦的海上风能资源，为英国部署风、光可再生能源发电提供保障。同时，加强储能、互联、灵活性的电力系统建设，为大规模部署间歇性可再生能源提供足够的灵活性和保障。

二是部署核能和 CCS 技术。核能发电和火电机组加装 CCS 是对兼容电网更加友好的发电方式，可在电网中发挥"基荷"的作用。当前英国有 20% 的电力来自核电，目前英国仍有 35 吉瓦的核电装机潜力，大型核电站和先进的下一代小型核反应堆是英国发展核技术的重点方向。现有研究显示，英国有较为丰富的二氧化碳存储潜力，CCS 在英国具有未来规模化应用的潜力，这也意味着天然气机组加装 CCS 以及煤电机组加装 CCS 等技术都有推广潜力，成为零碳电力的重要方式。

三是部署生物质能碳捕集与封存技术，由此提供的负碳技术可加速电力系统实现零排放。结合英国自身二氧化碳存储的资源和条件，英国可在未来部署生物质能碳捕集与封存技术，有望建成 5 吉瓦的生物质能碳捕集与封存并提供 41 亿千瓦·时的电力，每年为英国提供 3500 万吨的负排放。此外，氢能作为重要的二次能源，也可为提供低碳能源发挥重要作用。当前，英国每年生产 70 万吨的氢，主要是通过天然气重整或原油氧化生产，大部分用于化学和农业方面，作为能源使用较少，主要用于一些氢能公交。考虑到氢能具有较好的储能特性，在工业领域、陆路交通、建筑用热以及与电能互转方面具有非常好的特性，未来可作为能源系统的重要组成方面。

11.3.2 重视终端用能的高效和清洁化

11.3.2.1 工业部门

当前，英国产业结构已经较为优化，工业部门产生的温室气体排放占总排放量的比例只有 20% 多一些。在所有的这些排放中，制造业生产过程中的排放占 60%，其中 85% 来自燃料燃烧、15% 是过程排放；其余 40% 的排放来自化石燃料的生产及逃逸的排放。从温室气体排放种类看，二氧化碳占比最高，达 90% 以上。1990—2017 年工业部门的温室气体排放量下降了 52%，产值增加了 8%，这主要得益于能源使用效率的提升和低碳能源供给的增加。英国在工业部门的脱碳策略重点包括以下四个方面。

一是提高生产效率和能源使用效率。这一策略是整个工业部门普适性的减排策略，将通过技术的革新、管理能力的增强促进生产效率的提升。例如，在服装和纺织业中提高纤维和纺线生产及染织的效率，包装业实现去包装化和包装的减量化；汽车工业中实现产品的减量化，提高汽车结构成品率的优化工艺；在建造业中增加木材使用量并提高水泥熟料的替代等；以及增加物品在生命周期内的使用次数和再循环再利用的机会等。

二是增加氢能、电力和生物质能的利用，加速工业部门能源消费的清洁化和低碳化。终端用能电气化成为英国工业部门脱碳的一个重要趋势，在化工、橡胶和塑料等生产过程中提高电气化的比例，并以电力提供工业生产过程中部分工艺热，同时工业部门终端用能的电气化也一定程度上为可再生能源电力的并网和消纳提供了机会。生物质在工业部门的利用方面，除了生物质发电外，其还是优良的低碳热力生产方式，可为水泥和造纸等部门提供零碳热力；在进一步优化氢生产方式的情形下，将氢作为钢冶炼的还原剂来替代焦炭的使用，以及用氢来制备氨，或者氢作为燃料在终端制热或发电，可在一定程度上减少工业过程排放，进而为难减排部门提供有效的低碳技术方案。

三是减少甲烷的逃逸排放。当前，天然气在英国整个能源系统中仍是重要的能源品种，其生产环节和管道运输环节的泄漏与逃逸不可忽视。据测算，英国这一方面的排放占总排放的近 5%，在成本有效的技术措施下，可将这部分排放减少到当前水平的 10% 以下。

四是采用 CCS 技术，加速工业部门零碳和负碳排放的集成。将 CCS 技术的部署与工业生产过程中的排放相耦合，助力难减排工业过程排放的去碳化。英国气候变化委员会的报告中指出，英国具有将水泥、石灰、玻璃、钢铁等部门过程排放和 CCS 技术相耦合的可能性，将其 90% 以上的排放进行存储；将生物质能碳捕集与封存（BECCS）技术用于工业部门，可进一步加速工业部门的负排放进程。

但同时，英国工业部门脱碳的挑战依然艰巨。基础设施的退役和翻新、低碳技术和工艺的成本与竞争力、商业模式、资本约束以及消费行为方式的改变等都需要相应的调整和创新，这种跨越式的发展和变革需要相应的政策引导和金融措施支持。

11.3.2.2 建筑部门

建筑部门的温室气体直接排放在英国总排放中占比不到20%，其中最主要的排放来自住宅取暖的直接二氧化碳排放。英国建筑物的主要直接排放来自供热化石燃料的消费，约75%的供热使用天然气，8%的供热使用石油，其余供热采用电力。除了供暖，电力消耗主要用于住宅建筑中电器和照明设备以及非住宅建筑中制冷、烹饪和信息通信技术设备等。英国在住宅建筑的脱碳方面采取的措施包括以下三方面。

一是提高建筑用能设备的能效水平。采取优化能源管理和供热、制冷及通风的能源效率，通过推广高效的照明、供热、制冷与通风及其他具有低碳功能的设备，进一步削减用能设备的电力需求。对居民建筑进行节能改造，提升供热能效水平，计划为千万户家庭加装墙体的隔热层；并进一步促进电烤箱、电视机等高效节能家电以及更高效家用灯具的推广等。

二是部署低碳供热。根据英国气候变化委员会的估计，到2030年英国建筑物中低碳供热的占比可增加到1/4，有超过200万户的家庭将会使用热泵，适合条件的家庭也将接入低碳热网，进而加速摆脱对天然气供热的依赖。此外，包括储能等诸多灵活性的技术和手段也可更好地与家庭相结合，混合式热泵、公共供热系统及太阳能热电池等技术可为企业和住户节省开支并带来更多的系统效益。

三是其他方面，以电能和氢能为支撑的炊具和设备将进一步推广，减少烹饪环节产生的二氧化碳排放。同时在新建建筑中，一定程度上增加木材的使用，进而减少水泥消耗，发挥增汇减碳的作用。

但同时，英国建筑部门脱碳也面临艰巨挑战。英国新建建筑较少，难以在城市化进程中的新建建筑里推广去碳化技术和措施，而在已有的存量建筑中推动低碳技术改造将产生更大的成本支出。此外，英国有大量有遗产保护价值的建筑物，这些建筑物将受到更加严格的规划与限制，需要量身制作的低碳解决方案，并需要专业的施工技术人员，实现脱碳的成本较高、周期较长，难度也非常大。

11.3.2.3 交通部门

交通部门是英国温室气体排放量最大的部门。其中，国内道路交通的温室气体排放量占总排放量的20%以上，主要来自轻型轿车、中型货车和厢式货车的排放；航空业和海运业排放量占总排放量的10%，国际航空的排放是最主要的贡献者，其次是国际海运业的排放。为实现净零排放目标，除了进一步提高交通工具的燃油经济性，英国在交通部门采取的脱碳措施还将包括以下三个方面。

一是推广新能源交通工具。目前，英国生物质燃料的交通工具数量不足 5%，2018 年电动汽车的销售占新车销售量的占比仅 2.5%，纯电动和插电式混合动力汽车的市场份额也才 0.7% 和 1.9%，尽管 2010—2018 年有增加，但低碳进程仍无法支撑交通系统的需要。预计到 2030 年，新轿车销量中电动汽车的比例在 50%—70%、新厢式货车销量中电动汽车比例最高达到 40%。政府同样计划到 2040 年停止销售传统汽油和柴油的轿车和厢式货车。通过进一步电气化和用氢能火车替代柴油火车，减少铁路的排放。到 2040 年，在低速市区道路和区域线路上，至少 54% 的轨道里程完成电气化改造，其他线路上的柴油列车可由氢燃料电池动力列车取代。

二是推广慢行交通工具。在用步行和骑自行车出行取代轿车出行方面，有可能更进一步。全英出行调查显示，2017 年 58% 的汽车出行里程低于 5 英里，占汽车总里程的 14%。其中占汽车里程 10% 的出行，可以通过步行、骑自行车、使用电动自行车或公共交通工具完成。零排放公共汽车、有轨电车和轻轨的全部潜力可以在短期内减少汽车出行的需求。增加步行、骑自行车和乘坐公共交通工具有多重协同效益，包括降低噪声水平、改善空气质量和公共卫生条件、减少交通拥堵。

三是开发替代燃料技术，助力国际航空业减排。替代合成燃料可能在技术上是可行的，但在热力学和经济上具有挑战性，因此比其他技术选择要昂贵得多。可持续的生物燃料有可能在航空领域取代化石燃料，从而真正地减少排放。此外，还可以使用合成碳中性燃料，使航空业排放量降至零。生产这种燃料需要将捕获的二氧化碳与电解氢一起循环利用，以代替煤油。目前，直接空气碳捕集（DAC）在提供二氧化碳作为原料方面的成本高昂，工艺本身的低热力学效率以及此合成工艺需要多个处理阶段使其短期内难以商业化推广和应用，但可作为航空业脱碳的低碳技术选项。

但同时，英国交通部门脱碳也面临着艰巨的挑战。交通部门的低碳化变革需要供给侧和需求侧共同发力才能有效推进，例如电动汽车的加速普及需要消费者对新型清洁交通工具的认可、需要车企提供更多样化的车型选择，还需要政府能够提供诸如充电桩等基础设施作为保障。此外，低碳或零碳的替代燃料作为交通部门深度脱碳的重要支撑技术，需要在成本有效的前提下才能发挥作用，这也需要政府给予支持和引导。

11.3.2.4 农业部门

2017 年，英国农业部门的排放量约占总排放量的不到 10%，其主要排放是甲烷，其次是氧化亚氮，这些排放来自反刍动物的肠内发酵、农业土壤以及废弃物和化肥的使用等。英国农业部门要实现净零排放，未来主要采取的措施包括以下三方面。

一是提高氮肥利用效率。通过采取诸如疏松农田土壤、精准种植、使用有机废弃肥、牲畜肥料养分管理等一系列措施，提高农业生产效率，减少氮肥使用，进而避免氧化亚氮等温室气体的产生与排放。做好土地肥料的管理工作，在土地上更好地储存、管理和使用动物粪便，以减少粪肥相关排放。

二是开展牲畜育种管理。通过利用遗传技术提高牛羊饲料消化率、改善动物健康和生育能力、提高饲料转化率等措施，可以减少甲烷排放。诸如有科学研究发现绵羊产生甲烷的能力有 20% 是遗传的，所以通过培育低排放量的绵羊就有可能减少它们的甲烷排放。

三是改变社会对碳密集型食品（如牛肉、羊肉和奶制品）的消费，减少食品供应链中可避免的食物浪费等。根据"减少浪费行动计划"的估计，英国每年大约有 1000 万吨食物被浪费，来自家庭的占比最大（70%），其中 500 万吨是可以避免的；其他的浪费则主要发生在制造业（17%）、酒店业与餐饮业（9%）和零售业（2%）的供应链中。通过消费侧生活方式和消费理念的改变，改变农畜产品的养殖和供给，进而实现更深度的脱碳。

英国农业部门低碳转型也面临严峻挑战。农业中很多生物过程和化学反应的影响因素众多，气候、天气和土壤条件变化等不受控因素都将对农业排放产生重要影响，目前低碳农业方面的实践还较为有限。此外，农业部门的深度脱碳还与人们饮食习惯的改变相关，要倡导人们从碳密集型饮食转向更健康低碳的饮食，不仅需要社会和文化的转变，还需要在食品的环境影响、动物福祉影响和健康影响等方面提升认识。虽然有迹象表明英国人正在减少肉类和奶制品的摄入，但要想大幅减排，还需要更多的协调行动。

11.3.2.5 土地利用及其变化和林业

英国的土地利用及其变化和林业（LULUCF）部门包括不同土地类型的使用和使用变化带来的温室气体排放和去除，2017 年的净碳汇为 990 万吨二氧化碳当量，相当于减少了英国温室气体排放量的 2%，主要贡献来自森林净碳汇的增加和农田净碳汇损失的减少。但由于土地利用变化的监测和核算具有很大的不确定性，随着清单的范围扩大和全球变暖潜能值的修订，英国 LULUCF 部门的排放有可能会增加。考虑到 LULUCF 部门的排放特点，英国拟在如下几个方面进一步采取减排措施。

一是提高森林生产力。强化林业管理，以提升固碳能力。英格兰约有80%的阔叶林地处于未管理或管理不足的状态，在被忽视的林地中引入可持续管理，促使树苗和质量更好的树木得以生长并增加固碳量。林业管理还可以增强树木对风、火、病虫害的抵抗力，从而在气候变暖的情况下避免树木死亡造成的碳损失。提高林业产量，尤其是提高新林地的产量，不仅会增加碳汇量，而且能提高收获木材的数量和质量。

二是种植能源作物。通过部署种植多年生能源作物（如芒草、短期轮作矮林和短期轮作树林），可以增加土壤碳封存；若在耕地上种植，则几乎不需要施用肥料，从而可避免氧化亚氮的产生。当前的能源作物面积仅占英国耕地面积的0.2%左右，可作为英国规模化发展生物能源的一个重要方式。

三是修复和管理泥炭地。英国农田和草地上的低地泥炭地占英国泥炭地面积的14%，但其排放量占泥炭地排放量的56%，挖掘低地泥炭地的减排潜力将产生更好的效果。季节性重新润湿等管理措施可减少农业生产中仍然存在的低地泥炭地的碳损失。从泥炭地上砍伐生产力较低的树木，可使退化的泥炭地得以恢复，从而实现总体碳平衡。

英国LULUCF部门深度脱碳也面临严峻挑战。要持续获得高的造林率，需要扩大整个林业供应链，确定合适的种植地，并做好相应的管理能力的提升。此外，与种植农作物相比，植树的前期成本高昂、投资回收期较长，难以具有市场竞争力。在生物能源作物种植方面还存在一系列监管、经济和技术障碍，尤其是在家庭种植的生物质资源缺乏支持和适当的激励措施。在泥炭地修复方面，恢复方案的前期成本高昂，土地所有者难以准确估计成本和影响，泥炭地恢复的收益对农民来说也难以预计，这些障碍都需要进一步的政策来克服。

11.3.2.6　废弃物排放

英国当前废弃物产生的温室气体排放量占总排放量的比重不到5%，主要成分为甲烷，主要来自垃圾填埋场可降解废弃物的分解。此外，废水处理、生物处理和废弃物焚化以及其他废弃物处理过程也会产生少量排放。1990—2017年，英国废弃物的温室气体排放量减少了70%，这主要得益于垃圾填埋场可生物降解废弃物的减少、对甲烷捕获技术的投资以及垃圾填埋场管理措施的改进。

减少废弃物，除了减少填埋区甲烷排放带来的益处外，还带来了与资源效率相关的环境和经济收益。但这需要通过工艺设计、材料效率和优化制造流程最大限度地减少废弃物的产生，包括改进设计，延长产品使用寿命，使材料能够分离、修复、再制造或再使用；同时也需要有鼓励资源效率的机制，倡导生产者责任和收回计划。在废弃物减排方面，除了采取措施减少可生物降解的废弃物填埋场填埋，英国还主动采取了以下措施。

一是促进再循环。将不同的废弃物加工成新产品，减少原材料的使用以及废弃物处理产生的排放。通过废弃物分类，促进相应物品的回收，发挥循环经济对资源减量化和循环再利用的优势，相应减少这部分原材料制备过程中的温室气体排放；此外分离可生物降解的食品、纸张和卡片等废弃物，可进一步减少垃圾填埋场的温室气体排放。

二是堆肥管理。将处理的食品和绿色废弃物制成堆肥，在管理得当的情形下，可使堆肥中的有机废弃物在有氧条件下分解产生二氧化碳而非甲烷，从而减少温室效应的水平。此外，堆肥可应用于耕地，并减少耕地对化肥的需求和相关排放。

英国在减少废弃物排放方面也面临着挑战。要减少可生物降解垃圾的填埋并提高其回收率，成本效益的方法是从垃圾填埋场回收和进行废弃物分类，这需要克服一些资金上的障碍；提供废弃物分类回收服务的前期成本很高，未来收益情况取决于回收率和再生材料价格，具有较大不确定性；需要继续转变观念，减少一次性物品的使用，避免浪费并提高废弃物回收率；继续扩大"生产者责任计划"，提供大量稳定的可回收废料供应，以确保产品在生命周期内更具价值。

11.3.3 超前部署温室气体去除技术

气候变化委员会分析英国2050年实现净零排放目标时指出，英国需要部署温室气体去除技术，为难减排部门和难以自身实现净零排放的部门提供抵消的额外排放量。目前，碳去除技术不太具有经济竞争力，也难以大规模部署；但随着减排目标的趋紧和技术的进步，温室气体去除技术将成为净零排放目标实现的重要支撑。英国拟在温室气体去除方面着重部署如下技术。

一是建筑木材。将采伐的木材用作建筑材料，在建筑环境中创造额外的碳封存。适当的采伐还可以促进森林恢复生长，进而进一步增加森林碳汇。使用木材建造房屋和公寓的潜力在英国很大，每年可以使300万吨二氧化碳当量的排放量通过建筑木材在建筑环境中长期储存。

二是运用碳捕集与封存的生物质能。通过与CCS技术相结合，阻止燃烧产生的二氧化碳进入大气并长期存储起来。根据低碳可持续生物质的可获得性和CCS技术的发展预期，到2050年英国每年可通过生物质能碳捕集与封存2000万—6500万吨二氧化碳当量的碳排放量。

三是将一些潜在的温室气体去除技术作为备选，包括：①直接空气二氧化碳捕集与封存（Direct Air Carbon Capture and Storage，DACCS）技术，其原理是先使用化学试剂将二氧化碳从环境空气中分离出来，然后将被捕集的二氧化碳永久存储在地质构造中；②发展生物炭，是生物质在低氧条件下热分解而形成的炭，可以将其作为一种稳定的长期碳储存物添加到土壤中，有助于改善土壤肥力；③增强风化作用，具体是将硅酸盐岩石散布在陆地表面，从而在地质时间尺度上自然地将空气中的碳固定下来。目前来看，这些技术或成本高昂，或时间周期较长，缺少减排外的额外收益，短时期内不可能大规模推广；但仍需技术和资金的持续投入，超前为实现净零排放做好技术部署。

11.4　本章小结

英国是全球应对气候变化的积极践行者和率先立法者，立足长远、超前部署，以自身实现净零排放为目标指导整个经济社会的低碳转型。从体量上看，英国与我国东部较为发达的省市经济规模相当，英国在加速净零转型中所遇到的困难与挑战将对我国省域层面的转型工作有一定的借鉴意义；从发展阶段来看，英国已经跨越了碳排放的峰值阶段，正处于加速向 2050 年实现碳中和的目标迈进，其减排进程中所遇到的问题和解决方案有重要的参考价值。

做好顶层设计，制定分阶段减排目标和措施，向长期目标不断迭代前行。英国自 2008 年就开始制定以五年为周期的碳预算，通过将长期减排目标阶段化和具体化，部署相应政策并采取适当措施，以近中期行动来确保长期目标的实现。碳预算机制从时间上涵盖了未来近 20 年的减排目标，能够充分支撑《巴黎协定》框架下更新国家自主贡献的任务要求，提升了英国在全球气候治理中的话语权和国际形象；从内容上，既明确了近期和中期的减排目标，又能与长期净零排放目标相结合，给经济社会发展一个明确的指向标，增强低碳技术和低碳产业的发展信心。

紧抓电力供给清洁化和终端用能电气化的发展趋势，从供给侧和消费侧做好电力系统的转型工作，为整个经济社会深度脱碳奠定坚实基础。在电力供给方面，可规模化部署风光等可再生能源、在合适的地区部署核能和生物质能，进而加速电力系统的零碳化；终端部门进一步加快电气化，既实现了终端用能的清洁化、减少了终端的直接排放，也为非化石能源发电的规模化发展提供了电力需求。英国气候变化委员会在其 2050 年净零排放研究报告中指出，考虑建筑部门电力供热以及交通部门电气化的情形下，英国 2050 年的电力需求或将比 2017 年多 1 倍；若要通过电力实现难减排部门的排放抵消，英国或将大规模开展合成燃料、电解制氢、DACCS 等潜在的耗电低碳 / 负碳技术，届时 2050 年的电力需求将或是 2017 年水平的 4 倍以上。

超前部署温室气体去除技术，做好前瞻性脱碳技术的研发和储备，提前为深度脱碳探索可行的解决方案。从深度脱碳到实现净零排放，整个经济社会还将存在一些难减排部门，需要温室气体去除技术提供负排放空间来实现中和。英国已取得的减排进展显示，工业、电力和废弃物等部门的温室气体减排较为容易，短期内有较大的边际减排成本优势，长期也或随终端电气化的变革以及可再生能源技术的经济性提升而较为容易实现自身碳中和；而建筑、交通以及农林业等部门和含氟气体等其他温室气体不具备推广电气化和采用低碳替代技术及燃料的条件，边际减排成本较高，未来需要负碳技术提供额外的抵消空间。尽管目前看来，温室气体去除技术在成熟度、成本或公众认知等方面都还有待进一步突破，但从技术发展的视角看，这类技术更需要超前部署，才能在所需之时发挥出应有的作用。气候变化委员会的净零排放报告指出，英国应考虑化石能源发电、制氢以及工业过程等与 CCS 技术配合应用，进一步挖掘生物质能碳捕集与封存技术来提供额外的排放空间。

鼓励公众广泛参与，加速生活方式的深度变革，从消费侧挖掘深度脱碳的潜能。从英国的发展实践可以看出，尽管技术进步为减缓温室气体排放提供了有效支撑，若要实现深度脱碳，则还需公众在思想上充分认同低碳发展、自觉践行低碳生活方式。气候变化委员会研究指出，英国要实现 2050 年净零排放目标，将有 50% 的减排贡献来自低碳技术伴生的社会和行为改变，诸如电动车技术成熟促使人们出行方式的改变等；也有 10% 的减排贡献来自社会和行为方式的重大改变，包括诸如饮食习惯中主动减少牛羊肉和乳制品的摄入等。这些主动或者与低碳技术伴生的生活方式或行为方式的改变，将深度改变未来人们对产品和服务的需求，进而有利于全社会向净零排放的转变。

参考文献

［1］袁珩. 英国出台《净零战略》以环保转型带动经济革命［J］. 科技中国，2022（3）：101–104.

［2］绿色与增长并进——英国驻华使馆公使衔参赞戴丹霓（Danae Dholakia）女士专访［J］. 当代矿工，2022（4）：58–61.

［3］李仲哲，刘红，熊杰，等. 英国建筑领域碳中和路径与政策［J］. 暖通空调，2022，52（3）：18–24.

［4］吴江月，周江评. 英国净零交通关键政策、达标路径与发展经验［J］. 城市交通，2021，
19（5）：26-35，65.

［5］朱琳. 碳中和大势下的农业减排：英国推进农业"净零排放"的启示［J］. 可持续发展经
济导刊，2021（5）：29-31.

［6］冯存万. 浅析英国气候变化安全化及启示［J］. 复旦国际关系评论，2021（2）：307-324.

［7］梁晓菲，吕江. 碳达峰、碳中和与路径选择：英国绿色低碳转型20年（2000—2020年）
的启示［J］. 宁夏社会科学，2021（5）：55-65.

［8］张翼燕. 英国"绿色工业革命"十点计划［J］. 科技中国，2021（4）：93-95.

［9］翟羽帆，乐小芳，彭云. 英国低碳经济转型的实践路径［N］. 中国社会科学报，2022-
01-26.

［10］张亦弛，牟效毅. 英国低碳能源转型：战略、情景、政策与启示［J］. 国际石油经济，
2020，28（4）：17-29.

［11］刘丛丛，吴建中. 走向碳中和的英国政府及企业低碳政策发展［J］. 国际石油经济，
2021，29（4）：83-91.

［12］Department of Energy and Climate Change. The Carbon Budgets Order 2009［Z］. 2009-05-20.

第 12 章　日本气候政策与行动

日本是通过改变经济增长方式实现经济增长与环境保护双赢的国家。日本的气候治理发源于 20 世纪 70 年代的环境污染治理，进入 90 年代后，日本的环境治理由国内治理向全球扩散。尽管在全球气候治理进程中出现后退，但在国内，日本通过应对《京都议定书》的外部压力，积极构建资源节约、环境友好、绿色低碳社会，将各种环保细节融入社会之中，建立了全民参与的环境治理体制。当前日本已进入人口逐渐减少、GDP 缓慢增长的发展阶段，能源、碳排放分别于 2005 年和 2013 年达峰，实现了经济增长与能源和碳排放的脱钩。当前的气候变化政策着重支持技术创新、促进绿色产业和经济发展，积极布局发展中国家能源转型的巨大市场。本章回顾了日本经济社会发展与环境、气候治理、能源、碳排放的历史与现状，基于日本应对气候变化的上位法《地球温暖化对策推进法》及其修订情况，介绍了该法律的框架、实施和减排目标分解情况，最后介绍了其他气候变化相关战略与行动。

12.1　积极构建资源节约、环境友好、绿色低碳社会

受地理环境等自然条件制约，气候变化对日本的影响远远大于世界其他发达国家。根据日本政府提交给《公约》秘书处的《巴黎协定下的长期战略》，仅 2018 年气候变化相关灾害造成的经济损失就高达 275 亿美元。日本的自然资源和化石能源非常匮乏，所需的石油、煤炭、天然气几乎都需要进口。因此，日本一直是节能增效、资源循环利用与能源转型的积极倡导者和推动者。日本高度重视气候变化，其气候政策演变也与其资源禀赋和经济发展路径紧密相关，自然资源约束和逐渐变化的发展模式使日本选择了经济发展与生态环境协调发展的道路，积极构建资源节约、环境友好、绿色低碳社会。

日本是后发国家实现经济赶超的成功案例，其经济赶超模式与教科书上的经

典案例非常相似，即核心产业和主要出口商品从农业转向轻工业，然后转向重工业[1]。第二次世界大战后，日本实施积极的出口导向战略推动经济高速增长，并于1968年跃居世界第二大经济体，基本实现了工业化。这一时期的经济增长是建立在廉价的原材料和能源进口特别是廉价石油大量进口的基础上，其发展方式表现为高资源能源投入、高增长、严重环境污染的粗放发展模式，支柱产业主要是钢铁、石油化工、水泥、造纸和铝制品等高资源能源消耗型重工业。这种发展方式使得日本在取得巨大经济成就的同时，也付出了巨大的社会与环境代价。这一时期，空气污染、水污染和土壤污染成为日本严重的社会和政治问题，引发了全国范围内自下而上的激烈的环保运动。1970年，日本国会集中就环境公害问题出台和修订了一揽子反公害法案，这被看作日本开始实施环境保护优先方针的开端。

1973年和1979年爆发的两次石油危机给日本经济造成重创。日本约99%的化石能源都依赖进口，石油危机造成其制造业成本显著上涨、产业竞争力下降，经济一度陷入负增长。以此为转折，日本开始转变经济发展模式，从大量生产、大量消耗、大量废弃的粗放生产方式转向循环经济模式，积极推动能源结构转型、节约能源与资源、新能源成为主要的技术发展方向。到了20世纪80年代，日本具有节能特点的家电、汽车等产品充斥世界。这一时期，日本推出多项政策加强环境治理，积极推动全社会共同参与推动环境保护，大力发展环保技术和产业。经过近二十年的治理，国内的环境污染得到了有效控制。

随着《公约》的签订，加之国内环境污染得到了有效控制，日本的环境治理由国内治理向全球扩散，这主要通过政府开展的环境外交和民间开展的全球性环境治理合作活动实现[2]。1993年的《环境基本法》以保护地球环境为基本理念，将气候变化对策纳入环境法体系。1997年在日本京都召开了《公约》第三次缔约方会议，参会的161个国家和地区的代表经反复协商，通过了具有强制性法律约束力的《京都议定书》。《京都议定书》的生成与日本在推动全球环境治理方面所作出的积极努力是分不开的。1999年日本颁布《地球温暖化对策推进法》，将应对气候变化作为国家基本对策，展示了积极应对气候变化的姿态[3]。

在《京都议定书》机制下，日本在第一承诺期（2008—2012年）的减排目标是相比1990年减排6%。但是1997年《京都议定书》生效时，日本的排放量已经比1990年水平高出了7.2%，这意味着到2012年必须将其排放量减少13%以上。最终，2012年的实际减排量不减反增，较1990年增加了6.5%。尽管日本积极签署了这一协议，但是直到2010年日本才采取各种政策来减少温室气体排放，包括补贴可再生能源、支持建设更多的核能发电以及采用环保发展机制。这些政策加上2009年严重的经济衰退，显著减少了日本在2009年和2010年的排放量。

2011 年 3 月，东日本大地震及其引发的海啸发生之后，福岛第一核电站熔毁，所有核电站关闭后，电力缺口依靠燃气发电、燃煤发电和传统节能措施来补足，导致 2013—2014 年的排放量猛增，尽管 2015 年之后的排放量有所下降，但仍高于 1990 年的排放水平[1]。

对此，日本发布的官方报告指出，尽管在 2008 年年底的金融危机之后，总排放量在 2009 年有所下降，但由于经济复苏导致的能源需求增加，加上东日本大地震导致的火力发电占比的提升，使得其总排放量从 2010 年开始连续三年增加，最终导致了日本无法按时完成减排目标[4]。日本政府于 2011 年在南非德班气候大会 COP 17 上宣布，将不会参加 2013—2020 年的第二承诺期。早在 2010 年 12 月发布的日本外务省声明当中就曾指出，承担温室气体减排义务的缔约国在世界排放量中所占比例只有 27% 的情况下贸然延长《京都议定书》机制有害公平精神，亟待建立包括中国和美国等排放大国在内的新减排机制。在 2013 年 COP 19 召开前，日本提出了"以 2005 年为基准年削减 3.8%（相较于 1990 年反而增加 3.7%）"的目标，并以此进行了联合国备案，遭到了国内外环保组织的强烈抨击。

从国内来看，通过应对《京都议定书》的外部压力，日本政府积极推动构建低碳社会、循环社会和环境友好型社会，将各种环保细节融入社会之中，建立了全民参与的环境治理体制。尽管这一时期政坛动荡，日本仍在气候立法和政策方面取得进展，气候政策体系在内容上以新能源开发利用、创新减排技术、发展绿色产业、推动低碳城市和构建低碳社会为主。2007 年日本政府制定了"21 世纪环境立国战略"，该战略指出，为了克服地球变暖等环境危机、实现可持续发展目标，需要综合推进"低碳社会""循环型社会"和"与自然和谐共生的社会"的建设。此外，在 2008 年推出的《构建低碳社会行动计划》中明确规定将"创新技术开发"与"构建低碳社会"作为温室气体减排的主要手段。2012 年国家《第四次环境基本规划》提出了 2050 年温室气体下降 80% 的目标并经内阁批准。同年出台了《低碳城市促进法》，推动地方政府制定城市低碳发展规划，促进在交通、建筑、城市设施等领域的节能减排（包括公园、码头等设施可再生能源普及），简化低碳相关社会资本投资审批程序，并逐步实现土地节约型节能城市。

《巴黎协定》签署后，日本在 2015 年首次提交的国家自主贡献中提出了 2030 年减排 26% 的目标，并将基年由 2005 年改为排放峰值年 2013 年。在 2019 年提交给《公约》秘书处的《巴黎协定下的长期战略》中，日本提出了力争 2050 年减排 80% 的目标（基年为 2013 年）。需要指出的是，经过长达四年的讨论和磋商，该战略首次明确提出"应对气候变化已经不再是企业成本，应对气候变化能力已经成为企业竞争力的来源"这一重要结论。

　　具有转折意义的转变发生在 2020 年 10 月，日本政府宣布到 2050 年实现碳中和的目标。2021 年 4 月，日本政府在美国主办的领导人气候峰会上宣布提高 2030 年减排目标力度，由国家自主贡献中的减排 26% 目标提高为 46% 并争取达到 50%（基年为 2013 年），争取在 2050 年实现温室气体净零排放。从国内看，日本政府出台了《革新环境技术创新战略》，计划投入 30 万亿日元以促进 39 项重点绿色技术的快速发展；颁布了《2050 碳中和绿色增长战略》，提出了重点发展三大类 14 个重点绿色产业。2021 年又修订了地球温暖化对策推进法，将 2050 年碳中和目标正式写入法律条文当中。对外则通过"东盟气候变化行动议程 2.0""亚洲能源转型倡议""公正能源转型伙伴关系"等多边倡议，积极部署发展中国家能源转型清洁技术和基础设施的巨大市场。

　　2022 年日本仍是全球第三大经济体，其制造业强国地位依然稳固。根据国际货币基金组织的数据，其 GDP 总量为 4.23 万亿美元，人均 GDP 约为 3.38 万美元。当前日本已经步入老龄化社会，人口总量持续减少的同时向大城市过度集中，该国正在经历的人口结构转型给社会保障体系、政府财政状况、国民储蓄、资本积累和国际资本流动都将带来压力。一方面，随着日本社会的老龄化、劳动力短缺以及技术创新变革，日本经济正朝着服务业和创新型产业的方向发展，2020 年其第一、二、三产业的占比分别为 1.0%、29.2%、69.8%[5]。在日本出口产品中，核心零部件、重要设备等居多，技术出口以制造技术为主，日本的国际品牌也主要集中于制造业领域，且其在新材料、机器人、资源再利用、生态环保、生物医疗等新兴领域的专利仍处于世界领先地位。另一方面，日本积极参与全球化进程，实施对外经贸战略，其在全球范围内产业链布局日益完善并不断获得收益，2020 年日本的对外直接投资净收益高达 11.2 万亿日元（约 1049 万亿美元）[6]。

　　日本的能源消费总量已经达峰并开始下降。在 20 世纪 70 年代日本经济高速增长时期，其能源消费增长速度高于 GDP 增长速度，但 20 世纪 70 年代的两次石油危机激发了日本产业界对节能产品的开发和生产的需求，实现了社会经济增长的同时控制了能源消费的增长。进入 90 年代，由于原油价格的持续低迷，能源价格相对平稳，家庭、服务业的能源消费有所增加。2005 年日本能源消费总量达到峰值，之后逐步下降，部分原因是石油进口价格逐步走高。2011 年发生的东日本大地震进一步提高了全社会节能意愿，加速了能源消费总量的下降，实现了经济增长与能源消费量的脱钩[7]。总体来看，1973—2019 年日本交通运输、家庭、服务业的能源消费量分别增加了 1.7 倍、1.8 倍、2.1 倍，但由于能源消费占比大于 65% 的产业部门实现了 20% 的节能，使日本 GDP 总量增加 2.6 倍的同时，其能源消费总量仅增加了 20%。日本 GDP 总量和一次能源消费量如图 12.1 所示。

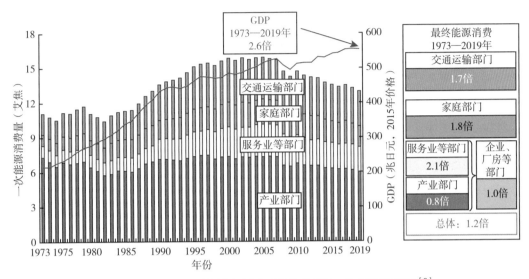

图 12.1　1973—2019 年日本 GDP 总量及一次能源消费量[8]

日本的温室气体排放已于 2013 年达峰并进入下降轨道。2020 年日本温室气体总排放量为 11.5 亿吨二氧化碳当量，其中二氧化碳排放占比 90.8%、氢氟碳化物占比 4.5%、甲烷占比 2.5%、氧化亚氮占比 1.7%[7]。虽然 2010—2013 年日本全社会一次能源消费总量和发电量同步下降，但整体温室气体排放量由于 2011 年福岛核电逐步关停、加大化石能源发电而连续四年增长，2013 年达到了其峰值 14.1 亿吨二氧化碳当量。之后温室气体排放量逐年下降。单位 GDP 的温室气体排放与人均排放量于 2012 年（2.19 吨二氧化碳当量/万美元）[①] 和 2013 年（11.1 吨二氧化碳当量 / 人）相继达到了峰值[5, 7]。较比 2013 年，除废弃物部门排放略有增长，产业、能源、交通、第三产业、家庭部门和工业过程均实现了一定程度的减排。其中，产业部门的减排贡献最大，减排 1.08 亿吨二氧化碳当量（−23.3%）；其次为第三产业部门减排 5500 万吨二氧化碳当量（−23.2%）、家庭部门减排 4200 万吨二氧化碳当量（−19.8%）、交通部门减排 3900 万吨二氧化碳当量（−17.6%）、能源转换部门减排 2400 万吨二氧化碳当量（−22.7%）。但是 2020 年家庭部门的排放量相比 2019 年增加了 4.5%，有所反弹[7]。截至 2020 年，日本温室气体总排放量相比 2013 年的减排幅度为 21.5%。要实现 2030 年减排 46%—50% 的目标，日本需要在 2021—2030 年维持年均 2.5%—2.8% 的减排水平。

① 按 2012 年 1 美元兑换 81 日元进行了修正。原始数据为 2.7 吨二氧化碳当量 /100 万日元。

12.2 日本的气候目标与法律

12.2.1 《地球温暖化对策推进法》的框架

日本应对气候变化的政策框架基于 1999 年出台、2001 年开始实施的《地球温暖化对策推进法》（简称"温对法"）。温对法确定了日本国家层面应对气候变化的组织架构，建立了政策领导委员会，由总理担任委员会主任，中央内阁官房长官、环境大臣、经济产业大臣等担任副主任，其他中央机构大臣担任委员。温对法还对国家低碳转型投资机构设立和运作、地方政府制定减排规划相关要求、环境教育、森林碳汇、惩罚机制等内容作出了规定。

温对法对中央和地方政府的减排权责分工进行了规定。中央政府负责监测国家层面的温室气体浓度变化情况、开展气候变化情况及相关生态影响评估，以及制定和执行综合气候战略。地方政府应根据其地区的自然和社会条件，采取减少温室气体排放等相关措施。温对法还规定，企事业单位及国民有义务配合实施中央政府及地方政府的减排措施。值得注意的是，温对法没有强调地方政府配合实施中央政府相关措施的义务与责任，这是由日本实施的地方自治制度 ① 决定的——中央政府和地方政府之间不存在监督与被监督的上下级关系，因此国家层面的目标和落实责任无法强制分解至地方层面。

温对法还规定了中央政府和 1788 个各级地方政府制定减排规划的法律义务。一是所有的政府行政部门和公共机构都必须制定自身的减排相关规划，即"事务事业"减排规划。二是政府要针对除政府部门和公共机构排放之外的所有温室气体制定国家 / 地区 / 城市减排规划，其中国家制定的是《地球温暖化对策计划》，地方政府制定"区域施策"减排规划。考虑到地方政府制定"区域施策"减排规划难度较大，温对法仅规定了都道府县及 20 万人口规模以上地区或城市制定"区域施策"减排规划的法律义务，其他地方政府可以自愿制定。同时，地方规划可以参照国家规划制定，但并没有具体减排目标要求，也与国家减排目标不存在对应关系[9]。

2021 年 5 月，日本修订了《地球温暖化对策推进法》，以立法的形式明确了日本政府提出的到 2050 年实现碳中和的目标。2022 年 7 月 1 日，修订后的温对

---

① 《地方自治法》（1947 年 4 月 17 日公布，于日本宪法实施的同年 5 月 3 日实施）对中央政府和地方政府的权责进行了严格界定："除非法律或基于法律授权制定的内阁命令（注：相当于中国的国务院条例），任何普通地方公共团体（注：即地方政府，简称为地方自治体，包括都道府县、市町村）不会受到来自国家或都道府县政府的干涉（法律第 245-2 条：法定干涉原则）。"

法开始实施。其主要修订内容有三点：第一，将日本宣布的 2050 年实现全部温室气体净零排放的目标纳入法律；第二，鼓励地方政府设定具体的减排政策目标，如可再生能源发展、企业和居民社区减排、城市功能集约化、公共交通与城市绿化、垃圾处理和废弃物回收等目标；第三，所有地方政府（市、町、村级别）被赋予自行设立"可再生能源促进区"及相关环评一站式审批权限。一站式环评审批目的是把原本分散在多部法律中的相关环评手续进行统筹和简化，提高环评手续效率，减轻业主行政负担[9]。

12.2.2　《地球温暖化对策推进法》的落实

基于温对法，日本政府 2016 年制定了第一版与其配套的实施计划《地球温暖化对策计划》。2021 年 10 月 28 日，日本政府发布了基于新 2030 年目标修订的《地球温暖化对策计划》[10]。在地方政府层面，截至 2021 年 10 月 1 日，温对法规定需要制定规划的都道府县及 20 万人口规模以上地区和城市（共 152 个自治体）已全部完成了规划的编制，加上 416 个自愿编制了减排行动规划的自治体，目前日本共有 568 个自治体完成了减排行动规划的编制。

然而地方政府在制定减排目标和政策时面临一些挑战。在制定产业、能源、交通等领域行动目标时，由于相关管理规划权限集中在中央政府层面，地方自治体难以获取相应数据并制定合理的减排目标。此外，地方政府还面临人员不足、应对措施及政策效果评估困难、财政资源不足、居民环保意识难以提高、缺乏低碳政策和技术信息与经验等诸多挑战[11]，中央政府主要通过技术指导而非强制措施来协助地方制定规划。为此，中央政府和地方政府建立了"中央—地方脱碳政策对话机制"，力争 2030 年打造 100 个低碳示范地区。政府将提供政策指导、技术和资金等方面的支持，探索可复制可推广的先进经验[9]。

12.2.3　减排目标分解

日本国家层面的新 2030 年目标主要是根据 115 个行业协会向政府各个部门提交的自主减排目标，以自下而上的决策方式确定的。115 个行业协会包括了制造业、服务业、交通运输、能源转换等领域，其所属企业、法人、机构、团体的总排放量在 2013 年达到了 13.2 亿吨，相当于 2013 年日本排放总量的 94%。需指出的是，虽然 115 个行业协会都提出了具体的 2030 年减排目标，但存在行业之间的减排基准年、目标形式（定量减排目标、排放强度目标、能源强度目标等）、减排力度等不一致的现象。

表 12.1 整理了日本国家减排规划《地球温暖化对策计划》所规定的分行业领

域减排目标。为实现 2030 年减排 46% 的目标，日本需要相比 2013 年减排 7.6 亿吨二氧化碳当量，减排量主要来自能源活动的二氧化碳排放，其中产业部门需减排 2.9 亿吨二氧化碳当量（−38%）；其次为交通部门，需减排 1.5 亿吨二氧化碳当量（−35%）。家庭部门的减排目标量仅为 0.7 亿吨二氧化碳当量，但需要比 2013 年减排 66%，减排压力较大。

日本 2020 年已经比 2013 年实现了减排 2.5 亿吨二氧化碳当量（−19%），2021—2030 年需再实现 3.9 亿吨二氧化碳当量减排量。为了减缓国内减排压力，日本政府还实施了国际双边减排信用开发机制（The Joint Crediting Mechanism, JCM），拟实现 1 亿吨国际减排量（累计）的同时将一部分减排量用于抵消国内减排量。截至 2022 年年末，日本与 25 个国家签订了双边协定[12]，共资助了 225 项日本企业的海外设备投资，预期减排量为 240 万吨／年。目前已成功开发了 66 个 JCM 项目，其中已有 31 个项目签发了减排信用[13]。

表 12.1　日本新 2030 年减排目标体系[10]（百万吨二氧化碳当量）

	2013 年排放量	2019 年排放量（比 2013 年变化幅度，%）	2030 年目标（预期比 2013 年变化幅度，%）
温室气体排放	1408	1166（−17%）	760（−46%）
1. 能源活动相关二氧化碳排放	1235	1029（−17%）	677（−45%）
（1）产业部门	463	384（−17%）	289（−38%）
（2）第三产业	238	193（−19%）	116（−51%）
（3）家庭部门	208	159（−23%）	70（−66%）
（4）运输部门	224	206（−8%）	146（−35%）
（5）能源转换	106	89.3（−16%）	56（−47%）
2. 非能源活动二氧化碳排放	82.3	79.2（−4%）	70.0（−15%）
（1）甲烷	30	28.4（−5%）	26.7（−11%）
（2）氧化亚氮	21.4	19.8（−8%）	17.8（−17%）
（3）替代氟氯化碳	39.1	55.4（+42%）	21.8（−44%）
（a）氢氟碳化物	32.1	49.7（+55%）	14.5（−55%）
（b）全氟碳化物	3.3	3.4（+4%）	4.2（+26%）
（c）六氟化硫	2.1	2.0（−4%）	2.7（+27%）
（d）三氟化氮	1.6	0.26（−84%）	0.5（−70%）
吸收	—	45.9	47.7
双边减排信用开发机制	截至 2030 年，累计实现 1 亿吨减排量		

12.2.4　减排措施

《地球温暖化对策计划》详细列举了 67 大类、137 项具体减排举措的实施方法、具体目标和评价标准。这 137 项具体政策的预计总减排量将达到 10.4 亿吨，贡献最大的领域是能源结构调整，预计减排量占 58.8%，其余措施包括购买海外碳信用（减排占比 11.0%）、交通（减排占比 5.6%）、节能设备普及（减排占比 4.6%）等[10]。

在能源结构调整方面，最主要减排手段是提高核能与可再生能源占比。到 2030 年，电力排放因子将从 2013 年的 0.57 千克二氧化碳 / 千瓦·时下降至 0.37 千克二氧化碳 / 千瓦·时，预期减排量为 3.5 亿吨[10]；计划太阳能、风能等可再生能源发电量从 2013 年的 1179 亿千瓦·时提高至 3530 亿千瓦·时，预期减排量达到 2.1 亿吨；油、煤改气领域暂无明确目标，但 2030 年预期减排量达到 2110 万吨[10]。

12.3　日本其他气候变化相关法案与战略

12.3.1　能源发展战略

日本的能源发展战略主要依托于每六年发布的"能源基本计划"。当前实施的是于 2021 年 10 月 22 日发布的《第六次能源基本计划》，明确了 2021—2030 年的基本能源政策框架。考虑人口减少、产业调整等因素，规划预测 2030 年一次能源的总需求量为 4300 亿升原油，比 2013 年消费量下降 21%。从能源种类来看，石油占比将从 2013 年的 43% 下降至 31%，煤炭从 2013 年的 25% 下降至 19%，天然气则从 2013 年的 23% 下降至 18%；低碳能源比重预计上升，核电从 2013 年的接近 0% 增至 9%—10%，可再生能源则从 2013 年的 8% 增加至 22%—23%。到 2030 年，预计氢气和氨气（主要考虑氢氨混烧）的比重达到 1%[14]。

在电力结构上，到 2030 年可再生能源发电量最高可达 3530 亿千瓦·时，电源构成比例为 38%；核电、天然气发电、燃煤发电的比例均为 20% 左右。与 2015 年《第五次能源基本计划》设定的 2030 年目标相比，2021 年《第六次能源基本计划》提出的可再生能源发电目标有了较大的上调，总发电量上调了 25%，其中太阳能和风力发电的上调幅度最大，比 2015 年提出的目标增加近 1 倍[14]。

由上可见，日本将能源作为实现减排目标的关键，而其中的重点是发展可再生能源。2020 年修订的温对法鼓励地方政府设定具体的可再生能源发展目标，赋予地方政府设立"可再生能源促进区"以及一站式环评审批等权限，目的也是为了进一步促进地方的可再生能源普及。已制定减排规划的 568 个地方政府中，有 31.3% 把可再生能源普及（主要为太阳能）作为主要减排措施。借助可再生能源上网电价补贴等制度优势，日本太阳能发电设备装机容量迅速提升，其总发电量从 2010 年的 35 亿千瓦·时增加至 2019 年的 690 亿千瓦·时。因此，考虑日本化石能源进口依存度高达 100%，如何准确评估包括建筑领域太阳能发电装机潜力在内的可再生能源资源总量，将成为日本气候变化战略的重要课题，也关系到日本的能源安全。

12.3.2 产业绿色发展战略规划

2021 年 6 月 18 日，日本内阁官房、经济产业省等 10 家中央机构联合发布了《2050 年碳中和绿色发展战略规划》[15]，从中长期产业低碳发展的角度就 14 个领域的技术发展愿景和相关目标进行了阐述。一是提出了海上风电、太阳能、地热能、氢能、燃料用氨、核能等低碳能源技术的发展目标，二是提出了汽车、海运、航空、物流和土木工程、农林渔业、钢铁、建筑、半导体和通信等行业的低碳或零碳发展愿景。该规划以税收、补贴、绿色金融为推动措施，发展绿色产业，通过应对气候变化获取国际领先技术优势、促进产业和经济发展。因行政规划目标不具有法律或政治性强制力，所列的目标为预期性指标，故该规划的指导意义大于执行意义。

12.3.3 气候变化适应法案及适应领域国际合作

日本作为亚洲地区的发达国家代表，在深化地方层面行动、提高适应举措进展监测与评估技术方面具有丰富经验。2019 年日本颁布实施了《气候变化适应法》，2020 年 12 月日本政府发布了《日本气候变化影响评估报告》，国家政府组织了 7 个部门制定了 71 类气候变化适应措施的基本思路和具体措施。2021 年 10 月日本内阁批准了《气候变化适应计划》，利用关键绩效指标，针对具有高度重要性和紧迫性的 18 个主要领域项目和 32 个子项目制定了目标和行动方案，其中 89% 的适应领域项目设置了一个或多个关键绩效指标以评估行动效果，其结果作为适应计划后续行动的重要依据。通过每个财年审查指标的变化，确定基于计划的每项措施的具体实施进度，然后根据气候变化影响评估修订气候变化适应计划。日本每五年更新一次气候变化影响评估报告，2020 年新公布的《日本气候变化影响评估报告》显示，77% 的类别置信度为中等及以上。

在深化地方适应行动方面，日本根据《气候变化适应法》制定地方气候变化适应计划，统筹兼顾国家和地方行动。截至 2021 年 8 月，47 个都道府县政府中的 34 个县建立了地方气候变化适应中心，制定了 43 个地方适应计划，并正在系统地实施基于当地情况的适应措施。2021 年 10 月批准的《国家气候变化适应计划》要求五年内在所有都道府县和政府指定的城市 100% 建立地方气候变化适应规划。都道府县政府和市政府应建立地方气候变化适应中心，作为收集、组织、分析和提供与气候变化影响和气候变化适应相关信息的基础。

在国际合作方面，日本通过与发展中国家合作，开展技术输出，不断提升国际影响力。日本使用亚太气候变化适应信息平台，支持亚太区将气候变化风险纳入考虑和高效应对气候变化的决策，提高与气候变化风险相关的科学知识，提供利益相关者支持工具，加强与评估气候变化影响和适应气候变化有关的能力，与该区域各国和相关机构合作。此外，日本还通过各种国际合作框架、气象卫星等促进技术合作，如气候变化及其影响的观测、监测、预测、评估、防灾减灾、农业发达国家的气候变化适应等，深化技术合作，为私营部门海外发展提供服务。如在印度尼西亚和越南，日本环境部支持对气候变化对稻田水稻生产影响进行风险评估，为其国家制定适应计划，以输出日本水稻种植技术。

12.3.4 "新资本主义"：日本未来经济社会发展思路

2022年6月7日，日本政府提出了《新资本主义总体规划及行动计划》（以下简称"行动计划"），反思过去日本所推行的"自由市场经济（放任主义）为基调的传统资本主义发展观"，为积极应对国家缺乏国际竞争力、国内分配不均等挑战，提出促进政府与市场主体紧密合作、通过结构性改革措施积极创造新经济增长点、改善国内分配不均问题、促进地方经济与大城市经济圈形成良性循环等新发展思路，最终实现共同致富[16]。日本"新资本主义"行动规划有望促进低碳转型，具体表现在以下方面。

第一，日本将科技创新和先进技术作为未来经济发展的重点，增加对初创企业的支持。行动计划指出，今后日本将重点投资量子技术、人工智能、生物材料及制造、生物医疗等领域，推行分散式智能田园城市群建设等目标。

第二，日本将努力解决社会均衡发展挑战。为了促进城乡和区域经济均衡发展，积极应对地方人口减少、产业空心化等压力，行动计划提倡通过数字化和信息化技术装备的研发、应用和普及，有效疏散大城市人口至地方，以充分释放地方经济活力。主要措施包括：加大智能农林水产畜牧业相关投资，加速以地方高校为核心的企业孵化器建设；到2024年支持1000个地方政府建设卫星办公室，为外地移居白领提供远程办公环境；加强数字化基础设施建设，到2027年光缆普及率达到99.9%，到2030年5G普及率达到99.9%，五年内建设10座以上地方大数据中心，推进环日本岛海底光缆建设；加强数字化公共服务，推广网络学校、远程医疗、无人机物流、自动驾驶和3D城市建模试点，促进防灾领域的数字化升级。

第三，加深政府与市场主体的紧密合作。日本政府决定未来十年内进行低碳转型相关社会投资的规模达到150万亿日元，计划通过发行"低碳转型国债"筹集政府投资基金，在十年内筹集 20 万亿日元。为实现低碳转型目标，投资基金将重点关注新能源汽车、可再生能源、量子技术、人工智能、生物材料等领域。

12.4 本章小结

起源于环境治理，日本通过积极构建资源节约、环境友好、绿色低碳社会，将各种环保细节融入社会之中，建立了全民参与的举国体制。日本已经宣布了 2030 年减排 46% 和 2050 年实现温室气体净零排放的目标，2020 年相比 2013 年已减排 21.5%。作为控制温室气体排放举措的基本法，《地球温暖化对策推进法》用法律条文的形式明确了碳中和目标的法律地位以及中央、地方政府的相关权责等事项。日本当前的气候变化政策着重发展创新技术、促进绿色产业和经济发展。

日本实施地方自治制度，在应对气候变化政策领域也不例外。中央政府负责监测国家层面的温室气体浓度，开展气候变化情况及相关生态影响评估，制定和执行综合气候应对国家战略，即《地球温暖化对策计划》。规划提出实现 2030 年减排 46%（相比 2013 年减排 7.6 亿吨二氧化碳当量），并对 2030 年分行业 / 领域的减排目标和举措进行了详细规定。地方政府在中央政府的技术指导下自行制定地方的减排规划，但面临人员不足、难以正确评估应对措施及政策效果、财政资源不足等诸多挑战。

日本将能源结构调整作为实现减排目标的关键，而其中的重点是发展可再生能源。2021 年日本发布了《第六次能源基本计划》，明确了 2021—2030 年的基本能源政策框架、一次能源需求展望和能源种类占比的目标。为推动中长期产业绿色低碳发展，日本发布了《2050 年碳中和绿色发展战略规划》，提出了 14 个领域的技术发展的预期性目标。作为亚洲发达国家，日本在深化地方层面行动、提高适应举措进展监测与评估技术方面具有丰富经验。日本还发布了《新资本主义总体规划及行动计划》，拟通过重点扶持绿色低碳产业、促进智能田园城市建设、实现社会均衡发展、加深政府与市场主体的合作等举措，最终实现共同富裕的目标。

参考文献

[1] 伊藤隆敏，星岳雄. 繁荣与停滞：日本经济发展和转型 [M]. 郭金兴，译. 北京：中信出版社，2022.

［2］刘小林．日本参与全球治理及其战略意图——以《京都议定书》的全球环境治理框架为例［J］．南开学报（哲学社会科学版），2012（3）：26-33.

［3］罗丽．日本《全球气候变暖对策基本法》（法案）立法与启示［J］．上海大学学报（社会科学版），2011，6（18）：58-68.

［4］Ministry of Foreign Affairs of Japan. 2010. Japan's position regarding the Kyoto Protocol［EB/OL］.［2022-6-26］. https://www.mofa.go.jp/policy/environment/warm/cop/kp_pos_1012.html.

［5］政府统计综合查询系统（e-Stat）．国民经济历年统计（2020年统计）［EB/OL］.［2022-6-28］. https://www.e-stat.go.jp/stat-search/files?page=1&layout=datalist&toukei=00100409&tstat=000001015836&cycle=7&open_date=202201&tclass1=000001149055&tclass2=000001165367&tclass3=000001165368&file_type=0&cycle_facet=cycle&tclass4val=0.

［6］财务综合政策研究所．财政金融统计月报［EB/OL］.（2022-06-06）［2023-05-22］. https://www.mof.go.jp/pri/publication/zaikin_geppo/hyou/g833/833.html.

［7］国立环境研究所（温室气体清单办公室）．日本温室气体排放数据（1990—2020年）确定值［EB/OL］.（2022-4-19）［2023-06-22］.

［8］经济产业省资源能源厅．2020年能源年度报告（能源白皮书2021）［EB/OL］.（2022-6-6）［2023-01-22］. https://www.enecho.meti.go.jp/about/whitepaper/2021/html/2-1-4.html.

［9］日本环境省．修订地球温暖化对策推进法概要：促进区域脱碳转型［EB/OL］.［2023-02-24］. https://www.mlit.go.jp/policy/shingikai/content/001430056.pdf.

［10］日本环境省．地球温暖化对策计划［EB/OL］.（2021-10-22）［2023-05-26］. https://www.env.go.jp/earth/ondanka/keikaku/211022.html.

［11］野村研究所有限公司．2020年度地方政府实施律实施状况调查报告［EB/OL］.［2023-02-26］. https://www.env.go.jp/content/900440865.pdf.

［12］JMC. JCM伙伴国家清单及各国项目执行情况［EB/OL］.［2023-02-22］. https://gec.jp/jcm/jp/about/.

［13］JMC. JCM伙伴国家当中正在实施的JCM资助（日本政府资助）项目清单［EB/OL］.（2022-12-2）［2023-02-24］. https://gec.jp/jcm/jp/wp-content/uploads/2022/12/20221202_list_jp.pdf.

［14］经济产业省资源能源厅．2030年能源需求展望［EB/OL］.（2022-10-22）［2023-03-11］. https://www.meti.go.jp/press/2021/10/20211022005/20211022005-3.pdf.

［15］2050年绿色成长战略［EB/OL］.［2023-04-05］. https://www.meti.go.jp/policy/energy_environment/global_warming/ggs/index.html.

［16］内阁官房．新资本主义总体规划及行动计划：实现重点投资于人/技术/初创事业［EB/OL］.（2021-6-7）［2023-02-21］. https://www.cas.go.jp/jp/seisaku/atarashii_sihonsyugi/pdf/ap2022.pdf.

第 13 章 部分发展中国家气候政策与行动

在过去三十年的全球气候治理进程中，发展中国家对于维护治理体系的公平合理发挥了重要作用，其中巴西、中国、印度和南非成立了"基础四国"集团，成为发展中国家中的典型代表。本章主要介绍印度、巴西和南非的气候政策及其行动进展，首先介绍了这三个国家的经济发展和温室气体排放特征，接下来概述了各国主要的气候目标与政策行动、应对气候变化的需求以及行动进展。各国在气候目标和政策行动上有相似之处，但由于国情、资源禀赋、排放结构等方面的差异，不同国家气候政策的优先领域不同。

13.1 印度的气候政策与行动

印度是南亚次大陆最大国家，2021 年人口达到 13.9 亿，并且在 2023 年超越中国成为全球第一人口大国。印度也是全球主要的经济大国，自 1947 年独立、1950 年成立共和国后，经济有较大发展。农业由严重缺粮到基本自给，工业形成较为完整的体系，自给能力较强。20 世纪 90 年代以来，服务业发展迅速，占GDP 比重逐年上升，已成为全球软件、金融等服务业重要出口国。与中国类似，由于人口基数大且经济社会正处于上升发展期，印度当前的温室气体排放量也在各国中处于较高水平。

13.1.1 印度经济发展和温室气体排放特征

近几十年来，印度经济发展稳步上升且波动幅度不大。印度经济在 20 世纪90 年代开始出现大幅上升趋势，1990 年 GDP 相较 1960 年上涨了 3.4 倍，而 2020年的经济规模为 1990 年的 5.4 倍。2020 年随着全球新冠疫情的蔓延，印度经济受

到明显影响。在三大产业中，印度第一产业从 70 年代占比超过 50% 下降至 2020
年的不到 20%；第二产业则呈现较为温和的增长态势，占比在 2003 年超过了第
一产业占比，从 70 年代占比 21% 上升到 2009 年的占比 31%，而后十年呈现轻微
下降趋势，2020 年第二产业占比回落到 27.8%；第三产业在过去五十年占比保持
长期增长态势，服务业占比始终比制造业更高，并且在 1994 年超越其第一产业占
比，对当前印度经济的贡献超过 50%。

　　与世界上大部分发展中国家允许外国资本投资发展国内第一产业以及第二产
业的情况不同，印度的产业扶持政策明显倾向于第三产业，其原因主要是为了推
动国内进行农业改革，帮助减缓印度长期因粮食短缺而产生的外汇赤字；同时严
格限制工业外资进入印度，以期快速建立本国完整的工业体系。自 70 年代起甘地
政府成立电子部，紧跟世界电子革命的发展步伐以来，印度重点引进科学研究以
及高技术领域，建立外向型计算机软件工业，降低计算机软件进口关税；加上印
度人口具有广泛的英语语言基础优势以及在教育上高度重视数学以及理工专业，
使得计算机软件产业成为印度具备较强国际竞争优势的领域[1]。

　　根据世界银行最新数据显示[2]，印度目前是世界上第四大二氧化碳排放经济
体，其 2019 年二氧化碳排放量为 24.56 亿吨。如图 13.1 所示，根据印度 2021 年
提交至《公约》的双年更新报告中所提供的数据[3]，印度过去二十多年中整体温
室气体排放量增加了一倍，其中增长量最大的是能源部门，从 1994 年的 7.44 亿
吨二氧化碳当量增加至 2016 年的 21.29 亿吨二氧化碳当量；而增长率最高的是废
弃物部门，从 1994 年的 0.23 亿吨二氧化碳当量增长至 2016 年的 0.75 亿吨二氧化
碳当量，增长了 326%。同一时期的工业过程温室气体排放则从 1.03 亿吨二氧化

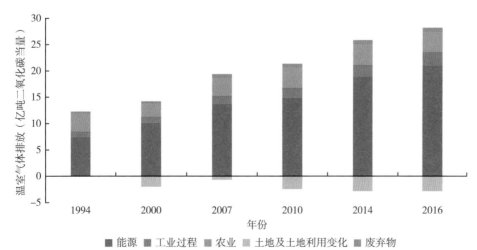

图 13.1　1994—2016 年印度各部门温室气体排放[3]

碳当量增长至 2.26 亿吨二氧化碳当量；农业活动排放从 3.44 亿吨二氧化碳当量增长至 4.08 亿吨二氧化碳当量；土地利用及其变化和林业从年排放量 0.14 亿吨二氧化碳当量的排放部门转变为 4.08 亿吨二氧化碳当量的碳汇部门。印度的能源消费结构特点是重度依赖煤炭，煤炭消费占比达到整体能源消费量的 57%；其次是石油和天然气，分别占 27% 和 6%；2021 年印度非化石能源占比在 10% 左右。

13.1.2 印度的主要气候行动目标与政策

印度于 2008 年 10 月首次发布《国家气候变化行动计划》[4]，该计划旨在将应对气候变化纳入国家可持续发展战略，以可持续发展帮助低收入人群增加收入，刺激市场创新，联动政府、社会以及公私资本部署相应减排和适应策略及技术。该计划将印度的气候行动分为八大方面：①强化太阳能应用；②提高能源效率；③提高可持续生态环境质量；④改善水资源；⑤维护喜马拉雅生态系统；⑥国土绿化；⑦发展可持续农业；⑧应对气候变化的知识战略。其中太阳能计划得到印度政府和产业界高度重视，经过十余年的发展，印度已经成为全球太阳能领域的领导者之一。此外，印度通过市场手段、能效融资等措施，促进提高能源使用效率；通过制定可持续人居标准和政策、改善城市发展规划等手段，提高城镇生态环境质量；通过推行节约用水、减少浪费等措施，确保国内各省邦的水资源分配更公平，通过有差别的用水权和定价监管机制提高用水效率 20%；通过海水低温淡化技术，帮助沿海缺水城市确保用水需求。印度还计划加强生态系统服务的碳汇作用，加强脆弱物种以及生态系统适应气候变化的能力，帮助依赖森林生活的社区强化气候变化适应能力，包括增加 500 万公顷森林覆盖面积以及提高 500 万公顷森林质量、改善 1000 万公顷树林的生态系统服务，帮助 300 万依赖森林生活的人口提高收入，在 2020 年增加 5000 万—6000 万吨的固碳量。

为促成 2009 年"哥本哈根协议"，印度紧随中国的步伐作出了 2020 年 NAMAs 许诺，提出 2020 年 GDP 的碳排放强度比 2005 年降低 20%—25%，其中农业排放量不计入统计。

2015 年，为促成《巴黎协定》谈判达成，印度与其他主要国家一起提出了"国家自主贡献意向"（Intended Nationally Determined Contribution，INDC），表示计划到 2030 年实现 GDP 的碳排放强度比 2005 年降低 33%—35%，非化石能源电力装机占比达到 40%，新增 25 亿—30 亿吨碳汇，以及强化适应、实现可持续生计等。随着印度成为《巴黎协定》缔约方，在 INDC 提出的这些目标和计划也成为印度在《巴黎协定》下的第一个国家自主贡献。

印度在 2021 年宣布 2070 年实现净零排放的目标。为此，印度计划根据联合国可持续发展目标为国民提供更廉价的现代化清洁能源并降低室内外的空气污染，其主要途径包括大力发展可再生能源电力、逐步消除低效的化石能源补贴、将 2030 年电动车占新车销售量比重提升至 30%，通过推动电动交通以及氢能在 2047 年实现"能源独立"。

2022 年 8 月，印度更新了国家自主贡献，包括与减缓相关的目标。目前印度的国家自主贡献主要包括：①进一步推进和提倡健康和可持续的生活方式；②采取更为气候友好和更清洁的发展道路；③到 2030 年，GDP 碳排放强度相比 2005 年降低 45%；④在获得技术转让以及包括绿色气候基金在内的低成本国际融资的支持下，2030 年前将非化石能源发电装机比重提升至 50%；⑤通过植树造林在 2030 年前增加 25 亿—30 亿吨碳汇；⑥针对气候变化脆弱部门和地区，尤其是农业领域、水资源脆弱地区、喜马拉雅地区、沿海地区，强化其在公众健康和灾难管理方面适应气候变化的能力；⑦调动国内外新的资金支持实施减缓和适应气候变化行动；⑧加快推广前沿气候技术。2022 年 11 月，印度在 COP 27 上发布"长期温室气体低排放发展战略"，阐明其在 2070 年前实现净零排放的路线图，包括在电力、城市化、交通、森林、金融和工业领域的转型，以及加强研发创新、适应气候变化、国际合作等方面的行动。

印度针对排放占比最大的能源部门制定了一系列相应的能源政策，以期降低能源部门温室气体排放。国际可持续发展研究所发布的《绘制印度能源政策》分析报告认为[5]，印度自 2020 年新冠疫情发生以来，为刺激经济至少向能源行业投资了 1500 亿美元，其中有 443 亿美元对化石能源进行投资、370 亿美元用于对清洁能源投资。电力传输领域的补助呈现增长趋势，相对 2014 财年，2021 财年印度在电力传输和分配方面的补助增长了 144%，这是有史以来在电力传输分配上补助最多的一年，规模达到 191 亿美元，其中 94% 的资金用于为居民和农户提供廉价电力。印度财政部还在 2021 年 2 月宣布启动全国绿色氢能计划[6]，主要包括税收、采购、运输费用减免等方面的措施。印度自 2021 年开始实施《环境保护法案》修正案，相较 2020 财年，印度在 2021 财年对煤炭行业的补助减少了 17%。

13.1.3 印度应对气候变化的需求

印度地处南亚次大陆，多数地区属热带气候，海岸线长 5560 千米，北部为喜马拉雅山区[7]。印度需要面对由气候变化带来的多类型灾难，主要包括热浪、干旱、极度暴雨、洪水、飓风等[8]，是受气候变化影响最严重的发展中国家之一。根据世界气象组织的估计，2021 年印度因洪水造成的经济损失达 32 亿美元，因风暴造成的经济损失达 44 亿美元。

印度在国家自主贡献中估算至少需要 2.5 万亿美元（2014—2015 年价）来满足 2015—2030 年应对气候变化行动的资金需求，包括需要 2060 亿美元（2014—2015 年价）用于对农业、林业、渔业进行基础设施建设，加强水资源以及生态系统筹方面的适应行动；需要额外的融资用于加强气候韧性以及灾害管理；能源部门适应气候变化则需要 77 亿美元；全国减缓气候变化的资金需求缺口达 8340 亿美元（2011 年价）；并且预测到 2050 年，印度每年因气候变化造成的经济损失将达到 GDP 的 1.8%。

13.1.4　印度应对气候变化的进展

在减缓行动目标进展方面，印度尚未发布 2020 年国家适当减缓行动（NAMAs）实施进展的终期评估报告。根据印度最近一次（2021 年）提交的双年更新报告，2005—2016 年印度的 GDP 排放强度下降了 24%，有望实现其制定的 2020 年排放强度相比 2005 年水平下降 20%—25% 的目标（不包括农业领域排放）。然而根据欧盟 EDGAR 数据库的统计信息，印度在 2016 年实现了 GDP 碳排放强度比 2005 年下降 22.3%，但是 2020 年受经济影响，单位 GDP 碳排放仅比 2005 年下降 14.0%，远没有达到降低 20%—25% 的目标。尽管 EDGAR 数据库的碳排放是指化石能源燃烧的二氧化碳排放，而印度在通报"国家适当减缓行动"以及提交国家履约报告时并未明确"碳排放"的内涵是指所有温室气体还是全部二氧化碳，或是化石燃料燃烧的二氧化碳，EDGAR 数据库与印度本国的数据在核算口径上可能存在差异，但从二者 2016 年降幅的比较可以推测印度 2020 年难以实现"国家适当减缓行动"承诺的目标，但最终还需要印度官方数据进行说明。

印度在这次双年更新报告中还通报了 2008 年启动的《国家气候行动计划》的八大目标及其进展。①在"太阳能计划"中，印度提出到 2022 年新增 1 亿千瓦太阳能装机容量的目标。截至 2020 年 9 月已有 9100 万千瓦的太阳能装机容量处于调试或正处于筹划状态。②在"提高能效计划"中，印度希望采取措施降低高耗能单位能耗、降低节能电器税率并加强需求侧能效管理。2012—2019 年印度在该计划下的"执行、完成和交易"机制下累计减排二氧化碳 9234 万吨。③在"国土绿化计划"中，印度计划到 2020 年将年度碳汇量提升 5000 万—6000 万吨。2017—2019 年印度共计拨款 8.49 亿卢比支持该计划，2015—2020 年在 14.27 万公顷土地上植树造林。④在"可持续居住计划"中，印度提出将制定可持续生境标准，编制全面解决适应和减缓问题的城市发展方案并制订交通节能计划。截至目前，印度已对 1.6 亿平方米的建筑提供节能技术援助和支持，完成 1987 个智慧城市相关项目。⑤在"水资源计划"中，印度提出建立水文数据库以评估气候变化对水资源的影响，提高用水效率并促进公民节水行动。截至目前，印度向各个邦和联邦属地提供了 800 万卢比财政支持。⑥在"可持续农业计划"中，印度希望提高农业生产力、可持续性、效益以及气候适应能力，加强对水土资源的管理，并提高农民等利益相关方的能力。截至 2020 年，印度在水稻集约化种植、森林保护、农业剩余物燃烧量削减等方面取得了进展。⑦在"维护喜马拉雅生态系统计划"中，印度希望加强对喜马拉雅生态系统的研究和评估，并且协助区域内各邦开展可持续发展行动。截至目前，印度制定了喜马拉雅地区气候脆弱性和风险评估框架，组织了印度 - 瑞士喜马拉雅冰川学能力建设项目，培训了 51 名研究人员，并且有 11 个喜马拉雅地区邦建立了气候小组。⑧"气候变化知识战略计划"旨在加强印度全国范围内对气候变化的研究能力。目前已启动 116 个培训项目并培训了 1.4 万人，启动了 7 项在气候变化科学、适应、减缓领域的能力建设和国家知识网络计划，还成立了 8 个全球技术观察小组。

在适应方面，印度在《国家气候变化行动计划》列出了应对干旱、风暴、冰川融化、水质下降、农业减产、植被退化、海平面上升等气候风险的适应需求，同时经该文件的指导，由各邦出台具体计划并保持动态更新。基于上述需求，印度将适应行动主要集中在农业、水资源、沿海地区、卫生和灾害管理等方面。农业是印度的经济支柱性产业，印度主要通过发展灌溉技术、改良作物品种和保障农民生计应对土地干旱问题。2010—2011 年印度农业研究委员会启动了"国家气候适应型农业倡议"，在数据分析的基础上帮助提高作物生产力。水资源是与粮食安全休戚相关的领域，印度将国家级目标定为节水和公平分配水资源，要求提高水利用效率 20%，并责成各邦制定强制性节水方案。因此，在超过半数的地方行动计划中均包含节水目标和发展相关技术的需求，以及针对不同流域水污染的治理路径。在应对洪水、飓风等自然灾害方面，印度主张基于地区气候变化影响评估，将减灾目的纳入基础设施建设规划。锡金邦等地方政府利用监测评估成果开发了早期预警系统，同时丰富了以社区为基础的灾害管理方案。

13.2 巴西的气候政策与行动

巴西是拉丁美洲最大的国家。2021 年人口达到 2.14 亿，排名世界第六。自 20 世纪 70 年代以来，巴西经济整体体量增幅虽有所波动，但长期保持在全球第十位左右，居拉美地区首位。巴西是热带经济作物的重要出口国，咖啡、甘蔗、柑橘的产量均居世界第一位，并拥有全球面积最大的热带雨林。巴西应对气候变化和环境保护的行动也主要围绕雨林保护展开，寻求经济发展、粮食安全、气候变化应对、生态环境和生物多样性保护的统筹。

13.2.1 巴西经济发展和温室气体排放特征

近几十年来，巴西经济持续增长且波动幅度较小，自 20 世纪 60 年代到 2014 年，巴西经济总体呈现稳步上升趋势。受政府开销加大、应对通胀管理不善以及国际油价大幅下降等综合因素影响，巴西经济在 2015 年出现衰退后，至今尚未有明显的回升态势。受新冠疫情影响，巴西 2020 年全年经济降幅超过 4%。巴西三大产业占经济比重无明显变化，第一产业从 70 年代基本维持在低于 10% 的水平；第二产业呈现缓慢下降，从 70 年代的 30% 占比下降到 2020 年的 20% 左右；第三产业长期占据主导地位，从 70 年代的 65% 占比缓慢上升到 2020 年 70% 左右的水平。

巴西自 60 年代开始在其经济结构中实行去工业化战略，大幅提高服务业占比，甚至比一些公认的发达国家服务业占比更高[9]。90 年代前，巴西经济发展以进口替代模式为主，限制了巴西经济参与全球化的能力；90 年代后，巴西政府意识到自身经济发展存在的严重缺陷，开始大力推进经济改革，改革内容包括工业、农业、国有企业私有化及对外开放战略等。对农业生产的投资帮助巴西从 70 年代遭受严重危机的粮食进口国变成了世界第二大粮食出口国，农业产量出现大幅增长，经济侧重初级产品出口导向。

世界银行最新数据显示[10]，巴西 2019 年二氧化碳排放总量为 4.34 亿吨，位居世界第十四。根据巴西 2020 年提交至《公约》的双年更新报告中所提供的数据[11]，巴西过去二十多年中整体温室气体排放总量经历了先增长后降低又逐渐攀升的过程。1990—2004 年巴西温室气体排放总量增加了 2.5 倍，其中增长量和增长率最高的部门是 LULUCF 部门，从 1990 年的 7.94 亿吨二氧化碳当量增长至 2004 年的 25.08 亿吨二氧化碳当量，增长了 215%。2004 年巴西温室气体排放总量达到最高值（33.24 亿吨二氧化碳当量），其中 LULUCF 部门排放量约占当年排放总量的 75%。巴西在 2004 年启动了保护和控制亚马孙森林砍伐计划，并引入亚马孙森林砍伐监测项目，一系列措施的实施使森林砍伐水平大幅下降，LULUCF 部门排放量显著降低。LULUCF 部门排放大幅下降的同时也带动了巴西温室气体总量排放的下降，2016 年 LULUCF 部门排放的温室气体仅占整体排放的 22.3%，较 2004 年排放最高峰下降约 60%[11]。至 2016 年，巴西最重要的温室气体排放部门已经变成农业和能源部门，分别占总排放量的 33.6% 和 32.4%。巴西的能源结构特点是依赖以水力发电为主的可再生能源，可再生能源（含水电）消费占比达到整体能源消费量的 46%；其次是石油和天然气，分别占 35% 和 12%；煤炭消费占比约 6%，如图 13.2 所示。

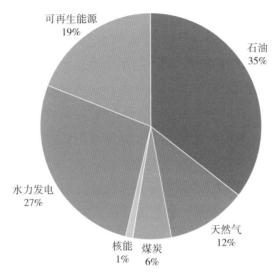

图 13.2 2021 年巴西各类一次能源消费比重[12]

注：可再生能源未包含水电。

13.2.2 巴西的主要气候行动目标与政策

巴西于 2008 年 12 月首次发布《国家气候变化政策》（Brazil's National Policy on Climate Change，PNMC），并于 2009 年成为国家法律。该法律旨在将应对气候变化措施纳入可持续发展，减少不同来源的温室气体排放，强化碳汇，实施适应气候变化措施，保护、保育和修复自然资源，巩固和扩大保护区，促进巴西碳减排市场的发展，以追求经济增长、消除贫困和减少社会不平等，在保护气候系统的同时促进可持续发展。

在《国家气候变化政策》下，巴西构建了应对气候变化政策工具体系，主要包括：①国家气候变化计划；②国家气候变化基金；③针对亚马孙和塞拉多地区的预防和控制森林砍伐行动计划；④针对农业、能源和木炭的减缓和适应计划；⑤向《公约》提交国家履约报告；⑥气候变化部际委员会；⑦财政和税收措施、信贷和融资机制，以及与减缓和适应气候变化有关的金融和经济措施；⑧气候变化研究计划。

《国家气候变化政策》的治理构架主要包括气候变化部际委员会和国家气象、气候、水文活动协调委员会，以及巴西气候变化论坛、巴西全球气候变化研究网络等。其中气候变化部际委员会由九个部门组成，包括总统办公室、外交部、经济部、粮农部、区域发展部、矿产能源部、科技创新部、环境部、基础设施部。

巴西通过制定与实施《低碳农业计划》，扩大可持续农业生产系统的面积，确保农业可持续发展，减少温室气体排放，强化农业适应气候变化；通过制定和实施预防和控制亚马孙森林毁林计划、预防和控制塞拉多生物群落中的毁林和森林火灾的行动计划，以可持续利用森林资源和促进可持续农业系统为手段促进生态系统服务的维护，从而减少森林砍伐和本地生态系统的退化；通过实施可持续钢铁工业计划，促进木炭的可持续生产和高效利用；通过增加水力发电、替代能源和生物燃料的使用以及增加可再生能源装机容量，优化国家能源结构；通过能源效率计划提高不同经济部门的能源效率，减少化石燃料和电力的使用；制定和实施《国家适应计划》，以农业、水资源、粮食安全、生物多样性、城市、灾害风险管理、工业和采矿、基础设施、脆弱人群、公众健康、海岸带管理为重点，改善对气候风险的管理，建立适应自然、人类、生产和基础设施系统的政策和工具体系，降低气候风险、避免损失和损害。

为促成 2009 年"哥本哈根协议"，巴西作出 2020 年"国家适当减缓行动"许诺，提出到 2020 年将国家排放量相对于"照常发展情景"减少 36.1%—38.9%。2015 年，为促成《巴黎协定》谈判达成，巴西与其他主要国家一起提出了"国家自主贡献意向"（INDC），计划到 2025 年温室气体排放相较 2005 年排放水平下降 37%、2030 年下降 43%，使巴西成为第一个采用与发达国家一致的全经济范围、全口径温室气体绝对量化减排目标的发展中大国。随着巴西成为《巴黎协定》缔约方，"国家自主贡献意向"中提出的这些目标和计划也成为巴西在《巴黎协定》下的第一个国家自主贡献。

2021 年，巴西时任总统博索纳罗在气候领导人峰会上宣布巴西计划于 2050 年实现碳中和目标。2022 年 3 月，巴西更新了国家自主贡献，通报了新的减缓和适应行动，在保持 2025 年温室气体排放相较 2005 年排放水平下降 37% 不变的情况下，将 2030 年温室气体减排目标提升至相较 2005 年排放水平下降 50%。2022 年 10 月，卢拉出任巴西总统。他宣布将全面革新巴西的环境和气候政策，并成立一个新的国家气候变化局，负责监督所有部委和机构应对气候变化的努力。此前，极右翼总统博索纳罗施行消极的环境和气候监管政策。卢拉上台后，预计将为巴西实现其国家气候目标的行动注入强大动力。

13.2.3 巴西应对气候变化的需求

巴西大部分地区处于热带，且占有亚马孙森林60%的面积，巴西需要面对由气候变化带来的干旱、极度暴雨、洪水等灾难。巴西在其双年更新报告中列举了实现"国家适当减缓行动"过程中资金、技术以及能力的困难和制约因素，这些困难主要集中在农业、LULUCF、钢铁、能源等领域。在农业部门，巴西缺乏监测、报告与核查（MRV）能力，并且在生物和农业领域的研究、认知与实践不足。在LULUCF、可再生钢铁行业以及森林管理方面的政策、法规和标准存在欠缺，并且缺乏对规模性试验项目的资金投入。在能源领域，巴西的聚光太阳能热电厂、储能、能效等技术发展和管理方面存在不足。除此之外，巴西在供应链减排、温室气体排放信息与数据等方面也存在欠缺。总体而言，巴西需要大量资金支持政策标准制定与完善、技术试点与发展、项目实施等行动，并且需要加强专业人员和利益相关方培训、知识交流和技术转移等工作。

13.2.4 巴西应对气候变化的进展

在行动目标进展方面，巴西在更新的国家自主贡献中提到，在2020年之前，大多数部门已超额完成"国家适当减缓行动"设定的减排预期，且大幅增加了可再生能源在其能源结构中的比重，退化土地的恢复面积几乎翻了一番。

在政策进展方面，LULUCF作为巴西排放曾经占比最大的部门，解决毁林问题是巴西应对气候变化措施的关键。目前，巴西30%的国土依法成为保护区，环境法还要求土地所有者对其20%—80%土地中的脆弱生态系统增加额外的保护手段。同时，巴西50%—60%的国土受到《巴西森林法》一定程度的保护，在此基础上，巴西提出了在2028年消除非法毁林行为。

农业是目前巴西最大的排放部门。巴西制定实施了《低碳农业计划》（ABC计划）。ABC计划的第一周期为2010—2020年，其间该国政府拨款170亿雷亚尔（约合31亿美元）用于广泛实施农业减缓措施，包括恢复退化土地，推广固氮项目，增加土壤中有机碳的积累，推广免耕农业与森林、作物、畜牧业的相互结合等。据巴西农业部统计，ABC计划第一个十年周期减少了1.7亿吨二氧化碳当量排放，并实现了增加5200万公顷的土地现代化农耕目标[13]。基于第一周期的ABC计划，巴西制定了第二周期的ABC+计划，该计划旨在帮助巴西在2020—2030年持续应对气候变化带来的不利影响，提高农业部门的气候韧性和可持续性，巩固其国家经济和粮食安全并为全球作出贡献，预计将减少超过10亿吨二氧化碳当量的排放[14, 15]。

巴西在能源领域方面制定了增加水力发电和替代能源的政策：2018—2019

年，实现水力发电站的装机容量增加 8337 兆瓦；鼓励小型水电站和分布式发电机组并网进入国家电力系统，实现装机容量增加 498 兆瓦。巴西在 2021 年 10 月颁布法令，为巴西近海地区开发海上风电制定了相关法则，推进海上风电发展。《国家氢能计划》则在绿氢行业着重发展竞争力、法规标准、能源规划、科学技术和人才培训。巴西在 COP 26 上宣布实施《国家零甲烷计划》，通过减免税务、提供融资支持、甲烷排放信用等来推动甲烷减排，计划减少农业以及废弃物部门30% 的甲烷排放，并利用这些生物质甲烷节约 100 亿美元的传统化石燃料费用。

除以上减排政策措施，巴西还计划重新启动搁置了 12 年的碳市场，追踪产品碳足迹以及自然碳汇能力；开展国家环境有偿服务计划，奖励保护原始森林的个人、组织和机构；建立废弃物回收信用机制；打击环境犯罪行为。

巴西重视气候适应行动，在《公约》下提交了国家适应计划，列出了巴西的适应目标和农业、生态系统、脆弱人群、水资源管理、健康、海岸带地区等分领域的适应行动计划。巴西国家适应计划的实施取得了良好成效，实现了加强气候风险管理知识体系和初步构建自然、人群和基础设施适应气候变化体系的目标。巴西还成立了国家数据中心，以收集气候灾害、风险预测等方面的基础数据，并且定量跟踪和评估实施的适应行动成效，实现减少水、能源、粮食、社会和环境脆弱性的目标。此外，巴西正广泛寻求合作，加强卫星监测网络的建设，提升气候数据产品质量。在地方层面，巴西联邦政府支持地方政府促进适应在部门政策和行动中的主流化，以增强地方的气候韧性。

13.3 南非的气候政策与行动

南非地处非洲最南端，是非洲工业化水平最高的国家。南非曾为英国殖民地，于 1961 年改名为南非共和国。作为非洲第二大经济体，南非国民拥有较高的生活水平，该国 2020 年人口约为 5962 万，2021 年南非名义 GDP 为 4179 亿美元，名义人均 GDP 为 6996.4 美元，属于中等收入发展中国家。制造业以及矿业是南非的支柱产业，且拥有较为发达的农牧渔业[16]。

13.3.1 南非经济发展和温室气体排放特征

近三十年来，南非经济出现了不同程度的波动。1994—2007 年年均经济增速在 3%—5%，直到 2008 年出现金融危机后增长放缓，2009 年出现经济负增长。2010 年以来，南非政府围绕解决贫困、失业、贫富悬殊问题强化宏观调控、加快社会转型，但受近几年国际经济下行、国内罢工频发、电力资源短缺等因素影响，经济整体上处于低迷态势。2014—2019 年南非经济增长率保持在 1% 上下，2020 年受新冠疫情因素影响，当年经济收缩 7%，为 1946 年以来最大降幅[16, 17]。在产业结构方面，南非三大经济产业结构自 20 世纪 70 年代以来发生了明显变化，第一产业长期保持在不足 3% 的水平，第二产业从 70 年代的占比 50% 逐步下降至 2020 年的 26%，而第三产业则长期保持增长态势，从 70 年代的 47.7% 逐步提升至 2020 年 70.8% 的水平。

作为非洲经济最发达国家之一，南非国土和人口仅占非洲的 4% 和 5%，但 GDP 占非洲的 26.5%。南非最初以农牧业为经济基础，19 世纪后半期因钻石和黄金的发现，采矿业成为该国的支柱产业；20 世纪中叶，南非制造业产值超过采矿业，后因国际制裁导致经济衰退；20 世纪后期受到金融危机、本国货币贬值等因素，经济增长出现波动；进入 21 世纪以来，在政府积极的经济政策推动下，南非逐步加快经济增长步伐并形成较全门类的工业体系，服务业中金融、房地产以及商业服务业占比最高。

根据世界银行最新数据显示，南非 2019 年二氧化碳排放量位居世界第十三位[18]，为 4.4 亿吨。南非 2021 年提交的双年更新报告[19]显示，21 世纪以来南非温室气体排放量呈现平缓上升趋势，并且在 2015 年出现了下降。该国能源部门长期以来是温室气体的主要排放部门，工业过程以及农业部门分别是第二和第三大排放部门。南非最新的国家温室气体排放清单表明，2017 年南非所有排放部门中，能源部门的排放占比 85.2%，因此能源部门是南非需要着力减少排放的重点部门。南非工业部门排放在 2007 年达峰，规模为 4251 万吨二氧化碳当量且维持平台期至 2016 年，2017 年下降至 3547 万吨二氧化碳当量。农业部门 2017 年的排放量为 4864 万吨二氧化碳当量，林业及其他土地利用部门碳汇为 3064 万吨二氧化碳当量；废弃物部门的排放从 2000 年的 1356 万吨二氧化碳当量增长至 2017 年的 2125 万吨二氧化碳当量。在能源消费占比上，该国一次能源消费重度依赖煤炭以及石油，其中煤炭消费占南非一次能源消费比重的 71%、石油占比 21%，两者合计比重超过了 90%，如图 13.3 所示。

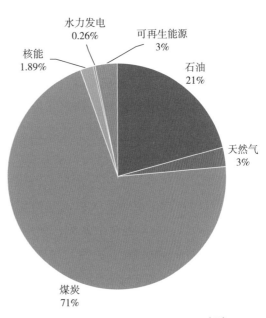

图 13.3 2021 年南非能源结构[12]
注：可再生能源未包含水电。

13.3.2　南非的主要气候行动目标与政策

南非在 2004 年就发布了《国家气候变化响应战略》，对国家清洁发展机制管理部门、矿业和能源部、科技部、工贸部、南非开发银行和工业开发集团等提出了促进清洁发展机制项目开发、增加可再生能源和提高能效、开展气候变化科研、吸引外国投资南非应对气候变化项目等要求。

为促成 2009 年"哥本哈根协议"，南非作出了 2020 年国家适当减缓行动（NAMAs）许诺，提出在 2020—2025 年实现国家排放达峰，在 2020 年将国家排放量相对于"照常发展情景"减少 34%，2025 年减少 42%，再经过十几年的稳定期后，通过增加可再生能源使用和提高能效等措施实现排放量的绝对下降，即总体形成"达峰—平台期—下降"趋势。南非也是首个提出"碳达峰"的发展中国家。2015 年，为促成《巴黎协定》谈判达成，南非与其他主要国家一起提出了国家自主贡献意向（INDC）[20]，提出延续 NAMAs 的"达峰—平台期—下降"趋势，保持在 2020—2025 年实现国家排放达峰的目标，但对峰值和平台期的排放量给出了定量目标，即 2025—2030 年全经济范围、全口径温室气体排放总量控制在 3.98 亿—6.14 亿吨二氧化碳当量。南非在 2021 年更新了国家自主贡献[21]，提出将于 2050 年实现净零碳排放，并降低了"达峰—平台期—下降"的排放上限：2025 年的排放上限降低了 17%，下调至 3.98 亿—5.1 亿吨二氧化碳当量；2030 年的排放上限降低了 32%，下调至 3.5 亿—4.2 亿吨二氧化碳当量。

南非针对其排放最大的能源部门以及交通部门，制订了电力投资计划、绿色交通计划、强化能效计划以及征收碳税等政策措施，以期实现减排目标。

2022 年 11 月 4 日的总统气候委员会议上，南非总统拉马福萨正式公布了该国针对电力部门提出的投资计划[22]，全称为《能源公正转型投资计划》。该计划由法国、德国、欧盟、英国、美国和南非在 COP 26 上提出，通过组建伙伴关系帮助南非实现能源转型，计划在促进可持续发展的同时带来更多就业机会以及推进社区公正转型，其内容主要覆盖了能源、电动汽车、绿色氢能三大行业的融资，初始规模为 85 亿美元[23]。

南非是非洲第一个实行碳税的国家。《碳税法案》于 2019 年 6 月生效。南非实行碳税的目的是以可持续以及经济可负担的标准减少温室气体排放。为降低碳税征收对该国产业和经济的影响，促进各行业尽快向低碳经济转型，南非碳税征收分为两个阶段实施。第一阶段原定 2019 年 6 月 1 日—2022 年 12 月 31 日，政府将配套出台一系列免税和补贴政策，采取较为温和的碳税收费标准。根据法案规定，在第一征税阶段中，排放企业将被分配 60%—95% 的免征税配额，同时明确征税不对电力价格产生影响。这一过渡时期将促进清洁技术的投资、改善能效以及推广低碳技术的应用。南非在 2022 年年初将原定于 2022 年年底结束的《碳税法案》第一阶段案延长至 2025 年年底。《碳税法案》第二阶段将延迟至 2026 年开始实施，届时每吨排放的年度涨幅将达到 30 兰特，并且大幅收紧免费配额的发放[24]。

13.3.3 南非应对气候变化的需求

南非地处非洲最南端，近年来发生的干旱以及洪涝灾害影响了当地居民的生计并带来了呼吸道疾病以及其他健康问题的增加。因气候变化带来的气象规律改变以及海洋温度变化也导致鱼类资源枯竭。2020 年南非向《公约》秘书处递交了《低排放发展战略》[25]，分析认为若不采取积极行动，南非 21 世纪末的平均气温将会升高 5—8℃，并且该国西部将变得更加干旱，南部的降水量将变得更不可预测。

南非在其更新的国家自主贡献中表示，根据《巴黎协定》第九条，期望发达国家继续提供以及动员气候资金，支持南非以国家自主的方式在净零排放过程中实现公正转型。2018—2019 年南非每年获得国际上约 24 亿美元的气候资金，其中大部分以贷款形式获得，南非提出希望在 2030 年前每年能够获得至少 80 亿美元的资金支持其实现国家自主贡献中的目标和行动。其中在农林业、渔业方面资金的需求主要用于发展保护性农业、气候智慧型农业，改善用水基础设施，强化以社区为基础的森林多元化管理，改善林业部门间的管理合作，加强火灾管理能力，强化灾害管理以及早期预警系统，支持生态系统为基础的适应性工作，通过引进新技术改善捕鱼等。在沿海区域领域，南非提出需要支持其开发海平面模型以及标准制定、开发风暴预测模型、开发海岸防卫指南等。在公众健康方面，提出需要支持其建立国家气候变化和健康指导委员会、建立跨部门卫生系统合作，评估气候变化对健康风险的影响。在土地利用方面，需要支持其基于生态系统的适应性以及人类活动需求，扩大私人土地的保护区面积，以协议管理的方式帮助提高国有保护区以外地区的气候适应能力。在水资源方面，需要加强多用途蓄水、供水的基础设施开发、运营以及维护，强化对水资源信息和数据的收集、情景建模评估以及水资源的分配和授权。在交通部门，需要协同改善快速公交系统、电动汽车、公路、铁路体系。工业部门需要对氧化亚氮减排以及碳预算进行改善。能源部门需要强化碳捕集与封存、先进生物燃料、智能电网领域相关的政策和法规以及市场开发。

除资金需求，南非在多个领域的能力建设也需要发达国家的支持，主要集中在跟踪土地利用变化，针对该国的林业和其他土地利用活动研究提出国别排放因子，举办相关人员培训，跟踪评估减排政策和措施的成效，强化对海洋、大气、土地方面气候变化影响的综合评估等。

13.3.4 南非应对气候变化的进展

南非议会在 2022 年 2 月开始审议《气候变化法案》(Climate Change Bill B9-2022) 草案，该法案有望更新南非国家应对气候变化的整体框架，旨在使南非在可持续发展的背景下制定有效的应对气候变化措施，促进长期公正地过渡到低碳并具有气候韧性的经济社会[26]。

在行动目标进展方面，根据欧盟 EDGAR 数据库的 2022 年统计信息，南非 2020 年化石能源燃烧产生的二氧化碳排放总量为 4.28 亿吨，低于 2019 年的 4.71 亿吨和 2015 年的 4.59 亿吨，但这一下降与全球其他主要国家类似，很大因素可能是新冠疫情带来的经济下滑导致。根据南非 2021 年提交的双年更新报告，南非 2017 年化石能源燃烧产生的二氧化碳约占全国温室气体净排放量的 78%，照此比例估算，南非 2019 年全口径温室气体净排放已经达到 6.04 亿吨二氧化碳当量，比规划的 2020—2025 年峰值区间上限还高出 18%。

在政策进展方面，近年来南非在应对气候变化方面的工作取得重大突破，包括成立总统气候委员会、协调国内各级政府机构规划、督促在应对气候变化过程中实现公正转型、向《公约》秘书处及时更新国家自主贡献和履约进展。制定《国家气候变化应对政策》，确定了在减缓和适应方面上应对气候变化工作的框架。

南非作为非洲集团代表性国家，在卫生、水资源、农业和社区等领域的适应需求强烈，在适应政策上也已经取得显著进展，南非政府于 2020 年通过了《国家气候变化适应战略》，以确保粮食生产不受气候变化威胁并强化基础设施气候韧性，将应对气候变化纳入国家发展计划，以建立可持续发展的经济社会并增强气候韧性，实现社会向低碳经济公平转型[25]。以《国家气候变化适应战略》和相关气候立法为基础，南非的联邦和地方政府的各个领域和机构采取相对一致的工作方式开展适应气候变化治理行动，各部门、省和市也制定了各自的适应战略或规划。此外，南非正在筹建首个国家数据中心，为所有经济部门实施适应行动提供数据支撑；开发国家气候变化信息系统、规划工具和气候风险与脆弱性评估框架，指导和支持各级政府对国家气候变化的适应发展计划以及省和地方适应计划的制定，并且不断更新国家的长期适应方案。南非也正在加紧评估 2021—2030 年的适应成本需求，但基础数据和指标方法的不足导致该项工作进展缓慢。

13.4 本章小结

印度、巴西和南非作为经济实力雄厚、政治影响力强、温室气体排放量大的发展中国家和"基础四国"的成员，在全球气候治理中发挥着不可替代的作用。三国的发展阶段有共性，但各自历史文化、发展特征、资源禀赋等国情也有差异，在温室气体排放、适应气候变化需求等方面也存在很大差异。三国与以美国为代表的发达国家相比，在造成地球气候变化的温室气体累积排放方面存在显著差异，从公平的角度看，人均历史累积排放更是仅有美国的 1/45—1/3（见附表）。

印度、巴西和南非三个国家在气候目标和转型政策上具有相似之处。在气候目标上，三国均提出了净零排放或碳中和目标，印度、巴西和南非分别承诺到 2070 年实现净零排放、2050 年实现碳中和以及 2050 年实现净零碳排放，并且提出了各自的中期减排目标。在转型政策上，能源部门是各国共同关注的领域，通过发展可再生能源和提高能源效率，预计将显著降低排放水平。作为气候脆弱性较高的发展中国家，适应也是受到高度关注的问题，三国均提出要增强农业、森林、水资源管理、健康等领域的气候韧性，提高灾害风险管理能力。为了有效实施应对气候变化行动，三国也面临着巨大的资金、技术和能力建设需求，需要发达国家带头提供国际支持。

由于国情、自然资源禀赋、排放结构等方面的差异，三个国家的应对气候变化政策也存在明显不同。印度气候政策的重点措施是电力部门低碳转型，印度将发展太阳能等可再生能源作为拉动经济增长、降低对化石能源依赖和协同应对气候变化的重要抓手，设立了具有雄心的可再生能源装机量发展目标，并且力推国际合作。印度还加大对绿氢的投资，促进能效提升，削减对煤炭的财政补贴。此外，印度还关注自然生态系统的恢复与保护以及可持续人居环境的建设，并且强调保护脆弱生态系统。巴西气候政策的重点领域是农业、林业和土地利用（AFOLU），特别是对亚马孙雨林等关键生态系统的保护，以增加碳汇、减少土地利用变化相关的排放。此外，巴西还关注木炭、生物燃料等生物质能的利用，以减少能源部门排放。南非的气候政策重点是能源和交通部门低碳转型，通过加大对低碳电力和交通的投资，大幅削减能源系统温室气体排放，并且采用碳税政策激励全经济低碳转型。此外，南非与发达国家达成的"能源公正转型计划"及其推进受到了国际社会的广泛关注。

作为气候脆弱性较高的发展中国家，适应是三个国家气候行动的重点领域，其中农业、水资源、自然生态系统、卫生、灾害管理等是各个国家适应行动的关键领域。印度在国家层面制订了适应行动计划，并且分解至地方层面落实相关政策。巴西通过多年的适应行动，实现了加强气候风险管理知识体系和初步构建自然、人群和基础设施适应气候变化体系的目标。南非的联邦和地方政府的各个领域和机构都制定了各自的适应战略和规划，并且不断完善数据和信息基础。未

来，三个国家在适应措施主流化、加强适应信息和数据基础、建设早期预警系统
等方面还需进一步采取行动。

参考文献

［1］杨先明，崔可琪. 印度产业开放的特征及其增长效应研究［J］. 印度洋经济体研究，2022
（3）：130–150，155–156.

［2］The World Bank. GHG Emissions［EB/OL］.［2022–11–19］. https://data.worldbank.org/
indicator/EN. ATM. CO_2E. KT?locations=IN&most_recent_value_desc=true&type=shaded.

［3］Government of India. India's Third Biennial Update Report to the United Nations Framework
Convention on Climate Change［EB/OL］.［2023–05–20］. https://unfccc.int/sites/default/files/
resource/INDIA_%20BUR–3_20.02.2021_High.pdf.

［4］Government of India. National Action Plan on Climate Change［EB/OL］.［2022–11–19］. https://
static.pib.gov.in/WriteReadData/specificdocs/documents/2021/dec/doc202112101.pdf.

［5］IISD. Mapping India's Energy Policy 2022：Aligning support and revenues with a net–zero
future［EB/OL］.［2022–11–19］. https://www.iisd.org/system/files/2022–05/mapping–india–
energy–policy–2022.pdf.

［6］Government of India. Green Hydrogen Policy［EB/OL］.［2022–11–19］. https://powermin.gov.
in/sites/default/files/Green_Hydrogen_Policy.pdf.

［7］中华人民共和国驻印度共和国大使馆. 印度国家概况［EB/OL］.［2022–11–19］. http://
in.china–embassy.gov.cn/chn/ssygd/yd/ydgk/200505/t20050525_2363546.htm.

［8］The third pole. India's policymakers get detailed data to help manage disasters［EB/OL］.［2022–
11–19］. https://www.thethirdpole.net/en/climate/indias–policymakers–get–detailed–climate–
disasters–data/.

［9］The World Bank. CO_2 emissions（kt）–Brazil［EB/OL］.［2022–11–19］. https://data.
worldbank.org/indicator/EN. ATM. CO_2E. KT?locations=BR&most_recent_value_desc=true.

［10］UNFCCC. Greenhouse Gas Inventory Data–Detailed data by Party［EB/OL］.［2022–11–19］.
https://di.unfccc.int/detailed_data_by_party.

［11］Federative Republic of Brazil. Fourth Biennial Update Report of Brazil to the United Nations
Framework Convention on Climate Change［EB/OL］.［2022–11–19］. https://unfccc.int/sites/
default/files/resource/BUR4. Brazil.pdf.

［12］BP.2022. BP Statistical Review of World Energy［R］.

［13］Ministry of Agriculture，Livestock and Food Supply. Brazilian Sustainable Agriculture
Strategies［EB/OL］.［2022–11–19］. https://www.gov.br/mre/pt–br/delbraspar/seminario–
brasil–portugal/agritalks–brazilian–sustainable–agriculture–strategies.pdf.

［14］Minister of Agriculture，Livestock and Food Supply. Plan for Adaptation and Low Carbon Emission in Agriculture［EB/OL］.［2022-11-19］. https://www.gov.br/agricultura/pt-br/assuntos/sustentabilidade/plano-abc/arquivo-publicacoes-plano-abc/abc-english.pdf.

［15］Government of Brazil. FACT SHEETS［EB/OL］.［2022-11-19］. https://www.gov.br/en.

［16］中华人民共和国外交部. 南非国家概况［EB/OL］.［2022-11-19］. https://www.fmprc.gov.cn/web/gjhdq_676201/gj_676203/fz_677316/1206_678284/1206x0_678286/.

［17］商务部国际贸易经济合作研究院，中国驻南非共和国大使馆经济商务处，商务部对外投资和经济合作司. 对外投资合作国别（地区）指南：南非（2021年版）［EB/OL］.［2022-11-19］. http://www.mofcom.gov.cn/dl/gbdqzn/upload/nanfei.pdf.

［18］The World Bank. CO_2 emissions（kt）-South Africa［EB/OL］.［2022-11-19］. https://data.worldbank.org/indicator/EN. ATM. CO_2E. KT?locations=ZA&most_recent_value_desc=true.

［19］Forestry，Fisheries&the Environment. National GHG Inventory Report South Africa［EB/OL］.［2022-11-19］. https://unfccc.int/sites/default/files/resource/South%20Africa%20%20NIR%202017.pdf.

［20］South Africa's Intended Nationally Determined Contribution（INDC）［EB/OL］.［2022-11-19］. https://unfccc.int/sites/default/files/NDC/2022-06/South%20Africa.pdf.

［21］Republic of Africa. South Africa first Nationally Determined Contribution under the Paris Agreement［EB/OL］.［2022-11-19］. https://unfccc.int/sites/default/files/NDC/2022-06/South%20Africa%20updated%20first%20NDC%20September%202021.pdf.

［22］The Presidency of Republic of South Africa. President Ramaphosa outlines South Africa's Just Energy Transition Investment Plan［EB/OL］.［2022-11-19］. https://www.presidency.gov.za/press-statements/president-ramaphosa-outlines-south-africa%E2%80%99s-just-energy-transition-investment-plan.

［23］European Commission. Joint Statement：South Africa Just Energy Transition Investment Plan［EB/OL］.［2022-11-19］. https://ec.europa.eu/commission/presscorner/detail/en/STATEMENT_22_6664.

［24］National Treasure Republic of South Africa. 2022 Budget Speech［EB/OL］.［2022-11-19］. http://www.treasury.gov.za/documents/national%20budget/2022/speech/speech.pdf.

［25］South Africa's Low-Emission Development Strategy 2050［EB/OL］.［2022-11-19］. https://unfccc.int/documents/253724.

［26］Republic of South Africa. Climate Change Bill［EB/OL］.［2022-11-19］. https://www.parliament.gov.za/storage/app/media/Bills/2022/B9_2022_Climate_Change_Bill/B9_2022_Climate_Change_Bill.pdf.

附表 "基础四国"与美国应对气候变化主要指标

统计口径及年份		中国	印度	巴西	南非	美国
全口径温室气体排放量（兆吨二氧化碳当量）	最早的官方温室气体清单	3650（1994年，CO_2、CH_4、N_2O）	1214（1994年，CO_2、CH_4、N_2O）	1030（1994年，CO_2）、13.2（1994年，CH_4）、0.55（1994年，N_2O）	374（1990年，CO_2、CH_4、N_2O、HFCs、PFCs、SF_6）	1458（1990年，CO_2、CH_4、N_2O、HFCs、PFCs、SF_6）
	最近一次官方温室气体清单	12301（2014年，CO_2、CH_4、N_2O）	2839（2016年，CO_2、CH_4、N_2O）	1015（2016年，CO_2、CH_4、N_2O、HFCs、PFCs、SF_6）	513（2017年，CO_2、CH_4、N_2O、HFCs、PFCs、SF_6）	5981（2020年，CO_2、CH_4、N_2O、HFCs、PFCs、SF_6、NF_3）
能源活动二氧化碳排放量（兆吨）	1992年	2563.0	672.0	216.0	327.0	5005.0
	2015年	9226.0	2147.0	477.0	455.0	5138.0
	2021年	10523.0	2553.0	437.0	439.0	4701.0
人均能源活动二氧化碳排放量（吨）	1992年	2.2	0.7	1.4	7.9	19.5
	2015年	6.7	1.6	2.3	8.1	16.0
	2021年	7.5	1.8	2.0	7.4	14.2
非化石能源占一次能源消费比重（%）	1992年	4.4	8.8	45.2	2.8	12.3
	2015年	11.8	7.5	34.6	2.9	14.0
	2021年	17.3	10.4	47.3	5.2	18.6
1850—2021年历史累积能源活动二氧化碳排放量（兆吨）		228003.0	53207.0	15238.0	23979.0	426094.0
1850—2021年人均历史累积能源活动二氧化碳排放量（吨）		187.0	56.0	111.0	870.0	2547.0

数据来源：

（1）全口径温室气体排放量：各国提交至《公约》秘书处的国家信息通报、双年报告、双年更新报告。

（2）能源活动二氧化碳数据：英国石油公司《世界能源统计年鉴》及其历史数据。

（3）1850—2021年历史累计能源活动数据：波茨坦气候影响研究所1850—2017年能源活动排放数据，并根据英国石油公司1965—2017年数据形成参考系数，折算2018—2021年排放数据。

（4）非化石能源占一次能源消费比重数据：英国石油公司《世界能源统计年鉴》及其历史数据。

（5）1850—2021年人均历史累积能源活动二氧化碳排放量：1850—1959年人口数据来自Fink-Jensen，Jonathan（Utrecht University）在阿姆斯特丹IISG上的数据资料，该年份区间人口数据每十年一个数据点，巴西1860年人口数据缺失，故假设该国1850—1869年人口数量不变；1960—2021年数据使用世界银行公布的年度人口数据。

注：美国提交至《公约》秘书处的第一次国家信息通报文件为纸质版本，秘书处官网未予展示，故使用第二次国家信息通报作为该国最早提交官方清单。

第 14 章　中国应对气候变化的政策与行动

中国是世界上最大的发展中国家，也是能源消费和碳排放第一大国。中国将应对气候变化作为可持续发展的内在需要，并加强国际合作，推动构建人类命运共同体，为全球生态安全和气候治理作出了重要贡献。中国实施积极应对气候变化的国家战略，采取了一系列减缓与适应气候变化的行动，加快建立完善应对气候变化的政策与制度，并取得了积极成效。2020 年中国提出"2030 年前碳达峰、2060 年前碳中和"的目标愿景，应对气候变化工作进入以"双碳"目标为引领的新时代。当前我国碳达峰碳中和"1+N"政策体系已经基本建立，成为低碳转型系统制度构建和能力建设的重要抓手。

14.1　中国应对气候变化的背景与挑战

中国自改革开放以来，经济的快速发展拉动了能源消费和碳排放总量显著提高，总体呈现出温室气体排放以能源活动二氧化碳为主体、排放总量持续增长同时单位 GDP 碳排放不断下降的特征。

14.1.1　中国是受气候变化不利影响最严重的国家之一

中国人口众多、气候条件复杂、生态环境整体脆弱，是遭受气候变化不利影响最为严重的国家之一。在全球变暖趋势仍在持续的情况下，中国地表平均气温、沿海海平面、多年冻土活动层厚度等多项气候变化指标均在 2021 年打破观测纪录[1]。中国升温速率高于同期全球平均水平，是全球气候变化的敏感区。1951—2021 年中国地表年平均气温呈显著上升趋势，升温速率为每十年上升0.26℃。近二十年是 20 世纪初以来中国的最暖时期；2021 年中国地表平均气温较常年值偏高 0.97℃，为 1901 年以来的最高值。

未来中国的极端天气气候事件将会更加频繁、更加严重。研究表明，未来不同地区平均气温仍然表现出增加趋势，中东部地区到 2035 年前后，类似于 2013 年夏季极端高温事件可能变为两年一度，到 21 世纪末，发生高温事件的风险将提升到目前的几十倍。未来极端降水增加的幅度也大于平均降水且变率增强，降水更趋于极端化，平均集中降雨呈现期也会从目前的 50 年一遇变为 20 年一遇。极端干旱事件将从目前 50 年一遇变为 32 年一遇。复合型极端事件发生的概率和风险也将持续增加，受气候变化影响的"小概率高影响"事件将会更易出现，适应气候变化面临巨大挑战[2]。

14.1.2 经济快速发展拉动能源消费和碳排放总量显著提高

自 1978 年改革开放以来，中国经济保持了较高增速，GDP 从 1978 年的 3679 亿元增长到 2022 年的 121 万亿元（当年价格）[3]。中国的 GDP 于 2021 年超过欧盟，达到印度的 5.6 倍，占全球总量的 18%；而改革开放初期，中国占全球 GDP 总量的比重不足 2%。随着中国经济持续快速发展和工业化、城镇化进程的持续推进，居民消费结构升级换代，能源消费不断增长，一次能源消费总量从 1978 年的 5.7 亿吨标准煤增长到 2022 年的 54.1 亿吨标准煤[4]；二氧化碳排放也保持增长，从 1978 年的 13 亿吨增长到 2022 年的 105 亿吨①。人口、GDP、能源消费和碳排放的增长情况如图 14.1 所示。

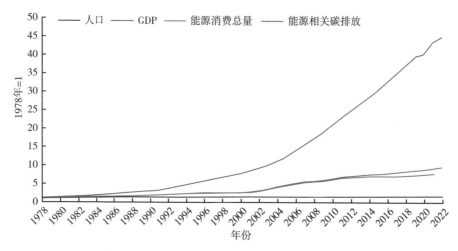

图 14.1　1978 年以来中国人口、GDP、能耗和碳排放指数

---

① 能源消费的二氧化碳排放根据统计年鉴中的能源消费数据测算，采用的排放因子为：煤炭 2.66 吨二氧化碳 / 吨标准煤当量，石油 1.76 吨二氧化碳 / 吨标准煤当量，天然气 1.59 吨二氧化碳 / 吨标准煤当量，一次电力及其他能源为 0。

14.1.3 温室气体排放以能源活动二氧化碳为主

中国历年温室气体排放和吸收量如表 14.1 所示。根据中国政府发布的国家温室气体清单数据[5]，2014 年中国温室气体排放总量为 123 亿吨二氧化碳当量（不包括 LULUCF），其中二氧化碳占 83.5%。能源活动温室气体排放 95.6 亿吨二氧化碳当量，占全国温室气体总排放量的 77.8%。能源活动二氧化碳排放量 89.3 亿吨，约占全国碳排放总量的 87%。

表 14.1 中国历年温室气体排放和吸收量[5, 6]（亿吨二氧化碳当量）

排放源 / 吸收汇类别	1994 年	2005 年	2010 年	2012 年	2014 年
能源活动	30.1	62.4	82.8	93.4	95.6
工业生产过程	2.8	8.7	13.0	14.6	17.2
农业活动	6.1	7.9	8.3	9.4	8.3
废弃物处理	1.6	1.1	1.3	1.6	2.0
LULUCF	−4.1	−7.7	−9.9	−5.8	−11.2
总量（不包括 LULUCF）	40.6	80.2	105.4	119.0	123.0
总量（包括 LULUCF）	36.5	72.5	95.5	113.2	111.9

面对快速的能源资源消耗和碳排放增长，中国着力实施积极的应对气候变化战略。特别是在经历三十年高速增长，经济由高速增长阶段转入高质量发展阶段后，应对气候变化目标也不断提高。应对气候变化已成为中国破解资源环境约束问题，推动经济结构转型升级，实现可持续发展、高质量发展的内在要求，中国政府采取了一系列减缓与适应气候变化行动，建立完善了应对气候变化的政策与制度，还积极推进环境与气候协同治理，取得了积极成效。

14.2 中国应对气候变化战略的历史演进

中国的应对气候变化工作从 1990 年成立"国家气候变化协调小组"以来，已经走过三十多年历程，逐步明确了积极应对气候变化的战略思想，完善了应对气候变化的体制机制，并依据减缓与适应并重的原则，出台了自上而下的规划与政策体系，以核心指标为抓手促进应对气候变化与经济发展、环境保护工作的协同增效，积极推进国际合作，构建人类命运共同体。

14.2.1 不断完善应对气候变化的总体战略和工作思路

中国统筹国内国际两个大局开展气候变化工作，在不同时期陆续发布多份综合性政策文件，逐步确立了总体工作思路。2007 年 6 月，国务院发布《中国应对气候变化国家方案》，作为应对气候变化的纲领性文件，明确了应对气候变化的指导思想、原则。2009 年全国人大常委会出台《关于积极应对气候变化的决议》，提供了基本的法律定位。2011 年、2016 年分别以国务院名义发布《"十二五"控制温室气体排放工作方案》（以下简称《"十二五"控温方案》）、《"十三五"控制温室气体排放工作方案》（以下简称《"十三五"控温方案》），以及 2014 年发布《国家应对气候变化规划（2014—2020 年）》。

中国将应对气候变化视为推进生态文明建设、实现经济高质量发展的重大机遇，把积极应对气候变化作为国家经济社会发展的重大战略，把绿色低碳循环发展作为生态文明建设的重要内容和实现途径。2016 年《中华人民共和国国民经济和社会发展第十三个五年规划纲要》和 2017 年中国共产党十九大报告这两份国家发展纲领性文件中，分别将积极应对气候变化内容独立成章（段），强调当前长远相互兼顾、减缓适应全面推进的原则，将应对气候变化的任务要求融入生产、生活、能源等经济社会发展多个方面。同时，中国将应对气候变化工作作为共建人类命运共同体、推动全球共同发展的重要组成部分。

习近平主席提出，气候变化是人类面临的非传统安全威胁，是事关人类前途命运的一个重大挑战，应对气候变化是人类共同的事业[7]，需要全球各国携起手来共同应对[8]。中国坚持百分之百承担自己的义务[9]，信守承诺，落实相关措施[10]，将积极应对气候变化作为推动全球共同发展的责任担当，还把应对气候变化作为各国可持续发展的机遇，本着"互利共赢、务实有效"的原则，不断加强与各方在气候变化领域的对话交流及务实合作，为广大发展中国家提供力所能及的帮助，在"一带一路"建设中坚持绿色低碳政策导向，深入开展气候变化南南合作。

14.2.2　逐步建立应对气候变化体制机制

中国国内应对气候变化体制机制的建立从参与国际气候变化谈判开始[11]。1990 年 2 月，中国政府为参与第一次国际气候变化公约谈判，在当时的国务院环境保护委员会下设立了国家气候变化协调小组，主要处理气候变化科学问题有关事宜。时任国务委员宋健担任小组领导，国家气象局为支撑机构，其下设有气候变化协调办公室，主要负责参与国际气候谈判工作。

随着中国政府参与国际气候治理不断深入，逐渐认识到气候变化与发展紧密相关，对气候变化的重视程度不断提高，相关制度和政策体系也不断完善。在1998 年中央国家机关机构改革过程中，原国家气候变化协调小组更名为国家气候变化对策协调小组，作为中国政府关于应对气候变化问题的跨部门议事协调机构。为保证协调小组工作的顺利进行，在国家发改委地区经济司设立了国家气候变化对策协调小组办公室。2003 年成立了新一届国家气候变化对策协调小组，组长单位为国家发改委，副组长单位为外交部、科技部、国家环保总局和中国气象局，由时任国家发改委主任担任小组领导。此外，还设立了气候变化工作组，主要负责气候变化科学研究相关工作。这一时期，中国应对气候变化工作以国际气候履约为主，活动主要包括向《公约》秘书处提交国家信息通报；根据"共同但有区别的责任"制定、执行、公布减少温室气体排放以及适应气候变化的措施；开展清洁发展机制项目活动等。

随着国内节能减排和国际减缓气候变化压力的日益增加，为了切实加强应对气候变化工作的领导，2007 年 6 月中国政府成立了国家应对气候变化领导小组，作为中国应对气候变化议事协调机构。领导小组组长为时任国务院总理，成员包括多个部委的部长，领导小组会议视议题确定参会成员。领导小组下设国家应对气候变化领导小组办公室，设在国家发改委，办公室主任由国家发改委主任兼任，办公室在原国家气候变化对策协调小组办公室的基础上完善和加强。为进一步加强地区和部门（行业）层面应对气候变化工作，2008 年国家发改委增设应对气候变化司，下设综合处、战略研究和规划处、国内政策和履约处、国际政策和谈判处、对外合作处。随后，省级地方政府陆续设立了省级应对气候变化工作的常设机构。在如上较为综合的管理机制下，这一时期的应对气候变化工作重心逐渐从参与国际谈判为主，转变为兼顾推动国内应对气候变化工作。

2018 年，根据国务院机构改革方案，应对气候变化职能由国家发改委划转至新组建的生态环境部，应对气候变化司也随之整体转隶。在气候变化职能转隶到生态环境部后，气候变化议题与环境、生态、健康等议题的结合也更为紧密，非二氧化碳排放、基于自然的解决方案进入相关政策的议程；全国碳市场建设继续向前推进。

14.2.3　提出有雄心的应对气候变化目标

中国不断提出有雄心的应对气候变化目标和约束性指标。2007 年联合国气候变化大会上通过了"巴厘路线图"，要求发展中国家在得到技术、资金和能力建设的支持下，采取国家适当减缓行动（NAMAs）。经过严格论证，2009 年 11 月国务院常务会议研究决定，将"2020 年中国单位国内生产总值二氧化碳排放比 2005年下降 40%—45%"作为约束性指标纳入国民经济和社会发展中长期规划，并制定相应的统计、监测、考核办法。在 2009 年年底哥本哈根气候变化大会上，中国政府郑重宣布了这一目标，之后提交了 2020 年国家适当减缓行动承诺，成为提交国内减缓行动的 48 个发展中国家之一。2010 年国家发改委启动省级温室气体清单编制工作，希望能够了解各省级地区温室气体排放现状，识别出关键排放源，并为各地制定"十二五"规划纲要提供支持。

2011 年发布的"十二五"规划纲要中，首次将碳排放强度作为约束性指标纳入国民经济和社会发展目标体系，形成了包括能耗强度、碳排放强度、非化石能源消费占比等在内的应对气候变化目标体系。提出"2015 年全国单位国内生产总值二氧化碳排放比 2010 年下降 17%""建立完善温室气体统计核算制度，逐步建立碳排放交易市场，推进低碳试点示范"。随后发布的《"十二五"控温方案》将 GDP 碳强度下降目标分配到各省（自治区、直辖市），并提出"控制非能源活动二氧化碳排放和甲烷、氧化亚氮、氢氟碳化物、全氟化碳、六氟化硫等温室气体排放取得成效""构建国家、地方、企业三级温室气体排放基础统计和核算工作体系""实行重点企业直接报送能源和温室气体排放数据"等目标。

2015 年中国政府提交的《强化应对气候变化行动中国国家自主贡献》中，提出了二氧化碳排放 2030 年左右达到峰值并争取早日达峰、单位 GDP 的二氧化碳排放比 2005 年下降 60%—65% 等自主贡献行动目标，并提出了应对气候变化的强化行动和措施。2016 年发布的"十三五"规划纲要进一步延续了"十二五"期间的能源和应对气候变化多维度目标指标体系，将"2020 年全国单位 GDP 二氧化碳排放比 2015 年下降 18%"列为约束性目标，强化了能源双控制度，并提出"控制非二氧化碳温室气体排放。推动建设全国统一的碳排放交易市场，实行重点单位碳排放报告、核查、核证和配额管理制度。健全统计核算、评价考核和责任追究制度，完善碳排放标准体系"。在之后发布的《"十三五"控温方案》中强调"加强温室气体排放统计与核算，完善应对气候变化统计指标体系和温室气体排放统计制度；完善重点行业企业温室气体排放核算指南。定期编制国家和省级温室气体排放清单，实行重点企（事）业单位温室气体排放数据报告制度，建立温室气体排放数据信息系统"。

14.2.4 坚持减缓与适应并重原则，出台覆盖全面的规划和政策体系

中国把控制温室气体排放和适应气候变化目标作为各级政府制定中长期发展战略和规划的重要依据，落实到地方和行业发展规划中。确立了"国家目标引领、各地区推进落实、各部门协同合作"的工作方式，不断完善具有中国特色的应对气候变化政策框架和规划体系建设。总体上看，国家、省级和部门层面应对气候变化的规划编制基本完成，形成了"条块结合"的规划体系。其中，国家层

面，通过发布综合性规划、控制温室气体排放工作方案和国家适应战略，明确应对气候变化的目标和总体任务，对整体应对气候变化工作发挥目标引领作用；省级层面，31个省（自治区、直辖市）均出台了省级应对气候变化方案、控制温室气体排放综合工作方案和应对气候变化规划，并通过制定自身的规划和方案，将应对气候变化目标融入当地社会经济发展的方方面面，有效推动应对气候变化工作的开展与落实；部门层面，工业、能源、建筑、交通、林业等部门与行业均明确了本领域应对气候变化相关的目标任务及配套政策。

中国提出并坚持适应与减缓并重，并将适应气候变化作为"现实、紧迫的任务"[12]。2013年发布《国家适应气候变化战略》，坚持以人为本，加强科技支撑，将适应气候变化的要求纳入经济社会发展的全过程，统筹并强化气候敏感脆弱领域、区域和人群的适应行动，全面增强全社会适应意识，提升适应能力，有效维护公共安全、产业安全、生态安全和人民生产生活安全。中国在农业、水资源、森林和其他生态系统、海岸带和沿海生态系统、人体健康等重点领域实施适应任务，加大生态系统保护和修复力度，实施"三线一单"制度，积极防范气候变化诱发的极端气候事件产生不利影响，开展水资源、森林灾害、生物多样性、海洋灾害等方面的监测和预报预警，增强重点地区抵御气候变化风险能力建设，开展了气候适应性、绿色建筑、海绵城市试点等城市适应气候变化措施。2022年中国发布《国家适应气候变化战略2035》，把握扎实开展碳达峰碳中和工作契机，将适应气候变化全面融入经济社会发展大局，推进适应气候变化治理体系和治理能力现代化，强化自然生态系统和经济社会系统气候韧性，构建适应气候变化区域格局，有效应对气候变化不利影响和风险，降低和减少极端天气气候事件灾害损失，助力生态文明建设、美丽中国建设和经济高质量发展。

14.2.5 重视非二氧化碳气体减排

中国政府重视非二氧化碳温室气体排放控制，早在《"十二五"控温方案》中就明确提出控制非能源活动二氧化碳排放和甲烷、氧化亚氮、含氟气体等温室气体排放取得成效等主要目标。在《"十三五"控温方案》中又进一步提出"非二氧化碳温室气体控排力度进一步加大"的要求。非二氧化碳温室气体排放主要来源于能源、工业、农业和废弃物处理四大领域，各个领域非二氧化碳温室气体排放的产生机理有典型的行业特点，相关主管政府部门分别采取了一系列鼓励性政策行动开展非二氧化碳温室气体排放控制[13]。

（1）能源领域

该领域非二氧化碳温室气体排放主要来源于煤炭和油气开采过程中从地层或

开采设备中释放或泄漏的甲烷。"十二五"以来，出于安全生产或资源回收利用等目的，我国能源领域主动开展了甲烷排放控制或甲烷资源回收利用相关行动。在煤炭行业，一是淘汰落后产能，源头控制煤炭开采甲烷排放；二是促进煤层气（煤矿瓦斯）抽采利用，减少甲烷直接排空，为此国家能源局提出了 2020 年煤矿瓦斯抽采利用率达到 60% 的目标，财政部将煤层气开发利用补贴标准由 0.2 元 / 立方米调高到 0.3 元 / 立方米。在油气行业，一是加强放空气和油田伴生气回收利用，在主力油气田探索开展油田伴生气综合利用，创新零散气回收和销售模式，减少无效放空；二是鼓励国内油气行业企业主动开展甲烷减排或回收利用行动，2021 年国内 6 家油气行业企业自发成立"中国油气企业甲烷控排联盟"，承诺 2025 年油气生产环节甲烷排放平均强度达到 0.25% 以下，对标国际先进水平；三是开展油气行业甲烷与污染物协同治理，生态环境部 2019 年印发《重点行业挥发性有机物综合治理方案》，推动油气行业甲烷与挥发性有机物协同治理。

（2）工业领域

该领域非二氧化碳温室气体排放来源包括硝酸、己二酸生产过程中产生的氧化亚氮排放；电解铝、电力设备制造和运行、半导体生产和二氟一氯甲烷生产等工业生产过程的全氟化碳、氢氟碳化物和六氟化硫排放。我国在"十三五"期间主要开展了以下排放控制行动：一是淘汰部分行业落后及过剩产能，2015 年年底前淘汰 16 万安培以下预焙槽，对吨铝液电解交流电耗大于 13700 千瓦·时以及 2015 年年底后达不到规范条件的产能，用电价格在标准价格基础上上浮 10%；二是加强末端排放控制，实施《硝酸工业污染物排放标准》，限制硝酸工业尾气中氮氧化物的排放；三是通过财政补贴方式激励企业开展三氟甲烷销毁处置。"十三五"期间，每年度安排中央预算内投资和财政补贴支持开展三氟甲烷的销毁处置工作，累计销毁三氟甲烷 8.28 亿吨二氧化碳当量，三氟甲烷的处理率从 2015 年的 55% 提升到 2020 年的 95.5%。

（3）农业领域

该领域非二氧化碳温室气体的排放源包括畜禽饲养过程中反刍动物胃肠道发酵产生的甲烷排放、畜禽粪便管理过程产生的甲烷和氧化亚氮排放、水稻种植过程中水田厌氧环境产生的甲烷排放，以及农用地土壤中的氮素在微生物作用下通过硝化和反硝化作用产生的氧化亚氮排放。"十三五"期间，我国主要开展了以下相关控制行动：一是示范推广水稻高产低排放技术模式，构建水稻丰产与甲烷减排的稻作新模式，培育并推广节水抗旱稻。二是推广测土配方施肥技术，控制化肥施用量。"十三五"期间，我国化肥使用量逐年下降，2020 年三大粮食作物化肥利用率达 40.2%，农用化肥施用量比 2015 年下降 12.8%；测土配方施肥 19.3

亿亩次，比 2015 年增加 17.7%。三是加强畜禽废弃物管理和资源化利用。截至2020 年年底，全国畜禽粪污综合利用率达 76%，规模养殖场粪污处理设施装备配套率达到 97%，沼气工程年处理畜禽粪污 2 亿吨，为农业领域温室气体排放控制发挥了积极作用。

（4）废弃物处理领域

该领域非二氧化碳温室气体的排放源主要包括城市生活垃圾填埋处理的甲烷排放、焚烧和堆肥生物处理的甲烷和氧化亚氮排放，以及生活污水和工业废水处理中的甲烷和氧化亚氮排放。控制行动包括：一是实行废弃物源头减量化、资源化。截至 2020 年年底，全国先行先试的 46 个垃圾分类重点城市，居民小区生活垃圾分类覆盖率达到 86.6%，多数城市已经出台垃圾分类地方性法规或规章，或将垃圾分类列入立法计划；地级及以上城市全部制定出台垃圾分类实施方案，全面启动生活垃圾分类工作。二是改进和提升废弃物处理工艺和规模，推动垃圾填埋气收集利用技术发展。截至 2020 年年底，全国城市生活垃圾无害化处理能力达89.77 万吨 / 日，无害化处理率为 99.32%，焚烧处理能力占比达 53.5%。三是实施《水污染防治行动计划》，要求全国所有县城和重点镇具备污水收集处理能力，县城、城市污水处理率分别达到 85%、95% 左右；推广废水和污泥厌氧消化工艺，促进沼气回收利用等技术发展。截至 2020 年年底，全国县城和城市污水处理率实际分别达到 95% 和 97.5%，均超过预期目标。

14.2.6　推动应对气候变化和经济社会发展的协同

中国以 GDP 能源强度和二氧化碳强度的下降为抓手和着力点，体现了中国正处于工业化、城镇化过程中的发展阶段特点，着眼于经济发展与控制碳排放的协同。为确保碳强度下降目标实现，中国还制定了相应的统计、监测、考核办法。经过努力，2020 年中国碳排放强度比 2015 年降低了 18.8%，比 2005 年降低 48.4%，超过了向国际社会承诺的 40%—45% 目标；非化石能源占能源消费比重达 15.9%，森林蓄积量比 2005 年增加 13 亿立方米，超额完成到 2020 年气候行动目标。

过去的十多年来，中国在应对气候变化与生态环境保护方面取得长足进展。在此过程中，各级政府以及各主要用能部门所采取的协同治理政策和措施发挥了关键作用。中国的经验主要可归纳为四个方面：制定和实现国家目标、强化法律法规及标准、建立国家试点以求政策创新和扩散、在关键区域和部门突破。

国家目标反映在国民经济和社会发展的五年规划中。2005 年以来的三个五年规划不断增加应对环境和气候变化挑战的具体目标，同时反映了中国在国际气候谈判中的承诺。为强调环境与气候变化的重要性，相关目标往往设为约束性指标，以与其他预期性指标相区别。此外，环境和气候变化相关的法律法规不断得以强化，《大气污染防治法》《节约能源法》《可再生能源法》等法律法规经历了多次修订或修正。

中央政府安排的地方试点是政策创新和扩散的关键途径。与环境和气候相关的试点项目包括国家低碳省市和城市试点、可再生能源应用试点和海绵城市试点。其中，自 2010 年以来分三个批次共计开展了 87 个低碳省市试点，涵盖了不同地区、不同发展水平、不同资源禀赋和工作基础的城市（区、县）。此外，协同治理在重点地区、重点城市和关键领域取得了突破。在京津冀、长三角、珠三角区域，通过煤炭总量控制和高耗能产业调整，实现了碳减排和大气污染治理双赢。电力部门是协同治理的关键部门，2017 年全国碳排放权交易体系首先在电力部门启动，作为一项综合措施，进一步减少该部门温室气体与污染物排放。

在措施路径方面，注重应对气候变化与能源资源节约、环境保护的协同增效。中国的应对气候变化目标与"建设美丽中国"总体部署和到 2035 年实现生态环境根本好转目标在时间上相吻合、目标和路径相协同，政策措施具有一致性。因此，中国充分发挥应对气候变化工作对生态文明建设的促进作用、对高质量发展的引领作用和对环境污染治理的协同作用，将控制碳排放和节能增效、保护生态环境置于总体框架中统筹治理。

14.3 "双碳"目标的提出与政策进展

2020 年，中国提出"2030 年前碳达峰、2060 年前碳中和"目标愿景，标志着应对气候变化工作进入以"双碳"目标为引领的新时代。当前我国"双碳""1+N"政策体系已经基本建成，成为低碳转型中系统制度构建和能力建设的重要抓手。

14.3.1 "双碳"目标的提出和理念的深化

2020 年 9 月，习近平主席在第七十五届联合国大会一般性辩论上宣布"中国将提高国家自主贡献力度，采取更加有力的政策和措施，二氧化碳排放力争于 2030 年前达到峰值，努力争取 2060 年前实现碳中和"。同年 12 月，习近平主席在气候雄心峰会上进一步宣布将提高中国国家自主贡献的一系列新举措：到 2030 年，中国单位国内生产总值二氧化碳排放将比 2005 年下降 65% 以上，非化石能源占一次能源消费比重将达到 25% 左右，森林蓄积量将比 2005 年增加 60 亿立方米，风电、太阳能发电总装机容量将达到 12 亿千瓦以上。2021 年 9 月，习近平主席在第七十六届联合国大会一般性辩论上承诺，中国将大力支持发展中国家能源绿色低碳发展，不再新建境外煤电项目。2021年10月，中国正式提交《中国落实国家自主贡献成效和新目标新举措》，同期提交的还有《中国本世纪中叶长期温室气体低排放发展战略》，明确了中国21世纪中叶长期温室气体低排放发展的基本方针和战略愿景。以此为起点，中国应对气候变化工作进入以"双碳"目标为引领的新时代。

2020年12月，中央经济工作会议明确把做好碳达峰碳中和工作列为2021年八项重点任务之一。2021年3月，《中华人民共和国国民经济和社会发展第十四个五年规划和2035年远景目标纲要》发布，强调加快发展方式绿色转型，提出制定2030年前碳排放达峰行动方案，锚定努力争取2060年前实现碳中和，采取更加有力的政策和措施。2021年3月，中央财经委员会第九次会议明确指出，实现碳达峰碳中和是一场广泛而深刻的经济社会系统性变革，要把碳达峰碳中和纳入生态文明建设整体布局，如期实现2030年前碳达峰、2060年前碳中和的目标。会议还对"双碳"工作的总体要求、工作原则以及重点工作方向进行了系统详细的谋划，为"双碳"工作能够沿着正确的方向部署和落实奠定了扎实的工作基础。

随着党中央对"双碳"目标的总体要求、战略方向、重点内容等方面工作的明确部署，中国的"双碳"目标得到了各行各界的积极响应。2021年4月，中共中央政治局就新形势下加强生态文明建设进行第二十九次集体学习，明确指出"十四五"时期，中国生态文明建设进入了以降碳为重点战略方向、推动减污降碳协同增效、促进经济社会发展全面绿色转型、实现生态环境质量改善由量变到质变的关键时期。

为保证"双碳"工作的稳步落实，中央层面成立碳达峰碳中和工作领导小组，并在2021年5月召开第一次全体会议，指出要加强"双碳"顶层设计，发挥好工作领导小组的统筹协调作用，紧扣目标分解任务，明确各主体责任，指导和督促地方、重点领域等主体科学设置子目标和行动方案，切实发挥合力，从而推动"双碳"目标的实现。

然而，"双碳"工作的推进并非一帆风顺，部分地方、行业等主体在落实"双碳"目标任务上存在意识和行动上的偏差，出现了"运动式减碳"和"碳冲锋"等各类问题。为此，2021年7月，中共中央政治局召开会议，明确指出要统筹有序做好碳达峰碳中和工作，尽快出台2030年前碳达峰行动方案，坚持全国一盘棋，纠正"运动式减碳"，先立后破，坚决遏制"两高"项目盲目发展。

2021年12月，中共中央举行中央经济工作会议，明确指出实现碳达峰碳中和是推动高质量发展的内在要求，要坚定不移推进，但不可能毕其功于一役。2022 年 1 月，中共中央政治局就努力实现碳达峰碳中和目标进行第三十六次集体学习，强调要把系统观念贯穿"双碳"工作全过程，提出六项双碳重点工作：加强统筹协调、推动能源革命、推进产业优化升级、加快绿色低碳科技革命、完善绿色低碳政策体系、积极参与和引领全球气候治理。2022 年 10 月，中国共产党第二十次全国代表大会召开，大会再次强调应对气候变化工作，要统筹产业结构调整、污染治理、生态保护、应对气候变化，协同推进降碳、减污、扩绿、增长，推进生态优先、节约集约、绿色低碳发展，积极稳妥推进碳达峰碳中和，积极参与应对气候变化全球治理。

2022 年党的二十大报告在"积极稳妥推进碳达峰碳中和"部分提出，实现碳达峰碳中和是一场广泛而深刻的经济社会系统性变革。立足我国能源资源禀赋，应坚持先立后破，有计划分步骤实施碳达峰行动。完善能源消耗总量和强度调控，重点控制化石能源消费，逐步转向碳排放总量和强度"双控"制度。推动能源清洁低碳高效利用，推进工业、建筑、交通等领域清洁低碳转型。深入推进能源革命，加强煤炭清洁高效利用，加大油气资源勘探开发和增储上产力度，加快规划建设新型能源体系，统筹水电开发和生态保护，积极安全有序发展核电，加强能源产供储销体系建设，确保能源安全。完善碳排放统计核算制度，健全碳排放权市场交易制度。提升生态系统碳汇能力。积极参与应对气候变化全球治理。

14.3.2 "双碳""1+N"政策体系

2021 年 10 月，中国出台了"1+N"政策体系中的两项核心文件：《中共中央　国务院关于完整准确全面贯彻新发展理念做好碳达峰碳中和工作的意见》（下称《意见》）、《2030 年前碳达峰行动方案》（下称《行动方案》），为"1+N"政策体系的后续构建工作提供了指导引领作用。

当前，中国"双碳""1+N"政策体系已经基本建成。如图 14.2 所示，"双碳""1+N"政策体系的"1"由《意见》和《行动方案》组成，明确了"双碳"工作的时间表、路线图和施工图；"N"是重点领域、重点行业实施方案及相关支撑保障方案，包括能源、工业、交通运输、城乡建设、农业农村、减污降碳等重点领域实施方案，煤炭、石油天然气、钢铁、有色金属、石化化工、建材等重点行业实施方案，以及科技支撑、财政支持、统计核算等支撑保障方案[13]。

"双碳""1+N"政策体系将为中国的"双碳"工作提供全方位、多层次的指导。首先，政策设计覆盖脱碳相关的所有关键领域和重点部门，包括能源、节能减排、循环经济、工业、城乡建设、交通运输、农业农村、绿色消费、减污降碳等领域和钢铁、有色金属、石化、建材、油气、氢能、新型基础设施等重点行业的行动方案。其次，注重通过科技创新、财政支持、价格改革、科技支撑、人才培养等支持措施为"双碳"工作提供切实保障。再次，体现了全社会广泛参与，是国家治理体系和治理能力现代化的生动体现，参与主体涉及各政府部委、地方政府、行业、园区、企业及个人等。最后，"1+N"政策体系还力图促进更广泛的合作，包括"一带一路"能源绿色发展以及各行业、各部门中的国际合作政策设计。

图 14.2　"双碳""1+N"政策体系示意图

总体上看，系列文件已构建起目标明确、分工合理、措施有力、衔接有序的"双碳""1+N"政策体系，形成各方面共同推进的良好格局，将为实现"双碳"目标提供源源不断的工作动能。与此同时，我们也必须认识到"双碳"工作的长期性和艰巨性，其路径和政策需要根据国内外形势不断动态调整。

14.4　本章小结

中国政府始终高度重视应对气候变化。习近平主席多次强调，应对气候变化不是别人要我们做，而是我们自己要做，是中国可持续发展的内在需要，也是推动构建人类命运共同体的责任担当。中国实施积极应对气候变化国家战略，提出了以碳强度为核心和约束性指标的应对气候变化目标体系，坚持减缓与适应并重，出台覆盖全面的规划和政策，采取了调整产业结构、优化能源结构、节能提高能效、推进碳市场建设、增加森林碳汇等一系列措施，提前完成我国对外承诺的 2020 年目标，扭转了二氧化碳排放快速增长的局面，低碳发展成绩有目共睹。

当前，中国"双碳""1+N"系列文件已构建起目标明确、分工合理、措施有力、衔接有序的气候变化政策体系。中国的碳中和之路注定是独特的，这要求在实践中不断探索相关政策、路径，既要做好顶层设计，也要"摸着石头过河"。走中国特色的绿色低碳转型发展之路是一个不断继承、实践、学习、提升、完善的过程，这个过程充满机遇与挑战，从本质上要求干中学与适应性发展，结合审时度势的顶层设计，不断改革、开放与创新。

碳达峰碳中和是中国生态文明建设的重要组成部分，它不仅是引领创新、倒逼改革、促进绿色转型的关键途径，还是缓解人与自然矛盾、促进人与自然和谐共生、实现绿色高质量发展的根本手段，也是彰显中国积极参与全球气候治理、开放包容的大国心态的重要方式。

参考文献

［1］中国气象局. 中国气候变化蓝皮书（2022）［M］. 北京：科学出版社，2022.

［2］中国气象局. 中国气象局举行 2 月新闻发布会［EB/OL］.（2023-02-06）［2023-04-30］. http://www.scio.gov.cn/xwfbh/gbwxwfbh/xwfbh/qxj/Document/1736387/1736387.htm.

［3］中华人民共和国国家统计局. 国家统计数据［DB/OL］.［2023-04-30］. https://data.stats.gov.cn/easyquery.htm?cn=C01.

［4］中华人民共和国国家统计局. 中华人民共和国 2022 年国民经济和社会发展统计公报［EB/OL］.（2023-02-28）［2023-04-30］. http://www.stats.gov.cn/sj/zxfb/202302/t20230228_1919011.html.

［5］中华人民共和国生态环境部. 中华人民共和国气候变化第二次两年更新报告［EB/OL］.（2019-07-01）［2023-04-30］. http://big5.mee.gov.cn/gate/big5/www.mee.gov.cn/ywgz/ydqhbh/wsqtkz/201907/P020190701765971866571.pdf.

［6］中华人民共和国生态环境部. 中华人民共和国气候变化第三次国家信息通报［EB/OL］.（2019-07-01）［2023-04-30］. https://www.mee.gov.cn/ywgz/ydqhbh/wsqtkz/201907/P020190701762678052438.pdf.

［7］习近平. 2015 年在气候变化巴黎大会开幕式重要讲话［EB/OL］.（2015-12-01）［2023-04-30］. http://www.xinhuanet.com//world/2015-12/01/c_1117309626.htm.

［8］习近平. 2018 年在二十国集团领导人第十三次峰会的发言［EB/OL］.（2018-12-02）

［2023-04-30］. https://www.ccps.gov.cn/xxsxk/zyls/201812/t20181216_125706.shtml.

［9］习近平. 2017 年在联合国日内瓦总部的发言［EB/OL］.（2017-01-19）［2023-04-30］. http://www.xinhuanet.com/politics/2017-01/19/c_1120340081.htm.

［10］李克强. 2017 年在夏季达沃斯论坛的发言［EB/OL］.（2017-06-27）［2023-04-30］. https://www.gov.cn/xinwen/2017-06/27/content_5205948.htm.

［11］张海滨，黄晓璞，陈婧嫣. 中国参与国际气候变化谈判 30 年：历史进程及角色变迁［J］. 阅江学刊，2021，13（6）：15-40，134-135.

［12］中华人民共和国国务院. 中国应对气候变化国家方案［EB/OL］.（2007-06-04）［2023-04-30］. https://www.gov.cn/gzdt/2007-06/04/content_635590.htm.

［13］中华人民共和国生态环境部. 中国应对气候变化的政策与行动 2022 年度报告［R/OL］.（2022-10-27）［2023-04-30］. https://www.mee.gov.cn/ywgz/ydqhbh/syqhbh/202210/t20221027_998100.shtml.

第 15 章 共建全球生态文明，积极推进全球气候治理与合作行动

中华文明天人合一、人与自然和谐共生的传统源远流长。自党的十八大提出建设生态文明、构建人类命运共同体以来，经过十多年的发展和完善，生态文明制度体系基本形成，已经成为我国国家治理体系的重要组成部分。二十大报告进一步提出"促进世界和平与发展，推动构建人类命运共同体"，将其定位为新时代中国特色大国外交的核心理念和目标。我国把应对气候变化纳入国内生态文明建设，积极打造经济发展、民生改善、能源转型、环境治理和温室气体减排多方共赢的新局面；主动拥抱新一轮绿色科技革命和产业变革机遇，已经成为推动世界能源变革和经济低碳转型的重要贡献者和引领者。我国将生态文明思想应用于全球事务之中，积极贯彻构建人类命运共同体理念，建设性地参与全球气候治理，已经成为重要参与者、贡献者、引领者。生态文明思想吸收了我国古代生态智慧和近现代西方生态思想中的合理要素，以一种崭新的文明思想和形态实现了中华文明在新时代的继承和升华。

15.1 积极推进生态文明和人类命运共同体建设，打造国内国际双赢局面

15.1.1 积极推进生态文明建设，坚定不移走绿色低碳发展道路

生态兴则文明兴，生态衰则文明衰。纵观人类发展的历史，生态环境是人类生存和发展的根基，其变化更是直接影响了文明的兴衰演替。不同文明时代的特点鲜明地反映在人与自然的关系上。在原始文明时代，自然的力量十分强大，人类的生存完全依赖并受制于自然。在农业文明时代，人类发明了农耕工具，拥有

了一定的改造自然的力量，因而也对自然环境造成了一些影响甚至破坏[1]。从 18 世纪末到 20 世纪末是工业文明发展的辉煌时代，人类借助科学技术的力量，创造了历史上从未有过的社会经济繁荣，同时改造自然的能力也空前提升，对自然界的攫取和干预远远超过了其自我调节修复能力。工业文明的本质特征之一就是追求物质扩张下的高经济增长，以及由此导致的资源环境的高消耗和高成本。率先迈入工业文明的西方国家最早尝到了环境污染和生态破坏的恶果，随后主动或被动进入工业化进程的发展中国家也先后遭遇了同样的困境。最近几十年，工业革命以来人类对生物圈的破坏终于集中爆发：臭氧层破坏、物种灭绝、土地荒漠化、气候变化、生态系统退化等，这些全球性的生态和环境危机正在威胁着数亿人的生计和生存。由此，人类开始重新思考工业文明的弊端、与自然的关系以及自身的命运。

近代西方的兴盛不仅在于工业化大生产及相应设备和科技的全球普及，更在于与工业文明相一致的西方思想和文化的长期影响。在这个意义上，西方的兴盛更准确地说是开始于工业革命前的文艺复兴。长期以来，西方和东方文明之间的鸿沟围绕截然不同的宗教、文化传统和哲学不断扩大。西方文明强调人与自然、人类和其他物种之间的区分。从创世纪开始，两者就是一种对立的、管理和被管理、凌驾和被凌驾的关系。旧约中，耶和华对亚当、夏娃说"要生养众多，遍布地面，治理这地；也要管理海里的鱼，空中的鸟，和地上各种行动的活物"。人类被置于一种高于所有生物之上的地位，导致了一种高度以人类为中心的世界观，这种世界观对后来的欧洲思想有着持久深刻的影响[2]。文艺复兴以来，科学取代了神学和文学，作为一种知识结构、一种方法、一种精神态度成为西方文明的主导力量。通过科学和技术征服自然的环境征服观日益广为接受，人类对自然的控制是人类文明进步和社会发展的关键因素的观念也不断被强化[1]。

如果说东方和西方之间有一条跨越千年的分界线，那就是统治自然和与自然和谐相处这两种观念的差别[3]。中华文明的发展和成熟大部分都是在农业文明阶段发生的，工业文明的历史不过百余年。在物质层面，中华文化强调节俭、知足常乐、随遇而安的价值观。在精神层面，强调中庸与和谐，中华文化中的中庸思想即合适和恰当，能沟通一切人、关爱一切人，因此是"至德"。中华文化同时崇尚"不喜欢远征、不喜欢极端、不喜欢失控"，主张和为贵，其精髓是"和谐"。在心灵层面，中华文化强调"天人合一"，三大宗教佛教、儒教和道教均认为人类并非脱离自然的，也不是自然的主人，强调与自然的和谐相处[2]。佛教环境观的基本特征是整体论和无我论，宣扬珍爱自然、众生平等、珍惜生命，佛教的素食、放生、佛化自然等行为能有效地将环境思想转化为生态实践。儒家生态伦理的根本思想是以人为主体的"天人合一"，蕴含了一种对人与天地和谐融洽关系的认知与智慧。孔子说："天何言哉？四时行焉，百物生焉，天何言哉？"他提出四季万物都按照一定的规律运行，强调顺应自然的思想。道家主张遵从自然之道的天人合一的生态环境观，老子提出"人法地、地法天、天法道、道法自然"，认为天地人都遵从自然之道。庄子说"天地与我并生，而万物与我为一"。道家坚持"自然无为"的生态伦理原则，"自然"是指依事物本性的自由自在的状态，"无为"是指顺其自然而不含外力强加，并相应地提出了慈爱利物、俭啬有度、知和不争等具体的生态伦理规范[1]。

英国是近代工业革命的发源地，也是最早爆发大规模空气污染和水体污染的国家。随着工业化扩散到美国、日本等地，随之而来的还有大规模的工业污染。1962 年，雷切尔·卡逊在《寂静的春天》中直指滥用农药污染了美国的生态环境，轰动欧美各界，引发了西方国家对环境保护的大讨论，开启了西方的环境运动、绿色主义思潮和摆脱工业文明的探索。1972 年，联合国在瑞典的斯德哥尔摩召开了第一次人类环境全球会议，试图通过国际合作消除环境污染造成的损害，大会通过了《人类环境宣言》，这是人类历史上第一个保护环境的国际宣言。1992 年，在里约热内卢召开的联合国环境与发展大会上，通过了里程碑式的《21世纪议程》，正式否定了工业革命以来的那种"高生产、高消费、高污染"的传统发展模式，把可持续发展作为未来发展的共同战略、目标和行动纲领。可持续发展强调自然环境资源的承载能力和永续利用对人类社会发展进程的重要性以及发展对改善生活质量的重要性，是一种从环境和自然资源角度提出的关于人类长期发展的战略和模式[1]。

我国很早就开始探索可持续发展之路。早在 20 世纪 90 年代，可持续发展就成为政府文件中的关键议题之一。1992 年联合国环境与发展大会之后，我国政府颁布《环境与发展十大对策》，首次提出在我国实施可持续发展战略，并组织编制《中国 21 世纪议程》，这也是全球第一个国家级的可持续发展战略。在接下来的十年，小康，一个代表简约生活的社会理想，成为时代的主题之一。2007 年党的十七大上，生态文明作为一种建设资源节约型、环境友好型社会的理念被首次提出。2012 年党的十八大进一步提出"把生态文明建设放在突出地位，融入经济建设、政治建设、文化建设、社会建设各方面和全过程"的顶层设计，并拉开了生态文明制度设计的序幕。2015 年党的十八届五中全会正式确立了"创新、协调、绿色、开放、共享"的新发展理念。2017 年党的十九大提出将建设美丽中国作为社会主义现代化强国目标之一。2023 年党的二十大进一步指出，中国式现代化是人与自然和谐共生的现代化。与此同时，新发展理念、生态文明和建设美丽中国等内容写入宪法，生态文明建设成为我国改变发展模式、实施可持续发展战略的必由之路。

经过十多年的发展和完善，生态文明建设的制度设计已经内化为我国国家治理体系的重要组成部分。党的十八大以来，全面启动了生态文明顶层设计和制度体系建设，《关于加快推进生态文明建设的意见》《生态文明体制改革总体方案》等纲领性文件相继出台。迄今为止，我国政府已经制定和修订了 30 多部生态环境领域的法律和行政法规，覆盖大气、水、土壤、噪声等污染防治领域，长江、湿地、黑土地等重要生态系统和环境要素保护的法律法规体系基本建立。在制度建设方面，自然资源资产产权制度、生态保护红线制度、生态保护补偿制度、排污许可制度、省以下生态环境机构监测监察执法垂直管理制度、河（湖、林）长制、生态环境保护"党政同责"和"一岗双责"等制度逐步建立健全，构建生态文明的制度体系基本形成[4]，为推进生态文明建设提供了重要的制度保障。

我国把应对气候变化作为推进生态文明建设、实现高质量发展的重要抓手，从"十二五"时期开始以单位 GDP 的二氧化碳排放强度这一系统性、约束性目标，作为控制化石能源消费、促进新能源和可再生能源发展、提高能源利用产出效益、调整产业结构的综合目标和关键抓手，倒逼经济发展方式转型。不仅从源头有效降低了常规污染物的排放，缓解国内资源紧缺和环境污染的严峻局面，还有力地推动了应对气候变化战略的实施[5]。进入"十四五"时期，我国生态文明建设进入了以降碳为重点战略方向、推动减污降碳协同增效、促进经济社会发展全面绿色转型、实现生态环境质量改善由量变到质变的关键时期。"十四五"规划和 2035 年远景目标纲要中，将"广泛形成绿色生产生活方式，碳排放达峰后稳中有降，生态环境根本好转，美丽中国建设目标基本实现"作为到 2035 年基本实现社会主义现代化的远景目标之一，并设专篇对"推动绿色发展，促进人与自然和谐共生"作出具体部署和安排。

我国学术界在 20 世纪 80 年代正式提出了"生态文明"的概念，经过三十多年不断地发展和完善，生态文明最终成为国家核心战略之一。与工业文明不同，生态文明的学科基础是以生态学、非线性科学、系统科学为知识资源的经济学、社会学和哲学。中国人率先提出生态文明的概念并开始在实践中重视生态文明建设，与中国人的思维方式和文化尚未被西方彻底同化密切相关。生态文明思想吸收了中国古代生态智慧和近现代西方生态思想中的合理要素，以一种崭新的文明思想和形态实现了中华文明在新时代的继承和升华。中国拥抱生态文明，意味着古老文化根源的回归，也意味着抛弃以掠夺、破坏自然资源为代价的狂热追求经济的发展路径。在全球生物圈遭到严重破坏的今天，中华文明可望以生态文明的形态得以升华和复兴，并从根本上为人类文明的发展作出更大贡献[2]。

15.1.2　推动构建人类命运共同体，建设性地参与全球气候治理

党的十八大在国内和国际事务中明确倡导"人类命运共同体意识"，这已经成为我国政府处理周边和全球事务的核心理念。十八大报告提出"在国际关系中弘扬平等互信、包容互鉴、合作共赢的精神，共同维护国际公平正义"，并进一步说明"合作共赢，就是要倡导人类命运共同体意识，在追求本国利益时兼顾他国合理关切，在谋求本国发展中促进各国共同发展，建立更加平等均衡的新型全球伙伴关系，同舟共济，权责共担，增进人类共同利益"。以"人类命运共同体意识"诠释的合作共赢，是中国政府提出的维护国际关系的三项基本原则之一，更是三项原则的关键所在。"人类命运共同体意识"继承并发扬了中华文化中"天下为怀"的精神，又是在现今全球经济社会发展和人类生存环境面临深刻危机情况下一个新型大国主动担当的体现[5]。这种意识为全球应对气候变化带来新的希望和期待。

2013 年，国家主席习近平向全球致辞。习近平说："宇宙浩瀚，星汉灿烂。70多亿人共同生活在我们这个星球上，应该守望相助、同舟共济、共同发展"。这是中国国家领导人以个人化的方式向世界传递"人类命运共同体"的理念。在之后的重要国际场合和会议中，习近平主席多次发出守护地球家园的中国倡议，提供促进全球生态环境治理的中国方案。在二十国集团领导人利雅得峰会的"守护地球"主题边会上，呼吁国际社会携手应对气候环境领域挑战，守护好这颗蓝色星球；在领导人气候峰会上，呼吁国际社会勇于担当、勠力同心，共同构建人与自然生命共同体；在第七十六届联合国大会上，提出完善全球环境治理，积极应对气候变化，构建人与自然生命共同体；在 2022 年世界经济论坛视频会议上，指出在全球性危机的惊涛骇浪里，各国不是乘坐在 190 多条小船上，而是乘坐在一条命运与共的大船上。小船经不起风浪，巨舰才能顶住惊涛骇浪。

构建人类命运共同体是我国提供的完善全球环境和气候治理的中国方案。在2017 年年初联合国总部演讲中，习近平主席阐述了人类命运共同体理念的基本体系。第一，坚持对话协商，建设一个持久和平的世界；第二，坚持共建共享，建设一个普遍安全的世界；第三，坚持合作共赢，建设一个共同繁荣的世界；第四，坚持交流互鉴，建设一个开放包容的世界；第五，坚持绿色低碳，建设一个清洁美丽的世界。这五点内容互相联系、互为补充，指出了构建人类命运共同体的总体布局。党的十九大报告中强调我国新时代坚持和平发展道路，推动构建人

类命运共同体，秉持共商、共建、共享的全球治理观，积极参与全球治理体系改革和建设，不断贡献我国智慧和力量。二十大报告进一步提出"促进世界和平与发展，推动构建人类命运共同体"，将其定位为新时代中国特色大国外交的核心理念和目标。

人类命运共同体本身并不是崭新的概念，命运共同体意识也并非中国独有。但一个政党和政府将其作为重要的执政理念，具体运用到一个大国的国际、国内事务的实践中，的确具有典范意义和价值。事实上，这一意识不仅是现代环境意识的启蒙，也是现代环境意识本身的重要组成部分。人们常常把阿波罗登月传回的地球照片作为人类首次站在地球之外反观地球而被感动的物证，对许多人而言，人类命运共同体意识也因此油然而生。宇宙飞船一般的地球家园和地球生命共同体意识直接促成了"地球日"的创设和现代环境运动的开端。1965 年，美国常驻联合国的史蒂文森大使在一次著名演讲中，将地球比喻成一只脆弱的宇宙飞船，而船舱里所有的乘客组成一个命运共同体，呵护、关爱并维持这个共同体是每个人的责任。环境运动领导人、学者、政治家、外交家等纷纷响应这种崭新的地球和人类命运共同体意识——这是在世界各国阵营林立、相互提防的冷战时代[5]。在此后的岁月里，全球环境治理起起落落，人类命运共同体意识似乎已成为尘封的往事。

推动构建新型国际关系是构建人类命运共同体的根本路径[6]。中国领导人和政府主张的相互尊重、公平正义、合作共赢的原则，不仅是各国共同维护国际公平正义所需，其人类命运共同体意识更是应对全球经济、社会和环境挑战所必需的。中国政府一方面在国际事务中主张"人类命运共同体意识"，另一方面在国内事务中提出统筹推进经济建设、政治建设、社会建设、文化建设、生态文明建设。生态文明思想应用于全球事务之中，与人类命运共同体概念紧密相通。

全球发展倡议、全球安全倡议、全球文明倡议的提出和落实，为构建人类命运共同体提供了强有力的依托和支撑。"三大倡议"根植于中华文明的沃土，彰显了以人民为中心的全球发展观，共同、综合、合作、可持续的全球安全观，弘扬平等、互鉴、对话、包容的全球文明观[7]。全球发展倡议呼应了《联合国 2030年可持续发展议程》关于全球发展治理转型的需要。全球安全倡议提供了应对国际和地区安全挑战、弥补全球和平赤字的中国方案。全球文明倡议的核心在于实现世界文明交流互鉴，为全球发展和安全提供了基础支撑。"三大倡议"广泛凝聚共识、汇聚力量，为构建人类命运共同体注入了强大动力。

我国积极贯彻构建人类命运共同体理念，建设性地参与全球气候治理，已经成为重要参与者、贡献者、引领者。自从 IPCC 成立并开启全球气候治理的序

幕以来，我国全程参与了 IPCC 六次评估报告的写作和机构改革等活动。我国在
1992 年签署《公约》，当年即由全国人民代表大会常委会批准，此后我国积极参
与了历届《公约》缔约方大会并发挥了重要作用。为确保《巴黎协定》顺利签
署，我国在 2014 年和 2015 年同美国、巴西、印度、欧盟、法国等国家和地区
发表了气候变化联合声明，为之后的《巴黎协定》奠定了主基调和框架体系[8]。
我国推动发起建立"基础四国"部长级会议、气候行动部长级会议等多边磋商机
制，积极协调"基础四国""立场相近发展中国家""七十七国集团和中国"的应
对气候变化谈判立场，建立了灵活多元的合作机制，共同捍卫发展中国家利益。
在南南合作框架下，我国通过技术、资金等援助方式同其他发展中国家展开合
作，累计安排资金超过 12 亿元人民币，切实有效地帮助发展中国家向低碳发展
转型。2021 年以来，发布《中非应对气候变化合作宣言》并启动中非应对气候
变化三年行动计划，成立中国—太平洋岛国应对气候变化南南合作中心[9]。

　　我国在气候变化领域的引领作用主要表现在对各缔约方立场和利益诉求的协
调能力上，在寻求全球目标与各方立场的契合点、各方利益诉求的平衡点上展现
出影响力、感召力和塑造力，从而促成各方均可接受的共识和行动方案，引导全
球气候治理的规则制定以及合作进程的走向和节奏，进而占据道义制高点，提升
国际形象和领导力，更好地维护和扩展自身的国家利益，体现国家的软实力[10]。
"人类命运共同体"理念与"地球生命共同体"理念、"人与自然生命共同体"理
念互相呼应，提供了我国关于全球气候治理、生物多样性治理、全球生态文明建
设的新理念，为解决全球环境治理困境贡献了中国智慧。

15.1.3　拥抱绿色工业革命，打造经济、技术竞争优势

　　改革开放后的三十年，我国在经济建设和社会发展上取得了举世瞩目的成
就，年均经济增速接近 10%，实现了从低收入国家向上中等收入国家跨越，创造
性地开辟了一条大国、穷国快速工业化的追赶式发展道路。然而，这种大规模、
高速度的以出口导向为特征的工业化是以资源能源的高投入、高消耗和环境的高
污染为特征的，我国也为此付出了巨大的资源、环境和社会成本。国内资源保障
和环境污染的承受力几近极限，以煤炭为例，2012 年煤炭产量超过科学产能供应
能力将近一倍，造成了越来越严重的采空区土地塌陷、地下水资源破坏、大气和
土壤污染等生态环境问题。随着经济规模的逐渐扩大，我国也日益意识到转变自
身经济发展方式的重要性。

　　党的十八大开启了加强生态文明建设、推动能源生产和消费革命、促进产业
结构调整和新型城镇化建设的新局面。生态文明制度的不断完善，有效促进了资

源节约、环境保护、民生改善与碳减排的协同效应,有力推动了我国经济发展方式向绿色低碳转型。2012—2021年,我国以年均3%的能源消费增速支撑了平均6.5%的经济增长;单位GDP能耗年均下降3.3%,相当于节约和少用能源约14亿吨标准煤,成为全球能耗强度下降最快的国家之一;单位GDP二氧化碳排放比2012年下降约34.4%,相当于少排放29.4亿吨二氧化碳[9];与此同时,我国经济实力实现历史性跃升,GDP从52万亿元增长到114万亿元,经济总量占世界经济的比重达到18.5%,提高了7.2个百分点,稳居世界第二位;人均GDP从38354元增加到81000元。此外,还在2020年解决了我国区域性整体贫困,完成了消除绝对贫困的艰巨任务。

与此同时,全国生态环境质量显著改善。根据中国生态环境状况公报,2022年我国空气质量稳中向好,细颗粒物(PM$_{2.5}$)浓度已经实现近十年连续下降。全国地级及以上城市PM$_{2.5}$浓度首次低于30微克/立方米(29微克/立方米)。全国地表水优良断面比例达到87.9%,已接近发达国家水平。全国土壤污染风险得到基本管控,土壤污染加重趋势得到初步遏制。我国实施了生态保护红线制度,建立了以国家公园为主体的自然保护地体系,实施了生物多样性保护重大工程,300多种珍稀濒危野生动植物野外种群数量得到恢复与增长。目前,陆域生态保护红线面积约占陆地国土面积30%以上,森林覆盖率达到24.02%,草原综合植被盖度达到50.32%。

我国在环境治理方面的成就受到了世界范围内的认可和高度赞扬。2022年,亚洲清洁空气中心发布的《大气中国2022:中国大气污染防治进程》报告显示,过去一年,中国339个地级及以上城市平均优良天数比例达到87.5%,已提前实现2025年目标;对比欧美和亚洲其他国家的多个指标,中国已成为全球空气质量改善最快的国家。2022年美国芝加哥大学能源政策研究所发布了"中国打赢反污染之战"报告,指出中国仅用七年就取得了PM$_{2.5}$平均浓度下降近40%的成绩,相当于给国民增加了两年的平均预期寿命。尽管近些年全球大部分地区的空气污染都在增加,但中国仅凭2013年以来在空气污染治理上的"一己之力",就逆转了全球空气污染水平不断增加的这一趋势。

我国主动拥抱清洁能源转型的重要机遇,积极布局新能源和可再生能源发展与制造,目前已经成为全球清洁技术制造和清洁能源转型的引领者,并创造了新经济增长点和新增就业。2021年,中国高技术制造业增加值占规模以上工业增加值比重已达15.1%。我国仅可再生能源领域就业人数就达到537万人,已经超过煤炭领域的就业人数,占全球可再生能源领域就业人数的比重超过40%。我国在光伏、风能、电动汽车制造领域均处于世界领先水平,已经形成较为完备的供应链和产业体系，具备突出的成本优势。多年来我国在可再生能源领域投资一直领先全球，这也拉动了我国绿色金融的发展。

总体来看，全球正在步入一个将应对气候变化视为经济增长机遇的新时代。主要经济体的气候政策重点正在从控制碳减排的管制手段转向促进公共投资、技术研发和就业增长的经济手段[11]。英国、日本等外向型经济体依托低碳技术、产业和金融优势，积极推动发展中国家低碳转型，与发展中经济体签订了大量的能源与基础设施的双边和区域合作协议。美国的《降低通货膨胀法案》着力塑造其国内光伏、电动汽车等低碳产业的竞争力和全球供应链安全。欧盟的"减碳55%"（Fit for 55）一揽子政策和REPowerEU计划，积极推动可再生能源转型和中长期减排目标的实现。日本的"绿色增长战略"着力打造钙钛矿光伏电池、氢燃料电池动力汽车的本土供应链。印度积极出台鼓励制造太阳能光伏和电池的生产挂钩激励计划。我国已经依托庞大的国内市场和强大的制造能力以及稳定的产业政策支持，在这一轮绿色工业革命中占领了先机。对我国而言，实现2060年前碳中和目标，不只是对全球治理作出贡献，也有助于国内生态环境质量和人群健康状况改善，更将成为我国低碳产业蓬勃发展、综合国力进一步提升和国际话语权不断增加的强大驱动力。

15.2 关于我国积极参与全球气候变化治理的建议

15.2.1 坚持《公约》下的全球气候治理多边进程

《公约》是目前参与国家最多、政治地位最高、合作机制最成熟的气候治理平台，《巴黎协定》展现了最大的包容性和可达性。我国应继续支持《公约》主渠道多边进程，坚持以基于规则的方式推动全球气候治理，团结发展中国家，协调不同谈判集团立场，推动《公约》主渠道下各议题取得平衡、有效进展。我国应坚持发展中国家定位，强调"共同但有区别的责任"原则，积极发挥负责任的发展中大国的引领作用。在《公约》主渠道外，双边和多边机制与合作倡议的重要性与日俱增，其调动的利益相关方不断增加，在未来有望产生较大影响力。对于国际社会普遍关注的议题和相关进程，我国应以积极主动的姿态尽早介入，为贡献中国方案创造良好条件。此外，我国应依托南南合作、绿色"一带一路"等多边框架和倡议，提高对非洲国家、小岛屿国家等发展中国家的合作与援助力度，做全球气候治理的重要参与者、贡献者和引领者。

15.2.2 逐渐把非二氧化碳温室气体减排纳入国家自主贡献目标和行动计划

积极采取措施减排非二氧化碳温室气体有助于控制全球近期温升。近年来《公约》主渠道下对非二氧化碳温室气体减排的关注度逐渐增加；主渠道外，以"全球甲烷承诺"为代表的聚焦非二氧化碳温室气体减排的多边倡议已获得150多个国家支持。我国当前的国家自主贡献目标中主要聚焦能源活动的二氧化碳减排，建议未来逐渐把非二氧化碳温室气体减排纳入国家自主贡献目标和行动计划，加强国内非二氧化碳温室气体监测、报告与核查体系，考虑制定非二氧化碳温室气体排放控制目标，完善政策和标准体系，建立多种机制协同推动非二氧化碳排放控制行动。

15.2.3 推动形成长期稳定的适应行动支持机制

加强气候韧性、建设气候适应型社会是我国应对气候变化长期风险的必要举措。当前国内适应行动顶层部署已初见成效，建议我国继续完善适应行动支持机制，逐步加强地方和行业层面的适应行动实施，促进绿色韧性城乡协同发展。此外，应建立适应行动进展追踪机制，继续加强适应关键领域基础数据管理，加强适应行动进展监测、追踪和评估相关研究和实践，提高适应信息综合服务效能。国际上，建议开展适应谈判支撑研究，提高谈判能力，积极参与全球适应目标、损失和损害基金等新议题谈判；积极支持联合国发起的"全民早期预警倡议"等适应相关国际倡议，帮助气候脆弱的发展中国家适应气候变化。

15.2.4 积极参与全球气候融资新机制、标准和规则讨论

全球气候资金面临着数量级的巨大缺口，气候融资已经成为事关发达国家和发展中国家政治互信的关键问题，更是全球迈向碳中和目标的关键支柱。当前正在发生的全球金融体系转型酝酿着巨大的机遇与挑战，气候融资有望出现新机制、新标准和新规则。在《公约》主渠道内，建议我国积极准备《巴黎协定》第二条第1款（c）项及与第九条关系、损失与损害基金、气候资金新集体量化目标等气候融资相关新议题谈判，推动建立可操作、可落地的行动机制。在《公约》主渠道外，我国在绿色金融、可持续发展金融、气候金融方面起步较早，在分类、标准、信息披露机制方面积极与国际接轨和合作，相关的监管体系也初步建立，已经具备了较好的基础。我国需要继续团结广大发展中国家，积极参与全球新资金治理机制的讨论以及相关国际标准和规则制定。

15.2.5 进一步提升我国低碳科技创新能力和竞争力

未来，国际社会需要继续加大对气候变化领域科技创新的投入，强化《公约》内外的低碳技术创新国际合作平台，联合攻关共性关键核心技术，建立促进技术转移的资金机制和制度规范，以确保所有国家和地区都能获得必要的专业知识和技术，推动全球清洁能源转型。尽管在过去二十年间取得了突出成就，但是我国在多个维度上和发达国家之间仍存在不小差距，尤其是在研发投入、制度创新和下一代前沿技术引领上。因此建议：一是持续加大和优化低碳创新研发投入结构，在太阳能、通信技术、电动车等领域扩大既定优势，同时加强基础研究、前沿颠覆性技术、下一代深度脱碳能源技术的研发和投入；二是注重研发、示范和应用全链条的集成式创新发展，创新重大绿色低碳技术研发部署模式，推广大规模低碳零碳技术示范行动，提升产业链上下游的融通创新能力；三是强化产学研合作，发挥举国体制的优势，加快低碳创新技术和成果的推广、落地和应用；四是深化国际低碳领域创新研发合作，注重技术引进与自主创新相结合，同时加快建设绿色"一带一路"，增强与沿线国家的科技创新交流与南南合作；五是积极参与国际低碳科技创新国际制度建设，在国际低碳技术创新国际治理领域发挥引领性作用。

15.2.6 完善国内碳市场建设，积极参与国际碳市场交易

我国需完善国内碳市场建设，从机构、程序、基础设施等方面入手展开各项能力建设工作，协同实现国内"双碳"目标和应对国际压力。国内碳市场需要逐步扩大市场的覆盖范围、丰富交易品种和交易方式、加强碳市场履约主体能力，最终形成正确价格信号激励市场主体减排，降低减碳成本。加强国内碳市场建设也可以为我国以更高标准参与相关国际合作、应对单边主义绿色贸易壁垒奠定基础。未来欧盟可能将 CBAM 沿着出口贸易、间接排放、价值链下游产品持续扩大覆盖范围，同时 CBAM 也可能与"气候俱乐部"相结合、不断扩大实施范围。对此，我国应立足国情、放眼长远，密切关注 CBAM 政策的动向，同时积极开展双边和多边对话磋商，加强国内能力建设、政策设计和技术准备，将 CBAM 对我国贸易和经济的潜在负面影响降至最低。

15.2.7 借鉴国际经验，完善我国应对气候变化政策体系

实现碳中和是各国政府共同面临的机遇和挑战，其中良好实践和经验可以为其他国家提供广泛参考。我国经济体量大、排放总量大，从碳达峰向碳中和目标转型进程的时间短，更需要做好顶层设计，以清晰的中长期目标倒逼发展

方式转型，进而确保 2060 年前实现碳中和。我国应抓紧研究制定应对气候变化立法，将长期碳中和目标法制化，强化全社会低碳转型的信心。此外，我国需要全方位开展绿色低碳转型，推动多层级气候治理行动与实践，做好生活方式的低碳引导，鼓励公众参与到更广泛的低碳行动当中，释放消费侧的减排潜能；加强应对气候变化科技研发投入，做好前瞻性脱碳技术的研发和储备，培育新的产业和就业机会；动员私营部门投资，鼓励国内企业与海外企业合作和参与国际标准和规则制定，将国内气候政策部署和行动转化为贸易和出口优势。以国内坚实而稳步推进的"双碳"行动，作为提升国际治理中影响力和话语权的基石。

15.3　本章小结

积极应对气候变化是我国实现可持续发展的内在要求，《公约》和《巴黎协定》提出的全球应对气候变化目标与我国实现高质量增长和推进生态文明建设的战略选择相一致。党的十八大以来，我国把应对气候变化与国内可持续发展密切结合，打造经济发展、民生改善、能源转型、环境治理和温室气体减排多方共赢的新局面，在能源转型和碳减排领域取得了巨大成效，并成为推动世界能源变革和经济低碳转型的重要贡献者和引领者。我国将应对气候变化纳入国内生态文明建设议程，在节能减排、能源转型、低碳经济发展方面的巨大成就为其他发展中国家提供了重要借鉴，也为全球气候治理注入了信心、积累了宝贵经验。未来，应对气候变化和可持续发展转型将带来新一轮以低碳为特征的产业和技术变革，绿色低碳将成为国际经济、产业和科技竞争的高地，同时也是国际合作的重要领域。习近平生态文明思想和人类命运共同体理念是中国对全球环境和气候治理贡献的中国智慧和中国方案，将对全球加强生态文明建设、实现气候适宜型低碳发展路径起到重要的指导作用。

参考文献

［1］钱易，何建坤，卢风. 生态文明理论与实践［M］. 北京：清华大学出版社，2018.

［2］齐晔，蔡琴. 中华文明的生态复兴：兼论生态文明思想的科学基础［J］. 中国人口·资源与环境，2008，18（6）：1-6.

［3］杰里米·里夫金. 韧性时代：重新思考人类的发展与进化［M］. 郑挺，阮南捷，译，北京：中信出版社，2022.

［4］中华人民共和国中央人民政府. 党的十八大以来经济社会发展成就系列报告：生态文明建设深入推进　美丽中国引领绿色转型［EB/OL］.（2022-10-09）［2023-04-12］. http://www.gov.cn/xinwen/2022-10-09/content_5716870.htm.

［5］齐晔. 中国低碳发展报告2014［M］. 北京：社会科学文献出版社，2014.

［6］高祖贵. 人类命运共同体理念的丰富意蕴和重大价值［N］. 人民日报，2023-05-22.

［7］高蕾，黄翠. 以"三大倡议"协同构建人类命运共同体［EB/OL］.（2023-05-16）. https://theory.gmw.cn/2023-05/17/content_36566095.htm.

［8］李强. 中国为全球气候治理作出卓越贡献［N］. 中国社会科学报，2021-05-13.

［9］孙金龙. 为全球气候治理贡献中国智慧中国方案中国力量［J］. 当代世界，2022（6）：4-9.

［10］清华大学气候变化与可持续发展研究院等. 中国长期低碳发展战略与转型路径研究：综合报告［M］. 北京：中国环境出版集团，2021.

［11］张锐，洪涛. 清洁能源供应链与拜登政府的重塑战略：基于地缘政治视角［J］. 和平与发展，2022（1）：16-37.